土木工程专业研究生系列教材

结构风工程理论与应用

Theory and Applications of Structural Wind Engineering

徐海巍　沈国辉　编著

中国建筑工业出版社

图书在版编目（CIP）数据

结构风工程理论与应用 ＝ Theory and Applications of Structural Wind Engineering / 徐海巍，沈国辉编著. -- 北京：中国建筑工业出版社，2025. 8. --（土木工程专业研究生系列教材）. -- ISBN 978-7-112-31372-3

Ⅰ. TU352.2

中国国家版本馆 CIP 数据核字第 2025GZ5692 号

责任编辑：刘瑞霞　冯天任
责任校对：李美娜

土木工程专业研究生系列教材

结构风工程理论与应用

Theory and Applications of Structural Wind Engineering

徐海巍　沈国辉　编著

*

中国建筑工业出版社出版、发行（北京海淀三里河路 9 号）

各地新华书店、建筑书店经销

北京红光制版公司制版

建工社（河北）印刷有限公司印刷

*

开本：787 毫米×1092 毫米　1/16　印张：12¼　字数：294 千字

2025 年 8 月第一版　2025 年 8 月第一次印刷

定价：**59.00** 元

ISBN 978-7-112-31372-3

（45319）

前　　言

随着国民经济和城市基础设施的快速发展，超高层建筑、大跨度桥梁、大型场馆设施等一批"高、大、柔"风敏感结构集中涌现，风荷载成为设计中的关键控制因素。而随着全球气候的日益恶化，风灾也逐渐成为影响城乡基础设施安全的重要灾害之一。为了提升工程结构的抗风防灾性能，结构风工程作为一门融合大气科学、流体力学、结构动力学和工程设计学的交叉学科应运而生，并在近年来得到快速发展。为了适应行业发展需求和培养工程抗风领域的高水平专业人才，浙江大学早在1996年就开设了结构风工程理论与应用的研究生课程，持续至今已经授课超千人。课程组通过整合国内外优秀教材、研究成果并结合自身研究逐渐形成了系统的教案。为了更好地服务新时代背景下的专业教学，同时也为相关设计从业人员提供系统学习资料，提出了本书的编写工作。本书兼顾知识和能力培养，系统梳理了结构风工程领域的核心理论与技术方法，旨在为研究生构建完整的知识框架，同时融合国内外新研究成果与工程实践案例解析，以培养学生解决复杂风工程问题的能力。

本教材内容编排遵循"理论基础-方法创新-工程应用"的逻辑主线，共设9章。第1章以自然界风类别与风灾为切入点，引出风工程研究的实践意义；第2章从大气边界层理论出发，深入解析梯度风模型与风场参数等核心理论；第3章聚焦风洞试验技术，详解风洞试验的装置、原理与技术方法；第4～7章分别针对高层建筑、大跨度屋盖及桥梁结构，介绍风荷载、风振效应等理论与设计方法；第8章围绕计算流体动力学（CFD）数值模拟技术，展现数字化风工程研究的新范式；第9章专论输电线路风效应，介绍学科在电力工程领域的应用。

全书编写注重理论剖析与工程案例的有机融合：

其一，系统整合学科理论框架。通过梳理国内外权威著作、教案与最新规范，梳理结构风工程知识框架：从大气边界层风场特性、结构风荷载理论模型，到风振响应分析、抗风设计方法，形成贯穿"气象-结构-工程"的理论链条。

其二，强化工程实践能力培养。构建"理论-仿真-应用"三位一体的研究方法论，阐明风洞试验、数值仿真技术的基本原理，并通过高层建筑、大跨度屋盖等工程实例详细介绍其应用过程，引导学生开展风洞试验设计、运用FLUENT等工具完成风效应的分析与设计。

其三，衔接学科发展动态前沿。介绍了学科近年来的发展动向和学术成果，更新了关联的国内外规范标准内容。

本书适用于结构工程、风工程及相关专业研究生或高年级本科生教学，也可作为工程设计人员的技术参考书。期望通过本教材的学习，读者能够掌握风场特性分析、风荷载确定、风致响应评估等核心技能，并形成科学的抗风设计思维。本书的出版凝聚了国内外前辈同行的智慧结晶与优秀成果，也得到了浙江大学风工程团队的大力支持与帮助，感谢研究生潘晟羲、姜欣忆、邵林媛在本书排版、绘图等工作中的辛勤付出。限于编者水平，书中难免存在疏漏之处，恳请读者不吝指正。

　　风起于青蘋之末，而成于天地之间。本书期冀通过揭示风的奥秘，提升驾驭风的力量。愿读者执此卷以观风云，在结构工程与大气科学的交响中，谱写结构风工程的新篇章。

作者

2025 年 3 月

于求是园，杭州

目　　录

第1章 绪　　论

1.1　风的组成

大气中风的形式是多种多样的，但基本上可以归纳为三类：（1）全球性的持续性风；（2）局部地方或区域的持续性风；（3）独立性的风。

1.1.1　行星风系

行星风系是全球性的持续性风系。若地球不自转，且地表性质均匀，那么由于赤道地区比极地地区受热多、气温高，空气膨胀上升，则赤道上空的气压就会高于极地上空同高度处的气压[1]；而赤道地面的气压就会降低而形成低压区，称赤道低压；极地因上空有空气流入，地面气压就会升高而形成高压区，称极地高压。于是在近地面底层就产生自极地流向赤道的气流，这支气流又在赤道地区受热上升，补偿赤道上空流走的空气质量，这样南北就形成闭合的环流。事实上由于地球自转，且地表特征也并非均匀（如高山、海洋），在地转偏向力及其他因素的综合作用下，南北半球对流层下层中将出现四个气压带，即赤道附近有一低压带，30°N附近为副热带高压带，60°N附近是副极地低压带，以及极地区的高压带，同时相应地形成三个风带，即信风带、中纬西风带和极地东风带。这些风带与上空气流结合起来，便构成几个纬向闭合环流。地表的行星风系简单说明如下：

（1）信风带：由于南北纬30°～35°附近副热带高气压和赤道低气压之间气压梯度的存在，气流自副热带高压带辐散，一部分气流流向赤道，因受地转偏向力的作用，在北半球成为东北风；在南半球成为东南风。因为这个区域的风向、风速都很少改变，所以称为信风。信风的上空吹着反信风，二者方向相反。

（2）中纬西风带：因为副热带高压与副极地低压之间存在气压梯度，所以副热带高压带辐散的气流，除一部分流向赤道外，另一部分则流向副极地低压带。风向受地转偏向力的作用，变成偏西方向，即形成所谓的西风带。在南半球，由于海洋辽阔，风向稳定，风力更强，故有时称该西风带为咆哮西风。

（3）极地东风带：自极地高压带辐散的气流，因地转偏向力的作用而成为偏向东的气流，故称为极地东风带。

（4）赤道无风带：北半球的东北信风与南半球的东南信风在赤道辐合，结果产生上升气流。此区域风很微弱、不定向，对流旺盛，云量多，午后常有雷雨。

1.1.2　山谷风

山谷风是一种局地的持续风。在山区，白天风从山谷吹向山坡，夜间风从山坡吹向谷地，这就是山谷风，其形成机理与海陆风相似。白天，山坡受热，空气增温快，但山谷中

1

处于同一高度上的空气由于距地面较远而增温较慢，于是山坡上的暖空气不断上升，并从山坡上空流向谷地上空，谷底的空气则沿山坡向山顶补充，这样在山坡与山谷之间形成热力循环。下层由谷底吹向山坡，称为谷风。夜间，山坡上的空气受山坡辐射冷却影响，降温较快，而谷地上空，同高度的空气因离地面较远，降温较慢。于是山坡上的冷空气因密度大而顺山坡流入谷地，谷地的空气因汇合而上升，并从上层向山顶上空流去，形成与白天相反的热力循环，下层风由山坡吹向谷地，称为山风。山谷风是近山地区常出现的现象，如我国乌鲁木齐市南依天山、北临准噶尔盆地，山谷风交替很明显。大致从晚8时左右到次日上午11时左右吹的是山风，以后逐渐转为谷风。

1.1.3 季风

季风可认为是区域性的持续风，占有直径从几百到几千千米不等，有时横越整个大陆。季风被定义为由于海陆间热力差异引起，随着季节变化而方向完全或接近相反的风。季风是由地球表面热力性质的差异、海陆分布、大气环流和大陆地形等因素综合形成的。冬季高纬度海陆所受的影响大，陆地冷高压中心位置在较高纬度上，海洋上为低压，风从大陆吹向海洋，称为冬季风。夏季低纬度海陆所受的影响大，陆地热低压中心位置偏南，海洋副热带高压位置向北移动，风从海洋吹向大陆，称为夏季风[2-3]。

我国是季风盛行的地区。冬季风与夏季风交替盛行，每年约自12月初至次年3月初为冬季风全盛时期，整个大陆受冬季风控制；至4月中旬冬季风明显减弱，华南夏季风盛行，雨季开始，至7月份为夏季风极盛期；至9月份冬季风开始迅速南下，而夏季风则逐渐退出我国大陆。冬季风一般比夏季风强些，控制时间也长些。从风剖面高度来看，夏季风比冬季风更高，夏季风的高度大致可达3~4km，而冬季风的高度不过2km左右。因此，季风是对流层下层的风。

1.1.4 热带气旋

在热带或副热带海洋上产生的强烈空气旋涡称为热带气旋（图1-1），其直径通常为几百千米，厚度为几十千米。伴随强烈的热带气旋，往往会发生强降雨、风暴潮等严重次生灾害。例如2005年8月，飓风"卡特里娜"袭击美国墨西哥湾沿岸，风速达64m/s，带来了8.5m高的风暴潮，淹没了新奥尔良市约80%的区域，造成严重的洪水灾害。2019年10月，台风"海贝思"登陆日本，风速高达50m/s，掀起了12m高的巨浪，导致福岛核电站触发11次泄漏警报。当热带气旋发生在印度洋和西太平洋地区时，通常被命名为热带风暴或台风，而当其出现在西大西洋和墨西哥湾时，则被称为飓风。

我国国家标准《热带气旋等级》GB/T 19201—2006[4]规定，热带气旋根据底层中心附近最大平均风速划分为六个等级：

（1）热带低压：最大风力相当于6~7级（风速10.8~17.1m/s）；

（2）热带风暴：最大风力相当于8~9级（风速17.2~24.4m/s）；

（3）强热带风暴：最大风力相当于10~11级（风速24.5~32.6m/s）；

（4）台风：最大风力相当于12~13级（风速32.7~41.4m/s）；

（5）强台风：最大风力相当于14~15级（风速41.5~50.9m/s）；

（6）超强台风：最大风力 16 级或以上（风速≥51m/s）；

热带气旋的形成因地区而异，但其主要机制来源于太阳辐射。海洋吸收太阳能后，海水温度升高，导致 10°纬度附近区域产生暖湿气流并上升，形成庞大的水汽柱。当高低气压区域之间的压力差驱动空气流动时，加之地球自转的影响，空气会沿螺旋轨迹运动。气压梯度越大，旋转速度越快。在北半球，热带气旋的风场呈逆时针方向旋转，而在南半球则是顺时针旋转。由此可见，热带气旋的生成主要源自水蒸气不断凝结产生的空气负压效应，而水蒸气的形成则依赖于太阳持续加热下的海水高温蒸发。

台风是热带气旋的一种，主要形成于热带和亚热带洋面。台风的形成和发展受到多种海洋和大气因素的共同影响。在洋面上，海水温度的升高导致大量水汽蒸发进入大气，形成暖湿空气层。这些暖湿空气在地转偏向力的作用下，开始旋转并最终形成台风的环流结构。如图 1-2 所示，台风的结构通常包括台风眼、眼壁和螺旋雨带。台风眼是台风中心相对平静的区域，气压最低，风速最弱，通常为微风或静风。形状多为圆形或椭圆形，直径通常在 20～50km 不等。围绕台风眼的眼壁，也称为云墙区，直径通常为 30～100km，是风速和降水最强烈的区域。该区域内的空气旋转速度随距离台风中心的减小而加速增长，到达中心附近时，气流突然转为上升运动，形成强烈的破坏性风暴。螺旋雨带则由多个螺旋状的降水带组成，环绕在台风外围，带来强降水和大风。螺旋雨带的长度可以从台风中心向外延伸 200～500km，甚至更长。

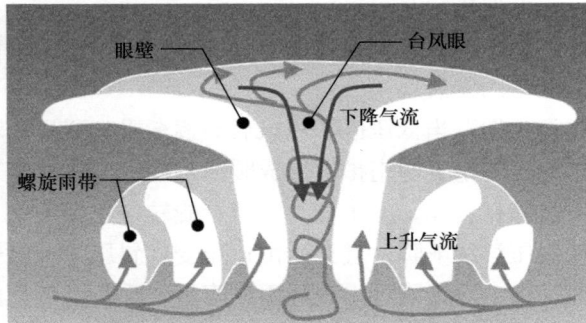

图 1-1　热带气旋　　　　　图 1-2　台风结构示意图

1.1.5　温带气旋

温带气旋是一种出现在中高纬度地区的冷中心大气环流系统，通常呈近似椭圆形。小型温带气旋的直径可达几百千米，而大型温带气旋甚至可扩展至上千千米，甚至更大。温带气旋的生命周期通常为 2～6d，其发展过程，对中高纬度地区的天气变化起着重要作用，往往伴随大风、降水、暴雨或强对流天气，近地面的最大风速可达 10 级以上[5]。

温带气旋的生成与冷暖气团的相互作用密切相关。气团是指大范围内温度和湿度分布较为均匀的空气族，根据其热力性质的不同，可分为冷气团和暖气团。当不同性质的气团相遇时，会形成一个交界面，称为锋面，而锋面与地面的交线称为锋线。根据锋面向暖空气一侧或冷空气一侧的移动，又可分为冷锋或暖锋，如图 1-3 所示。由于锋面两侧的气团性质上有很大差异，所以锋面附近空气运动活跃，气流存在强烈的升降运动。

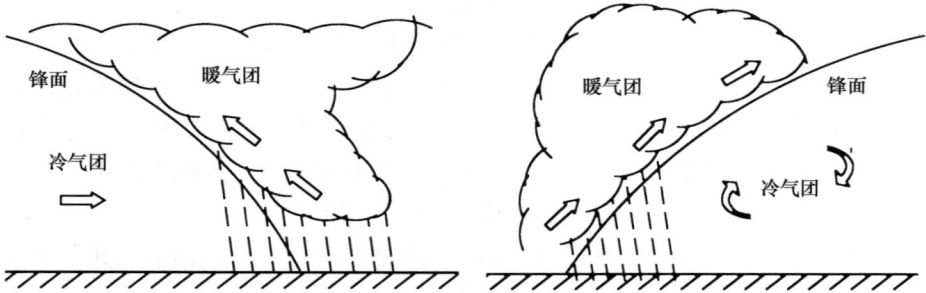

图 1-3　冷锋和暖锋示意图

温带气旋的形成和消亡大致经历四个阶段：初生期、发展期、成熟期和消亡期。温带气旋的前身为低压区。出现以下情况便会有低压区形成：

（1）寒带冷气团南下与副热带暖气团的辐合，形成一道静止锋，同时空气被迫抬升，形成低压区。

（2）北半球副热带高压北侧的中高纬度地区，3km 以上（500hPa）的高空盛行西风气流，称为西风带。西风气流中常常产生波动，形成槽（低压）和脊（高压）。西风带中的槽线，称为西风槽。高空西风槽前的正涡度平流引起高空辐散，促使气流上升，低层降压而形成低气压。

（3）高空西风急流在其出口和入口区域产生的辐散运动，促使下层空气上升，从而引发地面低压的发展。

在初生期，当低压区形成以后会逐渐受到科里奥利力而开始旋转，南面较暖的空气向北推，北面的空气向南推，形成暖锋和冷锋。在北半球，温带气旋逆时针旋转，使冷锋在左面、暖锋在右面；南半球为顺时针旋转。在发展期，随着低压区的发展，温带气旋的中心最低气压继续下降，且开始由正压变成斜压[6]。由于冷空气移动较暖空气快，故冷锋会向暖锋推进。冷锋附近出现降雨或降雪，暖锋附近亦出现降水。随着温带气旋的发展，其厚度亦由低层发展至中高层，气流旋转式上升，高空低槽逐渐加深。在成熟期（锢囚阶段），随着温带气旋的发展，冷锋通常移动速度比暖锋快，冷锋追上暖锋迫使暖空气上升，形成锢囚锋。此时气旋范围最大，影响区域最广，气旋发展进入最强盛阶段。在消亡期，随着气旋中心的气压逐渐上升，冷暖气团之间的温度梯度减弱，气旋的活动趋于减弱。气旋最终演变为对流层低层的冷涡系统，失去了锋面的特性，并在摩擦作用下逐渐消散，完成整个生命周期。

除了自然生成外，温带气旋还可以由热带气旋演变而来。当热带气旋北上进入温带区域，受到西风槽的影响，其热带气旋特征（如暖中心）逐渐丧失，最终转变成温带气旋。这一过程中，热带气旋的结构发生变化，核心由暖变冷，环流模式也逐渐向典型的温带气旋演变。

1.1.6　雷暴风

雷暴是伴有雷击和闪电的局地强对流天气，通常伴有暴雨和大风，有时也伴有冰雹或龙卷。雷暴的发展可大致分为积云、降水和消散三个阶段。如图 1-4 所示，在积云阶段，地面暖湿空气上升在高空形成积雨云，在积雨云中悬浮有大量的小水滴和冰晶。随着水蒸气的不断凝结，上升气流已不足以托起悬浮的水滴和冰晶，从而产生大规模的降雨，并形成很强的下沉冷气流（即下击暴流）。气流在地面以壁急流形式扩散，形成向四面铺开的环状涡。在雷暴消散阶段，由于上升气流逐渐减弱，系统能量来源被切断，雷暴系统消散。

雷暴风的水平尺度仅为几百米至几千米，铅直范围 100 m 左右，但特点是突发性强、风速急剧增大，可达 30～60m/s，破坏力极强。2007 年 1 月，代号"基里尔"的暴风席卷欧洲多国，德国局部风速达 53m/s，英国局部风速达 44m/s。风暴造成 27 人死亡，并导致大面积断电、交通中断和建筑物损毁。2022 年 5 月，美国南达科他州东南部遭遇强雷暴天气，风速最高达到 43m/s，导致白昼变黑夜，龙卷风警报响起。强风卷起尘土，能见度几乎为零，

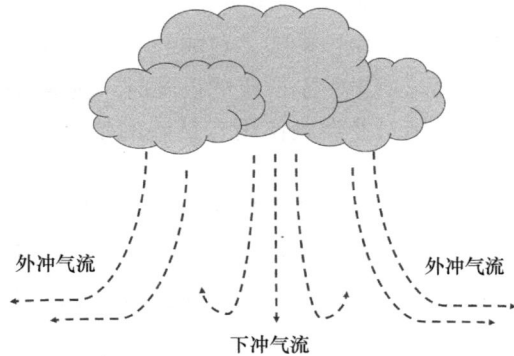

图 1-4　雷暴风结构示意图

对当地居民生活和交通造成严重影响。2024 年 6 月，河北省大名县遭遇雷暴大风天气，其中万堤镇风速达 44.4m/s，突破当地气象站历史极值。强风引发大面积停水停电、树木倒伏，对生产生活造成严重影响。

1.1.7　龙卷风

龙卷风是发生于直展云系底部和下垫面之间的直立空管状或漏斗状旋转气流，是一种少见的局地性、小尺度、突发性的强对流天气。如图 1-5 所示，龙卷风的结构由龙卷母云和漏斗云组成。产生龙卷的积雨云称为龙卷母云，其湍流强度强且常出现涡旋环流，决定龙卷风的移动速度和方向。漏斗云是从积雨云中下伸的猛烈旋转的漏斗状云，结构与台风相似，同样含有龙卷眼和云墙。龙卷眼直径为几米到几百米，是由云墙包围着的一个明显无云晴空区，眼中心气压最低。龙卷风漏斗云的轴一般垂直于地面，在发展的后期，当上下层风速相差较大时，可呈倾斜状或弯曲状。漏斗云可能不会直接抵达下垫面，但若其接近地面，可能将水、尘土、泥沙挟卷而起，形成"龙嘴。"龙卷风的风速可达 100～175m/s，数倍于强台风。龙卷风的持续时间短暂，通常在 1h 内，最多数个小时。龙卷风的近地面直径很小，通常为 25～100m，在极少数情况下可达到 1km；龙卷风的空中直径可达数千米。大多数龙卷风在北半球是逆时针旋转，在南半球是顺时针[7]。无论是陆地上的"陆龙卷"或是海面上的

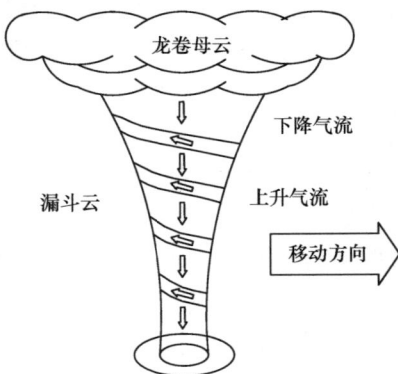

图 1-5　龙卷风风结构示意图

"水龙卷"，发生条件均为极不稳定的空气扰动，或高温高湿空气与冷空气的剧烈辐合作用。因此，龙卷风常发生于中纬度温带气旋及强烈对流雷雨附近。

龙卷风是大气中最强烈的漩涡现象，造成的人员伤亡和经济损失不容小觑。2016年6月，江苏阜宁县发生一起高达EF4等级的龙卷风，最大风速达到75m/s，造成近百人死亡，倒损房屋3200间，毁坏农业大棚4.8万亩[8]。2021年5月，湖北省武汉市突发EF2级龙卷风，风速最大60 m/s，遇难人数8人，部分村湾房屋受损。2021年12月，美国中部6个州遭遇至少30场龙卷风袭击，最高风速达112m/s，受灾严重的肯塔基州已有71人遇难，数个城镇被毁。目前的一般建筑规范或标准中尚未包括抗龙卷风的设计要求，但在设计损坏后果特别严重的设施时，例如核电站等，则必须考虑龙卷风袭击的影响，以保证这些设施对龙卷风作用有足够的抵抗力。龙卷风产生的结构风致破坏效应可考虑以下方面：

（1）由气压直接作用在结构上引起的风压；

（2）由龙卷风刮过结构物时大气压力场变化引起的压力；

（3）龙卷风带起的飞掷物引起的冲击力。

1.2　结构风灾

国内外统计资料表明，在所有自然灾害中，风灾造成的损失为各种灾害之首。例如2024年，全球发生的严重自然灾害共造成3200亿美元的经济损失。其中，在被保险的损失中，风灾是主要驱动因素，热带气旋（飓风、台风等）占比37%，强雷暴（含龙卷风、冰雹等）占全球保险损失的36%[9]。下面主要介绍不同类型结构风灾事故典型案例，如图1-6所示，以进一步引起对结构抗风灾的防御和结构抗风设计的重视。

1.2.1　高层建筑的破坏

1.幕墙、外立面等围护结构

2017年飓风"艾尔玛"袭击美国佛罗里达州，导致迈阿密市区多座办公楼的玻璃幕墙被强风击碎，高层建筑玻璃雨洒落街道，城市交通受到严重影响。2018年9月，超强台风登陆中国广东，风速达到45m/s，对香港地区的香港湾仔会展中心、尖沙咀海港城等500多座高层建筑的玻璃幕墙造成严重破坏，外立面玻璃大面积脱落，玻璃碎片散落街道，造成严重安全隐患。

2.高层舒适度

2004年台风期间，台北101大厦高层感受到明显晃动，部分人出现眩晕，建筑顶部的吊灯和悬挂物可见明显摆动。2021年5月，深圳赛格广场大厦（高355.8m，共71层）在无明显外力影响（无地震、无强风）的情况下出现水平晃动，振幅达10cm，持续数分钟，导致办公人员恐慌撤离。

高层建筑受风荷载影响明显，涡激共振、局部气流增强、风速过大等因素会造成高层建筑大幅度晃动，引起人体不适和惶恐，通常采用安装减振阻尼器、提高结构刚度等来改善高层建筑舒适度问题。

1.2.2 低矮房屋的破坏

2013 年台风"海燕"袭击菲律宾，最大风速达到 87.5m/s，塔克洛班市大部分建筑受损，低矮房屋几乎被夷为平地。学校体育馆屋顶被吹飞，仅剩刚架结构，无法继续使用。2016 年江苏盐城发生 EF4 龙卷风，最大风速约 75m/s，陈良镇轻钢厂房屋顶在 EF4 级风力作用下完全掀飞，仅剩刚架结构；龙卷风中心区域的部分村镇民房因墙体连接薄弱，屋盖被风吸走后墙体随即倒塌。

1.2.3 高耸结构的破坏

2018 年 10 月，美国马萨诸塞州遭遇 EF1 级龙卷风，风速达到约 48m/s，多栋建筑的砖砌烟囱在强风中倒塌，部分烟囱坠落在屋顶和街道上，造成财产损失。2024 年台风"摩羯"在海南省登陆，风速高达 62m/s，造成了文昌风电厂内 8 台风机倒塌，主要破坏形式为风机塔筒屈曲失稳。

1.2.4 大跨度屋盖的破坏

2017 年 8 月，台风"天鸽"在澳门登陆，中心附近最大风力达 15 级（约 50m/s）。强风作用下，澳门东亚运动会体育馆的大跨度金属屋盖的局部连接薄弱部位失效，导致大面积屋面板脱落，赛事设施受损。2018 年 9 月，台风"飞燕"登陆日本大阪府，中心附近最大风力达 14 级（约 45m/s），日本关西国际机场部分航站楼屋顶结构受损，出现漏水和结构变形，机场被迫关闭，所有航班取消。

1.2.5 电厂冷却塔的破坏

2011 年 8 月，飓风"艾琳"以风速 50m/s 强度袭击美国东海岸，影响纽约州印第安角核电站的冷却系统。虽然冷却塔并未完全倒塌，但由于塔体部分受损，冷却能力降低，迫使电厂临时停机进行检修。2021 年 7 月，台风"烟花"以 55m/s 风速登陆浙江，并影响上海地区。某大型燃煤电厂的 190m 高冷却塔在强风作用下局部受损，外表面混凝土大面积脱落，部分区域钢筋暴露，威胁电厂的安全运行。

1.2.6 桥梁结构的破坏

美国华盛顿塔科马海峡大桥全长 1810m，1940 年 11 月，在 19m/s 的风速下，桥面发生剧烈的扭转振动（涡激共振现象），最终桥面断裂坍塌。2018 年，台风"山竹"影响珠江口，最大风速达到 65m/s，强风破坏了港珠澳大桥部分附属设施，桥梁护栏、灯杆和部分信号设备受损，影响通行安全。2020 年 5 月 5 日，虎门大桥在 6 级风速（10～15m/s）作用下，桥面发生明显的上下振动；这是由于桥梁气动性能改变、风速适中但引发涡激振动、桥梁自重较轻等综合因素的影响。

1.2.7 输电塔结构的破坏

2005 年 8 月，飓风"卡特里娜"袭击美国南部，最大风速约 75m/s，高风速直接破坏输电塔结构，导致 400 多座塔体倒塌；强风作用下，导线偏移导致绝缘子串受力过大，部分绝缘子断裂；约 200 万用户断电，部分地区电力恢复耗时一个月以上。2023 年 7 月，台风"杜苏芮"登陆中国福建，最大风速 58m/s，受台风强风与降雨冲刷影响，塔基松动，500kV 输电线路多座铁塔塔身倾斜或倒塌；高风速引起导线偏移，导致线路相间短路跳闸；由于导线未安装足够的防舞动装置，风速达到临界值时，导线发生亚共振现象，最终导致多处导线疲劳断裂。

(a) 高层建筑

(b) 低矮房屋

(c) 高耸结构

(d) 大跨度屋盖

(e) 桥梁结构

(f) 输电塔结构

图 1-6　不同类型结构风灾破坏

1.3　风对结构的作用

自然界的风可分为良态风和非良态风。出现频率低的极端性强风，例如龙卷风，雷暴风等称为非良态风。本书主要介绍良态风风场下的结构抗风理论，包括不同结构的风荷载计算方法，风振响应分析理论以及风工程研究涉及的试验和仿真方法等。结构的风效应主要包含以下方面：

1. 风荷载

（1）平均风作用：由大尺度气象条件决定，随高度变化呈指数或对数分布。结构需考虑长期的静态风荷载对其整体稳定性的影响。

（2）脉动风作用：由于湍流引起的风速随机波动，通常用功率谱密度函数描述。可能导致结构局部受力剧烈变化，引发疲劳破坏。

2. 风振效应

（1）顺风向振动：主要由风速脉动引起，表现为低频响应。顺风向振动可能导致结构构件产生较大的挠度或变形，引发共振或疲劳问题，需结合结构动力特性考虑。

（2）横风向振动：由涡激共振或气弹失稳产生，与结构形状和风速密切相关。高耸结构和桥梁对横风向振动尤为敏感，需进行风洞试验或数值模拟评估。

（3）扭转向振动：结构受风荷载作用时，可能因风场不对称、质心与刚心偏离等原因产生扭转振动。高耸塔楼、桥梁等细长结构尤为敏感，可能发生局部受力剧烈变化甚至失稳。需要优化结构的质量分布、几何形状，或采取流体控制措施（如导流板、扰流器）。

（4）风振控制：大幅的动态风振可能导致建筑物内部人员感知到晃动甚至感到不适，工程抗风实践中采用阻尼器（TMD、TLD 等）减少风振响应，通过优化结构形状（圆角处理、扭转等）降低风致振动。

3. 风场效应的干扰

邻近高层建筑或复杂地形可能导致风场畸变，引发局部风压增大或不均匀漩涡脱落。需要结合 CFD 仿真或风洞试验分析受到干扰后的复杂风场特性，以准确评价结构物所受的风效应。

4. 气动弹性效应

（1）气动力放大效应：由于风-结构耦合作用，结构可能经历剧烈的气动力响应，进一步加大振动幅度，影响安全性。

（2）空气负阻尼效应：风-结构相互作用可能导致失稳型振动，即结构的固有阻尼不足以抵消气动力所产生的负气动阻尼时，造成结构产生振幅持续增大的不稳定振动。

5. 其他问题

（1）风雨激励振动：高耸柔性结构（如斜拉索）在风雨条件下可能产生低频大振幅振动。

（2）风雪效应：风场影响屋面雪分布，可能导致结构局部过载。

（3）风沙侵蚀：风沙地区建筑结构需考虑风载对表面材料的侵蚀影响。

（4）风冰效应：输电线路和缆索等结构需考虑风冰舞动等效应。

参考文献

［1］ Holmes J D. Wind loading of structures［M］. 3rd ed. Boca Raton，FL：CRC Press，2015.

［2］ 埃米尔·希缪. 风对结构的作用：风工程导论［M］. 刘尚培，译. 2版. 上海：同济大学出版社，1992.

［3］ 张相庭. 结构风压与风振计算［M］. 上海：同济大学出版社，1985.

［4］ 中国气象局. 热带气旋等级：GB/T 19201—2006［S］. 北京：中国标准出版社，2006.

［5］ 柯世堂，王同光. 结构风工程概论［M］. 北京：科学出版社，2018.

［6］ Maue R N. Evolution of frontal structure associated with extratropical transitioning hurricanes［D］. Tallahassee：Florida State University，2004.

［7］ 魏文秀，赵亚民. 中国龙卷风的若干特征［J］. 气象，1995，21(5)：36-40.

［8］ 刘远之. 考虑围护结构破损及内框架影响的核电常规岛龙卷风荷载［D］. 南京：东南大学，2019.

［9］ Munich RE. 2024 natural catastrophe losses report［R］. 2025.

第 2 章　大气边界层与风的湍流

2.1　大气边界层特征

当大气流经地面时，地表的各种粗糙物体（如草地、庄稼、树木、建筑物等）会阻碍其流动，并产生摩擦阻力。由于湍流作用，这种阻力向上传递，并随着高度增加逐渐减弱，直至达到一定高度后可忽略不计。这一气流受摩擦影响的区域被称为大气边界层。该影响区的高度被称为大气边界层厚度，其通常受气象条件、地形特征及地表粗糙度的影响，范围约为 300～1000m。边界层顶端高度通常称为梯度风高度。图 2-1 给出了大气边界层的示意图。

图 2-2 是在一个高塔架上的三个不同高度处的风速记录曲线，这些记录表征了在大气边界层中的风速主要特征：

（1）风速是由平均风和脉动风组合而成；

（2）平均风速随高度的增加而增加；

（3）在所有高度上，风速均具有脉动或湍流特性；

（4）脉动风具有较宽的频率范围。

大气边界层中的风由平均风和脉动风组成。其中平均风速随着高度的降低而减小，离

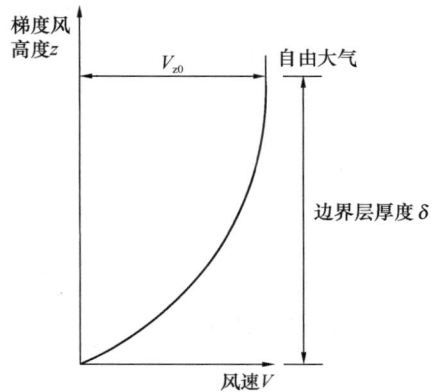

图 2-1　大气边界层

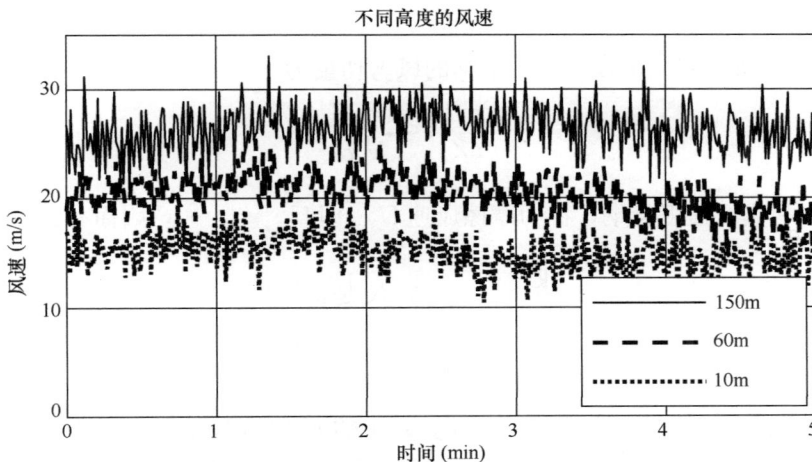

图 2-2　三个不同高度记录的风速曲线

地面越近受阻效应越明显；相反，风的脉动量随高度的增加而减小。

大量实测资料表明，边界层风速基本上是随时间和空间变化的平稳随机过程，主要包含长周期和短周期两种成分。其中，长周期在 10min 以上，而短周期通常只有几秒至几十秒[1]。由于长周期成分的周期通常远大于工程结构的自振周期（通常在 0.1～10s 之间），因此其对结构的作用可近似认为是静力的；而短周期成分的周期与工程结构的自振周期较为接近，因此对结构具有动力作用，需要按随机振动来分析。

2.2　良态风风剖面

良态风是指在大气边界层中，风速和风向变化相对平稳、湍流强度较低的风况，通常出现在天气条件稳定、无明显对流或极端气象干扰的情况下。这种风具有规律性强、变化缓慢的特点，是研究风速分布和风场特性的理想对象。平均风速随离地高度 Z 的变化曲线被称为平均风速剖面或平均风速线（Mean Wind Speed Profile）。风速剖面能够反映地表粗糙度和地形等因素对风速分布的影响，为工程风环境设计、风能开发以及空气动力学研究提供重要依据。通常，平均风速剖面可通过对数规律（Logarithmic Law）或指数规律（Power Law）模型来进行描述。

2.2.1　对数规律模型

本节将讨论地表边界层范围内（如 300～500m 以内）的平均风速变化规律。在强风条件下，对数规律是平均风速随高度变化的较好数学表征。对数规律模型由平板的湍流边界层理论导出，其基本推导过程如下。

假设平均风速 $\overline{U}$ 随高度的变化率是以下变量的函数：

（1）离地面高度 z。

（2）地表切应力 τ_0：地球表面单位面积对气流产生的阻力。

（3）空气密度 ρ_a，在这里忽略地球转动时表面对空气的作用力。此外，由于考虑到湍流，所以忽略了分子黏性效应。

基于量纲分析，我们可以建立无量纲的风剪切量为：

$$\frac{\mathrm{d}\overline{U}}{\mathrm{d}Z} \cdot z \cdot \sqrt{\frac{\rho_a}{\tau_0}} \tag{2-1}$$

其中，$\sqrt{\dfrac{\tau_0}{\rho_a}}$ 具有速度量纲，称为摩擦风速 U_*，即 $U_* = \sqrt{\dfrac{\tau_0}{\rho_a}}$，因而有：

$$\frac{\mathrm{d}\overline{U}}{\mathrm{d}z}\frac{z}{U_*} = \frac{1}{K}（K 是常量） \tag{2-2}$$

$$\overline{U}(z) = \frac{U_*}{K}(\ln z - \ln z_0) = \frac{U_*}{K}\ln z/z_0 \tag{2-3}$$

式（2-3）就是常用的对数规律风剖面。式中的 K 称为 Karman 常数（卡门常数），其经验值约为 0.4；z_0 是一个积分常数，具有长度量纲，称为粗糙长度，是地面粗糙程度的度量。

对于城市或森林地区，地貌较为粗糙，式（2-3）中的 z 通常被一个有效高度（$z-z_h$）来代替，z_h 是一个"零平面位移"（Zero-plane Displacement），于是有：

$$\overline{U}(z) = \frac{U_*}{K}\ln\left(\frac{z-z_h}{z_0}\right) \tag{2-4}$$

一般零平面位移可以取通常屋顶高度的四分之三。式（2-4）的一种最有用形式是表示两个不同高度（z_1 和 z_2）上的风速关系，如下：

$$\frac{\overline{U}(z_1)}{\overline{U}(z_2)} = \frac{\ln(z_1-z_h)}{\ln(z_2-z_h)} \tag{2-5}$$

地面粗糙度的另一个度量是"表面阻力系数" k_d（Surface Drag Coefficient），它是无量纲表面切应力，定义为：

$$k_d = \frac{\tau_0}{\rho_a \overline{U}_{10}^2} = \frac{U_*^2}{\overline{U}_{10}^2} \tag{2-6}$$

式中，$\overline{U}_{10}$ 是离地面 10m 高度处的平均风速，这里的 10m 高度是指在零平面位移上面的 10m，相当于实际地面上面的高度（$10+Z_h$）。根据式（2-3）和式（2-6），并令 $z=10m$，可以确定表面阻力系数 k_d 和粗糙长度 z_0 之间的关系：

$$k_d = \left[\frac{K}{\ln\left(\frac{10}{z_0}\right)}\right]^2 \tag{2-7}$$

表 2-1 给出了各类地貌的粗糙长度 z_0 和表面阻力系数 k_d 的数值。

陆地上地貌种类、粗糙长度和表面阻力系数[2-3]　　　　表 2-1

地貌	粗糙长度 z_0（m）	表面阻力系数 k_d
非常平坦（雪地，沙漠）	0.001～0.005	0.002～0.003
开阔地貌（草地，少量树木）	0.01～0.05	0.003～0.006
市郊（3～5m 建筑物）	0.1～0.5	0.0075～0.02
密集建筑城市（10～30m 建筑物）	1～5	0.03～0.3

可以发现，陆地上的表面阻力系数 k_d 几乎与平均风速无关，但在海面上却不相同。当风速较小时，海面相对平静，表面阻力系数较小；当风速增加时，风浪增大，形成破碎浪，使得海面的等效粗糙度增大，导致 k_d 随风速变化。Charnock[4] 提出了在海平面上的平均风速廓线，并指出粗糙长度 z_0 可以表示为：

$$z_0 = \frac{\beta U_*^2}{g} = \frac{\beta k_d \overline{U}_{10}^2}{g} \tag{2-8}$$

式中，g 是重力加速度；β 是经验常数，在相当大的风速范围内，β 值在 $0.01 \sim 0.02$ 范围内波动。式（2-8）在相当低的风速下是不适用的，因为水面过于平静，表面粗糙度主要由分子黏性和表面张力决定，湍流效应不明显。此外，式（2-8）在相当高的风速下也是不适用的，高风速下海浪破碎、海沫形成，空气-水界面的动量交换机制发生变化，可能低估粗糙度。在极端风速下，需要引入更复杂的修正模型，如考虑波浪破碎效应的风浪耦合模型或喷雾输运模型。

针对式（2-8），Garratt[5] 通过大量的实测数据分析，建议将 β 取为 0.0144，k_d 取为

0.41，这样可以得到 z_0 和 $\overline{U}_{10}$ 的关系如表 2-2 所示。表中给出的数值可应用于良态风情况，海面上的热带风暴（台风和飓风）将在下节讨论。

海面上的粗糙长度 z_0 与平均风速 $\overline{U}_{10}$ 关系　　　　表 2-2

$\overline{U}_{10}$ (m/s)	粗糙长度 z_0 (m)
10	0.21
15	0.59
20	1.22
25	2.17
30	3.51

可见，对数规律具有很好的理论基础，至少是对于均匀地貌上是合理正确的，但这种理想条件在实际上是很少遇到的。并且对数规律还存在一些数学上的问题，第一是负数的对数是不存在的，即不能计算在零平面位移 z_h 以下高度 z 的风速，即 z 小于 z_h 时。第二是对数式很难积分，不便工程应用。为了避免这些问题，风工程界学者提出了另一种基于指数规律的风剖面模型。

2.2.2　指数规律模型

Davenport[6]通过分析大量观测数据，总结出不同场地下的风速剖面特性，并提出平均风速沿高度变化的规律可用指数函数予以描述。即

$$\frac{\overline{U}(z)}{\overline{U}_c} = \left(\frac{z}{z_c}\right)^\alpha \tag{2-9}$$

式中，z_c 和 $\overline{U}_c$ 分别为标准参考高度和标准参考高度处的平均风速；z 和 $\overline{U}(z)$ 分别为任一高度和任一高度处的平均风速；α 为地面粗糙度指数。指数 α 将随地貌的不同而改变，指数 α 和粗糙度长度 z_0 的关系可以表示为：

$$\alpha = \frac{1}{\ln(z_{ref}/z_0)} \tag{2-10}$$

式中，z_{ref} 是指数规律和对数规律在某一高度范围内保持一致时选取的参考高度，一般取为高度范围的平均值或者最大高度的一半。例如，图 2-3 给出了在 100m 高度范围内两种规律的比较。当 z_{ref} 取最大高度 100m 一半，即 $z_{ref}=50m$ 时，由式（2-10），可以获得 α 与 z_0 之间的关系。由图 2-3 可见，两种模型具有较好的一致性，表明指数规律具有良好的工程应用价值。

表 2-3 为我国规范给出的四类地貌的地面粗糙度指数 α 和梯度风高度 H_T[7]。

我国规范给出的四类地貌　　　　表 2-3

类别	地面性质	α	H_T (m)
A	近海海面、海岛、海岸湖岸及沙漠地位	0.12	300
B	田野、乡村、丛林、丘陵以及房屋比较稀疏的乡镇	0.15	350
C	有密集建筑群的城市市区	0.22	450
D	有密集建筑群且房屋较高的城市市区	0.30	550

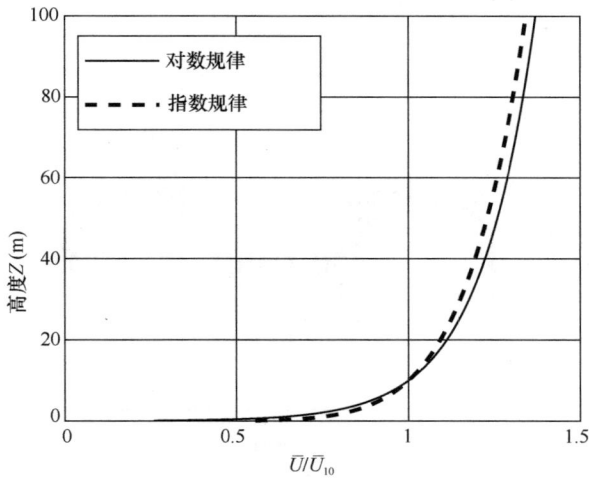

图 2-3　对数规律（$z_0 = 0.02$）和指数规律
（$\alpha = 0.128$）的平均风速廓线比较

时距指风速、风压、湍流等参数随时间变化的间隔，一般与测量采样频率、风速统计的时间尺度、实验时序等相关。风工程中的时距一般涉及以下时间尺度：

（1）瞬时风速：以极短的时间间隔（如毫秒级）记录的风速数据。

（2）短时平均风速：常见的 10min 平均风速，用于描述天气尺度的风速变化。

（3）小时平均风速：用于研究长期风特性。

（4）日均风速：用于气象数据分析。

（5）年度极端风速：用于结构抗风设计，如基本风压的计算确定。

不同时距下的平均风速可以通过 10min 时距的平均风速与换算系数相乘得到，表 2-4 为各种时距与 10min 时距平均风速的换算系数。

不同时距与 10min 时距平均风速的换算系数　　　　　　　表 2-4

风速时距	1h	10min	5min	2min	1min	0.5min	20s	10s	5s	瞬时
统计比值	0.94	1.0	1.07	1.16	1.20	1.26	1.28	1.35	1.39	1.59

2.3　非良态风风速剖面

非良态风是指在大气边界层中，风速和风向变化剧烈、湍流强度较高的风况，通常出现在天气条件不稳定、有明显对流活动或受到极端天气干扰的情况下。非良态风的平均风速大小和方向可能随时间剧烈波动，呈现出非恒定、非稳态的特征（图 2-4）。这种风具有变化复杂、随机性强的特点，为风速分布和风场特性研究带来了更大的挑战。非良态风的平均风速随离地高度 z 的变化曲线被称为非良态风风速剖面。非良态风风速剖面能够反映强风、阵风或紊流等因素对风速分布的动态影响，为极端风下的结构抗风设计以及工程灾害预警等提供重要依据。由于非良态风的特性复杂，其风速剖面常采用非线性模型或基于实测数据的统计方法进行描述。

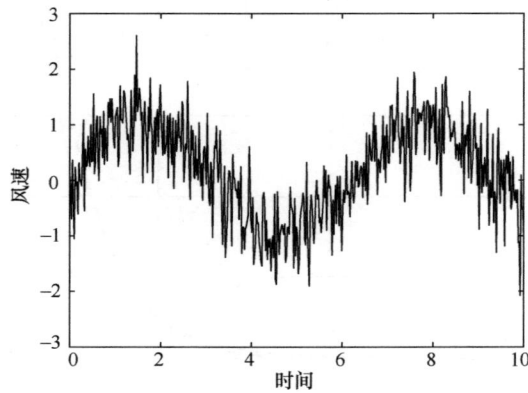

图 2-4　非良态风风速曲线图

2.3.1　台风

台风风剖面与良态风风剖面有明显的不同，台风边界层较薄，通常仅 $300\sim1000\mathrm{m}$，在台风眼墙附近，风速随高度急剧变化，摩擦力和湍流作用更强。在台风边界层内，风速变化剧烈，存在低空急剧增长的情况，产生强烈的风剪切和阵风。针对实测发现的台风低空急流特征，近年来国内外学者不断发展三维参数化台风风场模型。

Kepert[8]采用台风边界层线性理论模型计算得到台风边界层风场结构，考虑了速度的切向梯度分量的影响，因而可以反映出台风的超梯度风现象（台风风速随高度增高，在自由大气表面下方，风速达到最大值，然后随高度衰减到梯度风）。

切向：
$$\frac{V_g}{r}\frac{\partial u}{\partial \theta}-\xi_g v=K_m\frac{\partial^2 u}{\partial z^2} \tag{2-11}$$

径向：
$$\frac{V_g}{r}\frac{\partial u}{\partial \theta}-\xi_{ag} u=K_m\frac{\partial^2 v}{\partial z^2} \tag{2-12}$$

式中，V_g 为计算点的梯度风速；r 为计算点到台风中心的距离；u 为计算点的径向风速；v 为计算点的切向风速；θ 为台风前进方向与计算点的夹角；z 为计算点的垂直高度；K_m 为水平涡旋黏滞系数；$\xi_g=2\dfrac{V_g}{r}+f$；$\xi_{ag}=\dfrac{\partial V_g}{\partial r}+\dfrac{V_g}{r}+f$；$f$ 为科氏力参数。

线性模型中，垂直涡旋黏滞系数通常取为常数，忽略了台风垂直对流影响导致模拟的低空急流现象不明显。低空急流现象是指出现在大气边界层或对流层低层（约 $100\sim2000\mathrm{m}$ 高空）的一种狭窄、强风速带，其风速显著大于同高度平均风速，呈"急流"特征，通常具有夜间增强、白天减弱的变化规律。Kepert 和 Wang[9]之后基于简化版三维中尺度数值模式进行台风风场模拟，完全考虑了台风边界层内垂直扩散、垂直对流以及水平对流过程，同时在模式边界条件中考虑了 Holland 气压梯度公式，结果模拟出了与实测一致的低空急流特征，并提出了台风低空急流发生高度和强度的线性理论。虽然 Kepert 的三维风场模型[10]能够模拟出台风低空急流现象，但是由于求解方程过于复杂，目前尚未在工程领域被广泛使用。

Vickery 等[11]利用 1997～2003 年在大西洋、墨西哥湾及太平洋实测的 860 组风剖面数据，依据平均边界层风速大小进行分类统计，结果发现飓风边界层强风区域内平均水平风速在近地面 200m 高度内表现为对数变化规律，但在 500m 高空达到极值后随高度单调递减。针对低空急流现象，建立了海面上 1000m 高度范围内的台风剖面经验模型，也是目前广泛使用的模型：

$$U = \frac{u^*}{k}\left[\ln\left(\frac{z}{z_0}\right) - a\left(\frac{z}{H^*}\right)^n\right] \tag{2-13}$$

式中，U 为计算点高度的风速；u^* 为摩擦速度；k 为卡门常数，取 0.4；H^* 为梯度高度参数；a 和 n 为适用于所有 H^* 值的常参数，分别为 0.4 和 2。

Snaiki 和 Wu[12]也在线性三维风场模型中考虑了水平气压和大气温度随高度变化规律，模拟出了与实测接近的低空急流变化特征。Fang 等[13]基于台风现场实测获得了涡度黏性系数拟合值，并在简化的大气运动方程中考虑温度和气压随高度变化规律，也完整得到了与实测类似的台风边界层风场结构变化规律。赵林等[14]利用多普勒激光雷达采集了超强台风山竹外围风场实测数据，总结出台风远端风场演变过程的 4 个阶段，发现台风远端风场"S 形"和反"C 形"风剖面演变形态，验证了 Vickery 对数律修正模型的适用性。

2.3.2　雷暴风

雷暴风是一种由雷暴引发的强下沉气流在触地后水平扩散形成的极端风现象，其主要特征是风速变化迅速、风向突变、阵风风速极高、持续时间短。因此定义平均风速是毫无意义的，但是可以把它分成缓慢变化部分（沿地面水平面流动）和高频的湍流部分。

研究发现，与大气边界层风场相对比，理想的下击暴流风场最显著的特征是具有轴对称性。Oseguera 和 Bowels[15]根据这一特性，给出了下击暴流竖直方向和水平方向风速剖面的模型，它满足流体质量连续的要求，但该模型不包括风暴产生的任何影响。水平风速分量可以表示为：

$$U = \frac{\lambda R^2}{2r}\left[1 - \mathrm{e}^{-(r/R)^2}\right]\left(\mathrm{e}^{-Z/Z^*} - \mathrm{e}^{-Z/\varepsilon}\right) \tag{2-14}$$

式中，λ 是雷暴风场比例系数，$\lambda = \dfrac{w_m}{Z^*(\mathrm{e}^{-Z_h/Z^*} - 0.92)} = \dfrac{u_m}{0.2375R}$，量纲是时间的倒数；$w_m$ 是最大竖向风速；u_m 是最大水平风速；r 是与雷暴风场中心的水平距离；R 是雷暴风场作用范畴的影响半径；z_m 是雷暴风场最大水平风速对应的高度；z^* 是暴雷风场边界层外的特征长度，$z_m/z^* = 0.22$；ε 是边界层内的特征长度，$\varepsilon = z_m/12.5$。

图 2-5 给出了最大风速半径处（$r/R = 1.1212$）的下击暴流风速剖面图，从图中可以清晰地看出风速从地面开始增加至最大值，超过此高度，风速随高度逐渐减小。雷达观测显示，实际下击暴流中风速最大值高度（z_m）约是 50～100m。

Vicroy[16-17]基于 O&B 理论数学模型 [式（2-14）]，得到了改进的水平风速，表达式如下：

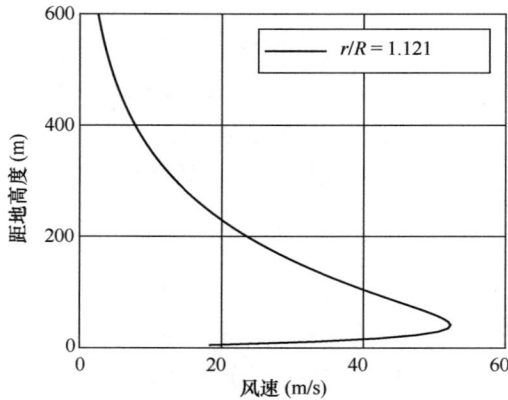

图 2-5　典型雷暴冲击风近地面水平风速剖面图

$$U = \frac{\lambda r}{2}\left[e^{c_1(z/z_m)} - e^{c_2(z/z_m)}\right]e^{2-(r^2-r_{max}^2)^\alpha/2a} \tag{2-15}$$

式中，a 为与雷暴风场水平风剖面形状相关的函数变量；z_m 为雷暴风场水平风速最大值对应的高度；r_{max} 为雷暴风场水平风速最大值对应的径向距离；c_1、c_2 为雷暴风场形函数参数，取 $c_1 = -0.15$，$c_2 = -3.2175$。

2.3.3　龙卷风

龙卷风是一种强烈旋转风暴，其风场具有高速旋转、风速分布不均、小尺度、高破坏力等特征。其水平风场呈锥形分布，底部贴近地面，随高度逐渐扩展。龙卷风旋涡表现出复杂的三维风场结构，与常规大气边界层风场结构有着显著不同，导致龙卷风对结构的破坏机理相对常规大气边界层风也更为复杂。

专家学者针对龙卷风旋涡结构提出多种二维、三维简化风场理论模型。对于切向速度分量 U_θ，经典 Rankine 涡模型将流场分为内外两个涡区。内部旋涡区类似固体旋转，切向速度与径向距离成正比；外部旋涡区类似自由涡，切向速度与径向距离成反比[18]。该模型没有定义径向速度分量 U_r 和竖向速度分量 U_v，仅给出了相关经验值，如图 2-6 所示。具体公式如下：

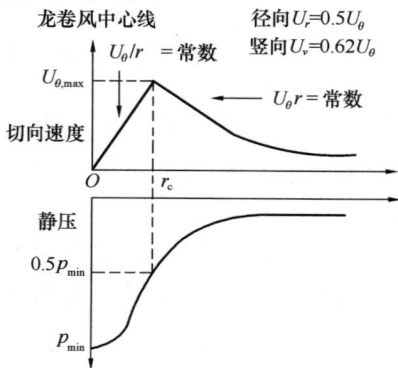

图 2-6　经典 Rankine 涡模型

$$U_\theta = \frac{V_{max}}{r_c}r \quad (r \leqslant r_c), \quad U_\theta = \frac{V_{max}r_c}{r} \quad (r > r_c)$$

$$U_r = 0.5U_\theta, \quad U_v = 0.62U_\theta \tag{2-16}$$

式中，r_c 为龙卷风核心半径；V_{max} 为在 r_c 处的最大风速。

Kuo[19] 基于旋涡半径和高度参数提出了一个三维理论龙卷风风速模型，该模型需要通过迭代方法求解与旋涡半径和轴向方向相关的非线性方程。在此基础上，Wen[20] 对 Kuo 的研究进行了总结，并提出了回归方程，构建了三维龙卷风风场的 Kuo-Wen

模型，如图 2-7 所示。Kuo-Wen 模型考虑了边界层效应，边界层厚度在龙卷风旋涡中心附近较小，随着远离旋涡中心而逐渐增大。三维风速的竖向剖面在边界层内外定义不同，径向速度在边界层位置发生转向，切向速度和竖向速度随着高度变化发生过冲和下冲。

根据 Kuo-Wen 模型，龙卷风边界层厚度为：

$$\delta(r') = \delta_0 [1 - \exp(-0.5r^2)] \tag{2-17}$$

式中：$r = r'/r_{max}$，r' 为模拟点距龙卷风中心的距离，r_{max} 为最大切向风速对应的半径；δ_0 为 $r \gg 1$ 时龙卷风边界层厚度，取 $\delta_0 = 457m$。

根据气流所处位置（即坐标 z 值）不同，边界层将龙卷风场分为上、下两部分气流，见图 2-7，边界层以上（$z > \delta$）气流各速度分量为：

$$
\begin{aligned}
T(\eta, r) &= f(r) = 1.4 V_{max}[1.0 - \exp(-1.256r^2)]r^{-1} \\
R(\eta, r) &= 0 \\
W(\eta, r) &= 93r^3 \exp(-5r) V_{max}
\end{aligned}
\tag{2-18}
$$

边界层内（$z \leqslant \delta$）气流各速度分量：

$$
\begin{aligned}
T(\eta, r) &= f(r)[1 - \exp(-\pi\eta)\cos(2b\pi\eta)] \\
R(\eta, r) &= f(r)\{0.672\exp(-\pi\eta)\sin[(b+1)\pi\eta]\} \\
W(\eta, r) &= 93r^3 \exp(-5r) V_{max}[1 - \exp(-\pi\eta)\cos(2b\pi\eta)]
\end{aligned}
\tag{2-19}
$$

式中，$T(\eta, r)$、$R(\eta, r)$ 和 $W(\eta, r)$ 分别为切向、径向和竖向风速；V_{max} 为最大切向风速；b 和 η 为比例参数，$b = 1.2e^{-0.8r^4}$，$\eta = z/\delta(r')$。

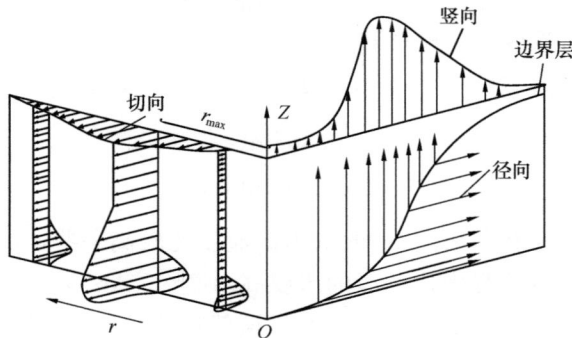

图 2-7　Kuo-Wen 三维风场模型

2.4　风速的湍流

风速的湍流一般可以用标准偏差或方差来表征。首先，从风速中扣除稳定的平均分量（或从强风中扣除缓慢变化分量），可以求出偏差值。然后采用数学标准方差的形式来表征风速湍流的程度。例如，顺风向风速的标准差可以表示为：

$$\sigma_u = \left\{ \frac{1}{T} \int_0^T \left[U(t) - \overline{U} \right]^2 \mathrm{d}t \right\}^{1/2} \tag{2-20}$$

式中，$U(t)$ 为顺风向上的风速分量；$\overline{U}$ 为平均风速；T 为风速统计时长。横风向和竖向风速分量分别用 $V(t)$ 和用 $W(t)$ 表示，它们对应的标准差为 σ_v 和 σ_w。

2.4.1 湍流强度

湍流强度是表征风速时程湍流程度的物理量，表征为风速脉动分量的均方差与平均风速的比值，如下：

$$I_u = \sigma_u / \overline{U}（顺风向） \tag{2-21}$$

$$I_v = \sigma_v / \overline{U}（横风向） \tag{2-22}$$

$$I_w = \sigma_w / \overline{U}（竖向） \tag{2-23}$$

测量发现，在接近地面处，顺风向的风速脉动方差 σ_u 近似等于 $2.5U_*$，于是顺风向湍流强度 I_u 又可以表示为：

$$I_u = \frac{2.5U_*}{(U_*/0.4)\ln(z/z_0)} = \frac{1}{\ln(z/z_0)} \tag{2-24}$$

由此可见，湍流强度与表面粗糙度长度 z_0 有关，且在地表面以上的湍流强度将随高度的增加而减少。

我国国家标准《建筑结构荷载规范》GB 50009—2012（以下简称《荷载规范》）也给出了不同地貌下顺风向湍流度的计算公式以供设计应用，其沿高度的分布可按下式计算：

$$I_u(z) = I_{10} \overline{I}_u(z) = I_{10} \left(\frac{z}{10} \right)^{-\alpha} \tag{2-25}$$

侧向和竖向的脉动分量在数值上一般比顺风向来得低。在边界层内，可以给出均方差和摩擦风速 U_* 之间的关系式，侧向风速的方差 σ_v 近似等于 $2.20U_*$，而竖向风速方差近似地为 $(1.3 \sim 1.4)U_*$，对于各个高度上 I_v 和 I_w 的表达式可以表示为：

$$I_v = 0.88/\ln(z/z_0) \tag{2-26}$$

$$I_w = 0.55/\ln(z/z_0) \tag{2-27}$$

在热带风暴中（台风和飓风），一般认为湍流度比较高一些，Choi[21] 在 1978 年发现在热带风暴中的顺风向湍流强度比一般的风要高出 5%。An 等[22]、Quan 等[23] 分析了台风"梅花"和良态风作用下上海环球金融中心顶部脉动风湍流度随时距 10min 平均风速的变化情况，结果表明，台风期间纵向和横向的湍流度均值大于季风天气。

2.4.2 湍流积分尺度

湍流积分尺度又称湍流长度尺度，是衡量湍流涡旋平均尺寸的量度。气流中某一点的速度脉动可以视为由平均风输运的多个理想涡旋叠加而产生。如果将涡旋的波长定义为涡旋的尺寸，则湍流积分尺度便表示气流中这些湍流涡旋的平均大小。这些涡旋可以看作在该点进行周期性脉动，其圆频率为 $\omega = 2\pi n$，波长为 $\lambda = \dfrac{\overline{v}}{n}$（$\overline{v}$ 为风速，n 为频率），涡旋的波长是涡旋大小的量度。

湍流积分尺度也反映了湍流中空间两点脉动风速的相关性。当积分尺度较大时，涡旋能够完全覆盖结构，导致脉动风在结构各部位引起的动荷载趋于同步，从而对结构产生显著影响。相反，当涡旋的尺度不足以覆盖整个结构时，不同位置的脉动风速是不相关的，其引起的动荷载在统计意义上可相互抵消，从而减弱对结构的整体作用。因而可以从两个随机变量 y 和 z 的互相关系数定义表示平均漩涡尺度的量，即湍流积分尺度。

$$L = \int_0^\infty \rho(r)\mathrm{d}r = \int_0^\infty \frac{E[y(r_1,t)z(r_1+r,t+\tau)]}{\sigma_y(r_1)\sigma_z(r_2+r)} \tag{2-28}$$

式中，$\rho(r)$ 为互相关系数，r 为湍流中 y 和 z 两点连线间的距离。式中的分子代表互协方差函数，反映变量 y 在时间 t、位置 r_1 处和稍后时间 $t+\tau$、偏移距离 r_1+r 处变量 z 的相关性；分母代表 y 和 z 两点的风速标准差。

由式（2-28），可定义三个方向的湍流积分尺度如下：

$$L_u = \int_0^\infty \frac{E[u(r_1)u(r_1+r)]}{\sigma_u(r_1)\sigma_u(r_1+r)}\mathrm{d}r（顺风向）$$

$$L_v = \int_0^\infty \frac{E[v(r_1)v(r_1+r)]}{\sigma_v(r_1)\sigma_v(r_1+r)}\mathrm{d}r（横风向）$$

$$L_w = \int_0^\infty \frac{E[w(r_1)w(r_1+r)]}{\sigma_w(r_1)\sigma_w(r_1+r)}\mathrm{d}r（竖向） \tag{2-29}$$

式中，u、v、w 分别代表顺风向、横风向和竖向的脉动风速。

若空间两点位置小于湍流平均尺度，表明这两点处于同一个涡漩内，则两点的脉动速度相关，涡漩作用增强；相反，处于不同涡漩中两点的速度是不相关的，涡漩的作用将减弱。湍流积分尺度也反映湍流影响的强弱，湍流积分尺度大，则湍流影响强，反之则弱。

由式（2-29），也可以将纵向平均湍流积分尺度 L_u 写为

$$L_u = \int_0^\infty \frac{R_{u_1 u_2}(r)}{\sigma_{u_1}\sigma_{u_2}} = \frac{1}{\sigma_u^2}\int_0^\infty R_{u_1 u_2}(r)\mathrm{d}r \tag{2-30}$$

式中，$R_{u_1 u_2}(r)$ 是两个顺风向速度分量 $u_1(x,y,z,t)$ 和 $u_2(x',y',z',t')$ 的互协方差函数；σ_u 是 u_1 和 u_2 的均方根值。式中用到 $\sigma_u \approx \sigma_{u_1} \approx \sigma_{u_2}$ 的关系，大气边界层的脉动风中，该关系基本满足。

大量观测结果表明，大气边界层中的湍流积分尺度是地面粗糙度的函数，且随着高度的增加而增加。欧洲规范（BS EN 1991-1-4：2005）[24] 建议的湍流积分尺度经验公式为：

$$L_u = 300\left(\frac{z}{300}\right)^{0.46+0.074\ln z_0} \tag{2-31}$$

日本规范（AIJ-2004）[25] 建议的湍流积分尺度经验公式为：

$$L_u = 100\left(\frac{z}{30}\right)^{0.5} \tag{2-32}$$

与式（2-31）相比，式（2-32）忽略了地面粗糙长度的影响。图 2-8 给出了上述两个经验公式的比较。可以看出，在地面粗糙度 $z_0 = 1.0\mathrm{m}$（相当于我国规范中的 D 类地貌）时，日本规范中的公式与欧洲规范中的公式得到的湍流积分尺度结果较为接近；而当 z_0 取其他地貌类型值时，两者差距明显。

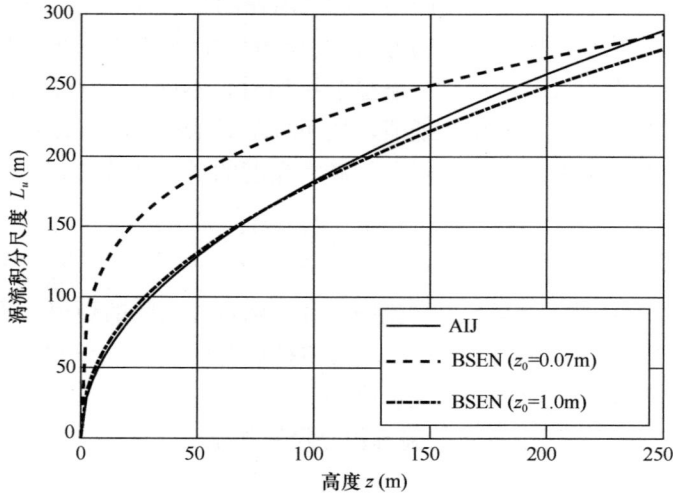

图 2-8　欧洲规范和日本规范的湍流积分尺度公式比较[26]

2.4.3　峰值因子

在工程围护结构（如玻璃幕墙等覆面结构）的设计中，常需要评估其表面的极值压力，即除考虑平均风荷载外，还需要考虑脉动阵风的影响。设计中常采用阵风系数来进行考虑。

假定顺风向风速符合高斯概率分布，则对应阵风的极值风速 $\hat{U}$ 可以近似地表达为：

$$\hat{U} = \overline{U} + g\sigma_u \tag{2-33}$$

式中，g 是峰值因子，通常可根据 Davenport 峰值因子法[27]进行计算：

$$g = \beta + \frac{\gamma}{\beta}, \beta = \sqrt{2\ln(v_0)T} \tag{2-34}$$

式中，v_0 为标准高斯过程的零穿越率；T 为计算时距；γ 为欧拉常数，取 0.5772。

然而，对于分离流或者气流涡脱等现象显著的区域，风速可能呈现非高斯分布特性。应采用非高斯峰值因子的评价方法。

1. Hermite 多阶矩法

基于传统峰值因子法和 Hermite 多项式转换得到的目标非高斯过程，Kareem 和 Zhao[28]给出了非高斯峰值因子的计算式：

$$g = \alpha \left\{ \left(\beta + \frac{\gamma}{\beta} \right) + h_3 \left(\beta^2 + 2\gamma - 1 + \frac{1.98}{\beta} \right) + h_4 \left[\beta^2 + 3\beta(\gamma - 1) \right. \right.$$
$$\left. \left. + \frac{3}{\beta} \left(\frac{\pi^2}{6} - \gamma + \gamma^2 \right) + \frac{5.44}{\beta^3} \right] \right\} \tag{2-35}$$

$$\beta = \sqrt{2\ln(v_{0,x})T}, x = \alpha[y + h_3(y^2 - 1) + h_4(y^3 - 3y)], \alpha = \sqrt{1 + 2h_3^2 + 6h_4^2},$$
$$h_3 = \frac{sk}{4 + 2\sqrt{1 + 1.5(ku - 3)}}, h_4 = \frac{\sqrt{1 + 1.5(ku - 3)} - 1}{18}$$

式中，$v_{0,x}$ 为标准非高斯过程的零穿越率；y 为标准高斯过程；x 为标准非高斯过程；sk 为 x 的偏度系数，ku 为 x 的峰度系数。

2. Sadek-Simiu 法

Sadek 和 Simiu[29] 采用概率图相关系数法确定了三参数 Garmma 分布，在 Rice[30] 的经典零值穿越理论上，应用 Grigoriu[31] 的"转换时程法"（translation process approach），将非高斯风压时程的概率分布函数映射成标准高斯分布，直接采用零值穿越理论获得风压系数极值的计算方法。

当确定出风压时程的概率分布模型后，利用"转换时程法"的映射思路求出风压极值，考虑一个时距为 T 的平稳非高斯过程 $x(t)$，其概率密度函数是 $f_x(x)$，概率分布函数为 $F_x(x)$；映射到标准高斯时程 $y(t)$，其概率密度函数是 $f_y(y)$，概率分布函数为 $F_y(y)$。时距 T 内，时程 $y(t)$ 的极值 $y_{\mathrm{pk},T}$ 的概率分布函数为

$$F_{y_{\mathrm{pk},T}}(y_{\mathrm{pk},T}) = \exp[-v_{0,y}T\exp(-y_{\mathrm{pk},T}^2/2)] \tag{2-36}$$

由上式可得指定概率 $F_{y_{\mathrm{pk},T}}^i$ 下的极小值或极大值：

$$y_{\mathrm{pk},T}^{\max/\min,i} = \pm\sqrt{2\ln\frac{-v_{0,y}T}{\ln F_{y_{\mathrm{pk},T}}^i}} \tag{2-37}$$

式中，$v_{0,y}$ 为高斯过程 $y(t)$ 的零穿越率，$v_{0,y} = \dfrac{1}{2\pi}\sqrt{\dfrac{m_2}{m_0}} = \dfrac{1}{2\pi}\sqrt{\dfrac{\int_0^\infty n^2 S_y(n)\mathrm{d}n}{\int_0^\infty S_y(n)\mathrm{d}n}}$。

3. 偏度非高斯峰值因子法

Huang 等[32] 通过敏感性分析发现，式（2-35）中的峰度系数对计算结果的影响远小于偏度系数。对于大多数非高斯信号，α 的值接近于 1。考虑到峰度系数的贡献较小，为了简化经验公式，将式（2-35）中的 Davenport 峰值因项 $\beta + \gamma/\beta$ 替换为 $\sqrt{\beta^2 + \ln(\beta^2/2)}$，从而得到偏度非高斯峰值因子如下：

$$g = \sqrt{\beta^2 + \ln(\frac{\beta^2}{2})} + \frac{sk}{6}(\beta^2 + 2\gamma - 1) \tag{2-38}$$

4. Blue 峰值因子法

《屋盖结构风荷载标准》JGJ/T 481—2019[33] 中给出了通过 Blue 方法计算结构的极值风压的经验公式，将风压系数时程等分为 N 个样本，取每个时程样本的最大值 $C_{\mathrm{p},n}^{\max}$、最小值 $C_{\mathrm{p},n}^{\min}$ 分别组成升序序列和降序序列，第 i 个风向风压系数极大值 $C_{\mathrm{pe},i}^{\max}$ 和极小值 $C_{\mathrm{pe},i}^{\min}$ 可分别按下列公式确定，再通过极值风压与峰值因子的关系反算得到峰值因子。

$$C_{\mathrm{pe},i}^{\max} = \sum_{n=1}^N a_n C_{\mathrm{p},n}^{\max} + \gamma\sum_{n=1}^N b_n C_{\mathrm{p},n}^{\max} \tag{2-39}$$

$$C_{\mathrm{pe},i}^{\min} = \sum_{n=1}^N a_n C_{\mathrm{p},n}^{\min} + \gamma\sum_{n=1}^N b_n C_{\mathrm{p},n}^{\min} \tag{2-40}$$

式中，a_n、b_n 为加权系数，可参考《屋盖结构风荷载标准》JGJ/T 481—2019 附录 E 确定。

2.4.4　阵风系数

阵风系数是考虑瞬时风较平均风的放大系数，一般定义为阵风风速与时距 10min 的

平均风速之间的比值，以确定任意给定时间内的最大（最小）阵风风速：

$$G = \frac{\hat{U}}{\overline{U}} \qquad (2-41)$$

阵风风速与湍流强度以及阵风的持续时间有关。一般地，湍流强度越大，阵风系数也越大；阵风持续时间越长，阵风系数越小。Durst[34]和Deacon[35]曾研究不同时距 t 内应用的阵风值，Deacon基于10min平均风速的10m高度处的阵风因子，对于有少数树木的开阔地貌，取 $G=1.45$；而在城郊时，取 $G=1.96$。

此外，部分研究人员提出了陆地上的热带风暴和龙卷风的阵风系数。基于在日本的台风测量，Ishigaki[36]提出了以下的台风阵风系数 G 的表达式：

$$G = \frac{\hat{U}_t}{\overline{U}_T} = 1 + 0.5 I_\mathrm{u} \ln \frac{T}{t} \qquad (2-42)$$

式中，T 是风速计算的平均时距，t 是阵风的持续时间。在开阔地貌的10m高度处 I_u 的典型数值为0.2，取 T 为600s，t 为2s，式（2-42）给出了阵风系数为1.57。

Krayer和Marshall[37]通过对美国4个龙卷风的研究，得到相应的阵风系数为1.55。Bdalk[38]基于高风速的龙卷风求得阵风系数 G 为1.66：

$$G = \frac{\hat{U}_{2\mathrm{s},10\mathrm{m}}}{\overline{U}_{600\mathrm{s},10\mathrm{m}}} = 1.66 \qquad (2-43)$$

我国《荷载规范》给出了阵风系数的计算公式，具体阵风系数可按规范中的表8.6.1取值。

$$\beta_\mathrm{gz} = 1 + 2g I_{10} \left(\frac{z}{10} \right)^{-\alpha} \qquad (2-44)$$

2.4.5　风谱

功率谱密度函数是平稳随机过程的重要统计特征，可用于描述湍流脉动分量中各频率成分的能量贡献。大气运动包含不同尺度的旋涡，其尺度与作用频率成反比关系，即大尺度旋涡对应较低的脉动频率，而小尺度旋涡对应较高的脉动频率，湍流的总动能是由各种尺度旋涡共同贡献的总和。研究湍流脉动的频谱规律和统计特征，对于揭示湍流结构及其作用机制具有重要意义。基于实验和观测，不同学者提出了多种描述大气边界层内自然风的功率谱密度函数。以下作简要介绍。

1. Davenport 风速谱（用于《荷载规范》[7]和加拿大规范 NBC-2015[39]）

Davenport[6]提出的通用功率谱表达式如下：

$$\frac{f S_u(f)}{k \overline{U}(z)^2} = F\left[\frac{f L_u}{\overline{U}(z)} \right] \qquad (2-45)$$

式中，$S_u(f)$ 为脉动风速功率谱；k 为地面粗糙度系数；$\overline{U}(z)$ 为在高度处的平均风速；f 为脉动风频率；L_u 为湍流积分尺度。

基于世界上不同地点、不同高度实测得到90多次的强风记录，并假定水平阵风谱中的湍流积分尺度 L_u 取常数值1200m，Davenport建立了脉动风速谱的经验数学表达式：

$$\frac{fS_u(f)}{\overline{U}_{10}^2} = \frac{4kx^2}{(1+x^2)^{4/3}}, x = \frac{1200f}{\overline{U}_{10}} \tag{2-46}$$

式中，$\overline{U}_{10}$ 为标准高度为 10m 处的平均风速；Davenport 归纳的 k 值见表 2-5。

地面粗糙度系数 k　　　　　　　　　　　　　表 2-5

地貌	地形种类	k
A 类	河湾	$0.003 \sim 0.0015$
B 类	草地	0.005
C 类	篱笆围护广场	0.008
	矮树和 30 英尺高树	0.015
	市镇	0.03

2. kaimal 风速谱（用于美国规范 ASCE 7-22[40]）

Kaimal 等[41]通过对实测湍流风场数据进行分析，提出了 Kaimal 风速谱，其表达式如下：

$$\frac{fS_u(f)}{\sigma_u^2} = \frac{200x}{6(1+50x)^{5/3}}, x = \frac{fz}{\overline{U}(z)} \tag{2-47}$$

式中：$\sigma_u^2 = 6U_*^2 = 6k\overline{U}_{10}^2$，$U_*$ 为摩擦速度。

3. von Karman 风速谱（用于欧洲规范 ESDU-74031[42]和日本规范 AIJ-2004[25]）

卡门谱是 1948 年 von Karman[43]根据湍流各向同性假设提出的，表达式为：

$$\frac{fS_u(f)}{\sigma_u^2} = \frac{4f_u}{\left[1+70.8f_u^2\right]^{5/6}}, f_u = \frac{fL_u}{\overline{U}(z)} \tag{2-48}$$

其中 L_u 可由式（2-32）得到。

4. Harris 风速谱

Harris[44]基于大气边界层风速湍流特性和实测风速数据的分析提出了 Harris 风谱，表达式为：

$$fS_u(f) = 4U_*^2 \frac{x}{f(2+x^2)^{5/6}}, x = \frac{1800f}{\overline{U}_{10}}, U_*^2 = \frac{\sigma_u^2}{6.677} \tag{2-49}$$

5. Simiu 风速谱

美国学者 Simiu[45]提出的风速谱，采用分段表示，其表达式为：

$$fS_u(f) = 200U_*^2 \frac{x}{(1+50x)^{5/3}}, x = \frac{zf}{\overline{U}_{10}(z/10)^2}, U_*^2 = \frac{\sigma_u^2}{6} \tag{2-50}$$

式（2-50）一般适用所有风速谱，但当 $x > 0.2$ 时，建议采用下式：

$$fS_u(f) = \frac{0.26U_*^2}{x^{2/3}} \tag{2-51}$$

图 2-9 给出了某高度条件下不同归一化风速谱曲线的比较图。

2.4.6　相关性

空间中不同位置的脉动风荷载一般不会同时达到最大值。例如空间距离越远，脉动风荷载同时达到最大值的可能性就越低，这种性质被称为脉动风荷载的空间相关性。在频域

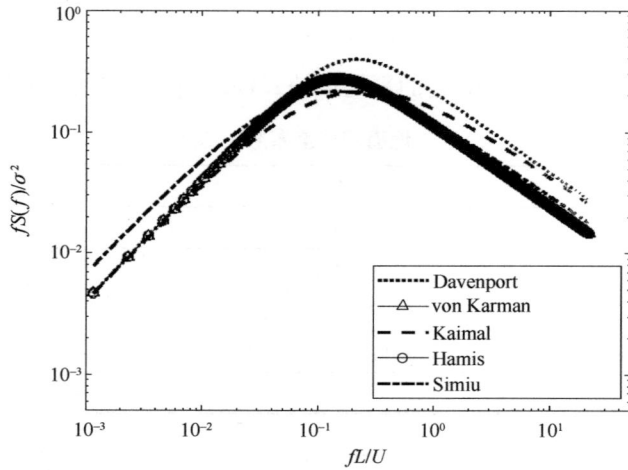

图 2-9 不同归一化风速谱曲线比较

内一般采用相干函数描述空间两点的相关性，在时域内则采用相关系数来描述。

不同学者对脉动风速作了大量的观察和研究，认为其可近似作为各态历经的平稳随机过程。由随机过程理论，在 l 点和 p 点测得的随机过程 $u_1(t)$ 和 $u_2(t)$。两个脉动风速在时域内的互相关函数用 $R_{u_1 u_2}(\tau)$ 表示，进而由维纳-辛钦定理可得频域内的互谱密度函数 $S_{u_1 u_2}(r, f)$，再由相干函数的定义，可得以下表达式：

$$\text{Coh}(r,f) = \frac{S_{u_1 u_2}(r,f)}{\sqrt{S_{u_1}(l,f) S_{u_2}(p,f)}} \tag{2-52}$$

式中，$\text{Coh}(r, f)$ 为相干函数的平方根；$S_{u_1}(l, f)$ 和 $S_{u_2}(p, f)$ 分别为空间 l 点和 p 点的脉动风速谱密度函数，或称自功率谱。

由于互谱密度函数 $S_{u_1 u_2}(r, f)$ 是复数，若其实部用 $S_{R u_1 u_2}(r, f)$ 表示，虚部用 $S_{I u_1 u_2}(r, f)$ 表示，则式(2-52)也可写为如下形式：

$$\text{Coh}(r,f) = \left\{ \frac{[S_{u_1 u_2}^R(r,f)]^2 + [S_{u_1 u_2}^I(r,f)]^2}{S_{u_1}(l,f) \cdot S_{u_2}(p,f)} \right\}^{1/2} \tag{2-53}$$

一般考虑到互谱密度函数 $S_{u_1 u_2}(r, f)$ 的虚部与实部相比影响小，因此可以忽略，进一步简化得到如下公式：

$$\text{Coh}(r,f) = \frac{S_{u_1 u_2}^R(r,f)}{\sqrt{S_{u_1}(l,f) S_{u_2}(p,f)}} \tag{2-54}$$

对于类似高层建筑的结构，需要同时考虑水平尺度（x 方向）与竖向尺度（z 方向）的相关性，对此，Davenport 提出了指数形式的经验公式：

$$\text{Coh}(r,f) = R_{xz}(x,x',z,z',f) = e^{-c} \tag{2-55}$$

式（2-55）中

$$c = \frac{f[c_x^2(x-x')^2 + c_z^2(x-x')^2]^{1/2}}{\overline{U}_{10}} \tag{2-56}$$

或

$$c = \frac{f[c_x^2(x-x')^2 + c_z^2(x-x')^2]^{1/2}}{\frac{1}{2}[\overline{U}(z) + \overline{U}(z')]} \tag{2-57}$$

式中，R_{xz} 为 x 方向和 z 方向的空间相关函数或协方差函数；$\overline{U}_{10}$、$\overline{U}(z)$ 和 $\overline{U}(z')$ 分别为 10m、z 和 z' 高度处的平均风速；f 为脉动风的频率；衰减系数建议取 $c_z = 10$，$c_x = 16$。

对于细长高耸的构筑物，一般只考虑竖直方向的相关，Davenport[6]建议的经验公式仍为指数形式：

$$\mathrm{Coh}(r,f) = R_z(z,z',f) = \mathrm{e}^{-c_1}, c_1 = \frac{7f|z-z'|}{\overline{U}(z)} \tag{2-58}$$

式中，$R_z(z, z', f)$ 表征湍流风速在高度 z 和 z' 之间的相关性，即它们在频率 f 下的互相关函数。

湍流互谱密度函数与湍流积分尺度具有显著的物理关联性，这使得基于指数衰减规律构建的相干性表达式也同样会带来不确定性。值得注意的是，指数形式的衰减系数 c_z、c_x 和 c_1 还与地面粗糙度、离地高度、风速及湍流强度等因素有关，由于现阶段复杂大气边界层条件下各影响因素的作用机理尚未完全明晰，且缺乏系统性的实测数据支撑，如何精确建立适用于工程实践的脉动风相干函数模型，依然是该领域亟待突破的技术难点。黄本才[46]的研究表明，指数衰减系数对风振响应的影响并不敏感。例如，当衰减系数在很大的一个范围（如在 30%～40% 内）内变化时，其对高层建筑顶点加速度响应最大值影响仅为 12%。因此，从工程设计应用的角度看，采用以上指数形式衰减的相干函数具有一定的实用性。

参考文献

[1]　张相庭. 结构风压和风振计算[M]. 同济大学出版社，1985.

[2]　Chamberlain A C. Roughness length of sea, sand, and snow[J]. Boundary-Layer Meteorology, 1983, 25(4): 405-409.

[3]　Bietry J, Sacré C, Simiu E. Mean wind profiles and change of terrain roughness[J]. Journal of the Structural Division, 1978, 104(10): 1585-1593.

[4]　Charnock H. Wind stress on a water surface[J]. Quarterly Journal of the Royal Meteorological Society, 1955, 81(350): 639-640.

[5]　Garratt J R. Review of drag coefficients over oceans and continents[J]. Monthly Weather Review, 1977, 105(105): 915-929.

[6]　Davenport A G. The relationship of wind structure to wind loading[C]. Proc. of Conf. on 'Wind Effects on Structures'. London: ICWE, 1965: 53.

[7]　中华人民共和国住房和城乡建设部. 建筑结构荷载规范：GB 50009－2012[S]. 北京：中国建筑工业出版社，2012.

[8]　Kepert J. The dynamics of boundary layer jets within the tropical cyclone core. Part Ⅰ: Linear theory [J]. Journal of the Atmospheric Sciences, 2001, 58(17): 2469-2484.

[9]　Kepert J, Wang Y. The dynamics of boundary layer jets within the tropical cyclone core. Part Ⅱ: Nonlinear enhancement[J]. Journal of the Atmospheric Sciences, 2001, 58(17): 2485-2501.

[10]　Kepert J D. Slab and height-resolving models of the tropical cyclone boundary layer. Part I: Comparing the simulations[J]. Quarterly Journal of the Royal Meteorological Society, 2010, 136(652): 1686 - 1699.

[11]　Vickery P J, Wadher A D, Powell M D, et al. A hurricane boundary layer and wind field model for

use in engineering applications[J]. Journal of Applied Meteorology & Climatology, 2009, 48(2): 381-405.

[12] Snaiki R, Wu T. Modeling tropical cyclone boundary layer: Height-resolving pressure and wind fields[J]. Journal of Wind Engineering and Industrial Aerodynamics, 2017, 170: 18-27.

[13] Fang G, Zhao L, Cao S, et al. A novel analytical model for wind field simulation under typhoon boundary layer considering multi-field correlation and height-dependency[J]. Journal of Wind Engineering and Industrial Aerodynamics, 2018, 175: 77-89.

[14] 赵林, 杨绪南, 方根深, 等. 超强台风山竹近地层外围风速剖面演变特性现场实测[J]. 空气动力学学报, 2019, 37(1): 43-54.

[15] Oseguera R M, Bowles R L. A simple, analytic 3-dimensional downburst model based on boundary layer stagnation flow[R]. Hampton, Virginia: Langley Research Center, National Aeronautics and Space Administration, 1988.

[16] Vicroy D D. A simple, analytical, axisymmetric microburst model for downdraft estimation[R]. Hampton, Virginia: Langley Research Center, National Aeronautics and Space Administration, 1991.

[17] Vicroy D D. Assessment of microburst models for downdraft estimation[J]. Journal of Aircraft, 1992, 29(6): 1043-1048.

[18] 王鹏飞. 火旋风的火焰与流动特性研究[D]. 合肥: 中国科学技术大学, 2015.

[19] Kuo H L. Axisymmetric flows in the boundary layer of a maintained vortex[J]. Journal of the Atmospheric Sciences, 1971, 28(1): 20-41.

[20] Wen Y K. Dynamic tornadic wind loads on tall buildings[J]. Journal of the Structural Division-Asce, 1975, 101(1): 169-185.

[21] Choi E C C. Characteristics of typhoons over the South China Sea[J]. Journal of Wind Engineering and Industrial Aerodynamics, 1978, 3(4): 353-365.

[22] An Y, Quan Y, Gu M. Field Measurement of Wind Characteristics of Typhoon Muifa on the Shanghai World Financial Center[J]. International Journal of Distributed Sensor Networks, 2012, 8(9): 34-63.

[23] Quan Y, Wang S, Gu M, et al. Field measurement of wind speeds and wind-induced responses a top the Shanghai World Financial Center under normal climate conditions[J]. Mathematical Problems in Engineering, 2013, 2013(1056): 469-481.

[24] CEN. Eurocode 1: Actions on Structures. Part 1-4: General actions-Wind actions[S]. London: Thomas Telford Ltd., 2004.

[25] Architectural Institute of Japan. Recommendations for loads on buildings: AIJ-2004[S]. Tokyo: Architectural Institute of Japan, 2004.

[26] 武岳. 风工程与结构抗风设计[M]. 2版. 哈尔滨: 哈尔滨工业大学出版社, 2019.

[27] Davenport A G. Note on the distribution of the largest value of a random function with applications to gust loading[J]. Proceedings of the Institution of Civil Engineers, 1964, 28(2): 187-196.

[28] Kareem A, Zhao J. Analysis of non-Gaussian surge response of tension leg platforms under wind loads[J]. Journal of Offshore Mechanics and Arctic Engineering, 1994, 116(3): 137-144.

[29] Sadek F, Simiu E. Peak non-Gaussian wind effects for database-assisted low-rise building design[J]. Journal of Engineering Mechanics, 2002, 128(5): 530-539.

[30] Rice S O. Mathematical analysis of random noise[J]. The Bell System Technical Journal, 1944, 23(3): 282-332.

[31] Grigoriu，Mircea. Crossings of non-Gaussian translation processes[J]. Journal of Engineering Mechanics，1984，110(4)：610-620.

[32] Huang M，Lou W，Chan C M，et al. Peak factors of non-Gaussian wind forces on a complex shaped tall building[J]. The Structural Design of Tall and Special Buildings，2013，22(14)：1105-1118.

[33] 中华人民共和国住房和城乡建设部. 屋盖风荷载结构标准：JGJ/T 481—2019[S]. 北京：中国建筑工业出版社，2019.

[34] Durst C S. Wind speeds over short periods of time[J]. Meteorol Mag，1960，89：181-186.

[35] Deacon E. Wind gust speed：averaging time relationship[J]. Australian Meteorological Magazine，1965，51：11-14.

[36] Ishizaki H. Wind profiles，turbulence intensities and gust factors for design in typhoon-prone regions[J]. Journal of Wind Engineering and Industrial Aerodynamics，1983，13(1-3)：55-66.

[37] Krayer W R，Marshall R D. Gust factors applied to hurricane winds[J]. Bulletin of the American Meteorological Society，1992，73(5)：613-618.

[38] Black P G. 1993：Evolution of maximum wind estimates in typhoons[C]// ICSU/WMO International Symposium on Tropical Cyclone Disasters. Beijing：ICSU，1992：104-105.

[39] National Research Council of Canada. User's guide：NBC 2015 structural commentaries：part 4 of division B：NBC-2015[S]. Ottawa：National Research Council of Canada，2015.

[40] American Society of Civil Engineers. Minimum design loads for buildings and other structures：ASCE 7-22[S]. Washington，2022.

[41] Kaimal J C，Wyngaard J C J，Izumi Y，et al. Spectral characteristics of surface layer turbulence[J]. Quarterly Journal of the Royal Meteorological Society，1972，98(417)：563-589.

[42] Characteristics of atmospheric turbulence near the ground：Part II：Single point data for strong winds（neutral atmosphere）：ESDU-74031[S]. London：Engineering Sciences Data Unit，1974.

[43] von Karman T. Progress in the statistical theory of turbulence[C]// Proceedings of the National Academy of Sciences，1948，34(11)：530-539.

[44] Harris R I. On the spectrum and auto-correlation function of gustiness in high winds[M]. London：Electrical Research Association，1968.

[45] Simiu E，Scanlan R H，Sachs P，et al. Wind effects on structures：an introduction to wind engineering and wind forces in engineering[M]. New York：John Wiley & Sons，1980.

[46] 黄本才. 深圳某高层建筑顺风向风荷载分析与研究[J]. 结构工程师，1998(S)：96-99.

第3章　风洞试验技术

3.1　引言

　　风洞模拟试验是空气动力学相关研究的主要方法之一。风洞试验的应用范围广泛，如建筑结构设计、汽车与飞机的设计、风能采集、风环境模拟等。为了测试试验对象在流场中的安全性、稳定性等性能，风洞试验基于相似准则，将研究对象按一定缩尺比制成模型或直接置于风洞中，利用可控的气流模拟对象在真实环境中的气动特性，进而获取所需参数。土木建筑工程中的风致流动通常涉及钝体绕流，由于复杂空气流动的理论和计算方法难度较高，因此风洞试验成为该方向的重要研究手段。澳大利亚的 Kernot 是第一个使用风洞来测量建筑物上的风荷载的人。1893 年，他制造了名为 Blowing Machine 的装置，该装置现在也被认为是直流式风洞的雏形。通过该设备，Kernot 研究了各种钝体（如立方体，金字塔，圆柱体等）上的风荷载。20 世纪上半叶，应用于航空领域的风洞发展迅速，随着工业的发展，风洞试验技术逐渐扩大到一般工业领域。20 世纪 30 年代，中国的风洞建设开始起步，进入 21 世纪，中国的风洞建设蓬勃发展，为我国的风工程研究提供了良好基础。在工程实践中，众多大型复杂结构需借助风洞试验来优化抗风设计。这类工程不仅涵盖外形独特、结构体系复杂且风场干扰效应显著的超高层建筑和大跨度桥梁，还包括对风荷载及风致振动极为敏感的特殊结构物。对工程结构模型进行风洞试验，可针对性地提升抗风设计的可靠性和精准性。但风洞试验过程中测试模型和试验流场仍需满足一定的相似性准则和要求，以实现原型结构风效应的有效模拟。这也是本章需要介绍风洞试验模拟技术的原因。

3.2　风洞试验设备

3.2.1　风洞

　　风洞是可以生成可控气流的试验管道装置，其内部可形成稳定均匀的流动场，或风速随高度变化的梯度流场。按照试验段流速，风洞可分为低速风洞、亚声速风洞、跨声速风洞、超声速风洞、高超声速风洞和高焓高超声速风洞六种类型，其中适用于土木工程试验的为低速风洞（风速范围 $0\sim135\mathrm{m/s}$）。根据气流的流动形式不同，低速风洞又可分为直流式风洞和回流式风洞两种。

　　直流式（open-circuit 或 NPL type）风洞是最简单的风洞，其建造成本较低，但使用时能量损耗大，噪声大。直流式风洞大致分为稳定段、收缩段、试验段与扩压段，如图 3-1 所示。空气由左端进入稳定段，稳定段的蜂窝器和整流网使气流得到梳理与均匀；

收缩段通常采用流动矫直器和细网筛，从而平滑平均流量变化和减少试验段湍流；试验段主要是放置模型进行风洞试验的区域；扩压段通过减小释放空气的流速来节省功率。

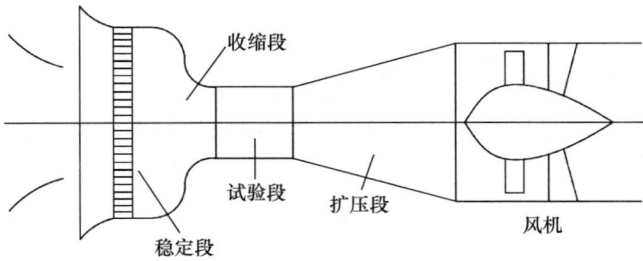

图 3-1　直流式风洞示意图

　　回流式（closed-circuit type）风洞相当于首尾相接的直流式风洞。在回流式风洞中，空气不断地循环，而不是被排出。回流式风洞的优点有：①噪声相对直流式风洞较小；②出口处没有动能的损耗，因此效率较高；③可以合并多个具有不同特性的测试段。然而，这种回流式风洞也有相应的缺点，如具有较高的建造成本，摩擦耗能多等。此外在达到稳态温度之前，空气会在长时间的运行中加热，当使用温度敏感的仪器（如热线或其他类型的热风速计）时，会产生一定的问题。图 3-2 展示了典型回流式风洞（浙江大学的ZD-1 风洞）的基本构造。

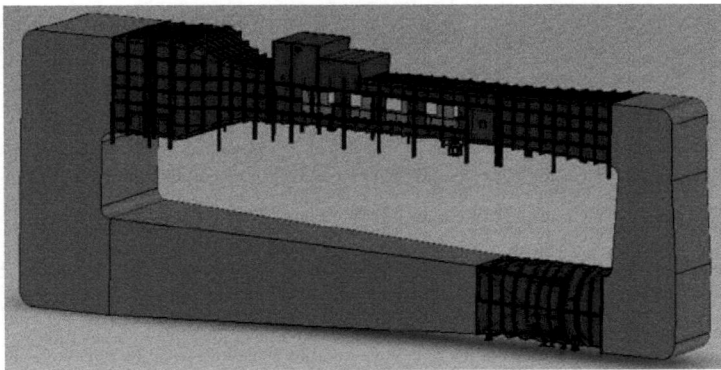

(a) ZD-1风洞外观

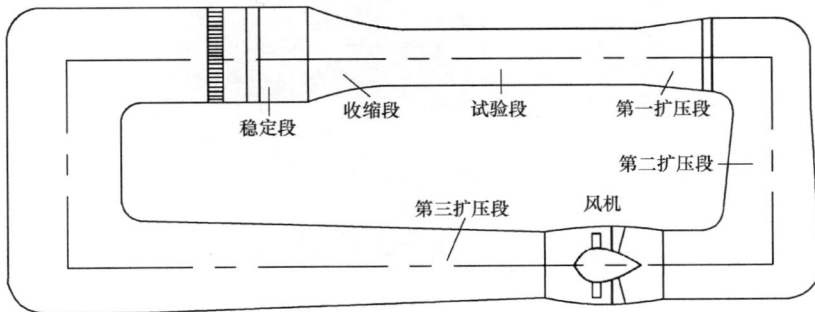

(b) 构造示意图

图 3-2　典型回流式风洞

31

3.2.2 风洞测试设备

1. 风速测试设备

(1) 皮托管

皮托管也称风速管，由 18 世纪法国工程师亨利·皮托发明。其基本构造如图 3-3 所示。皮托管通过测量来流总压 P 和来流静压 P_0，应用伯努利原理求得气流速度，测定风速 U 的公式为：

$$U = \sqrt{2(P - P_0)/\rho} \tag{3-1}$$

式中，ρ 为空气密度。

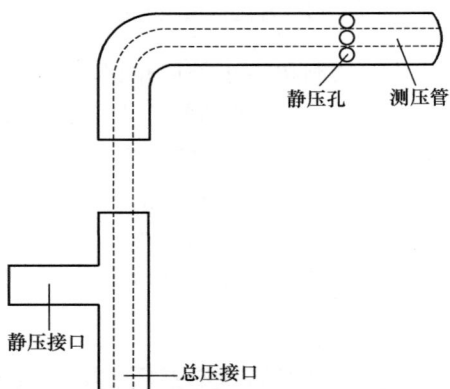

图 3-3 皮托管示意图

(2) 热线风速仪

热线风速仪的原理是利用探头上的热线（一根通电加热的细金属丝），通过气流流过时的温度变化引起电阻变化，将流速信号转变为电信号。热线风速仪可用来测量瞬时速度、平均速度、脉动速度、速度关联量、湍流度和剪应力。图 3-4 展示 DANTEC 公司生产的 4 通道 54N81 测速模块热线风速仪，风速测量范围为 $0 \sim 60\text{m/s}$，测量精度达 $\pm 0.02\text{m/s}$，采样频率达 10kHz。

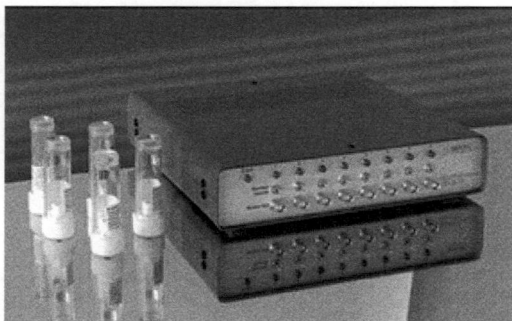

图 3-4 热线风速仪

(3) 眼镜蛇风速测量系统

眼镜蛇风速测量系统（Cobra Probe），由数据采集系统和多只眼镜蛇探头组成，如

图 3-5 所示，其风速测量范围 2～100m/s，测量精度±0.5m/s，风向角测量范围±45°，测量精度±1°，采样频率达 2kHz。其工作原理是：通过探头测量压力，将测量的脉动压力线性化来更正由导管导致的误差，与校准查询表进行比对，从而确定瞬时的风速、倾角、偏角及静态压力。相比于热线风速仪，眼镜蛇风速测量系统的探头更为高效耐用，可以实现三维风速与局部静态压力的测量，简单易用。

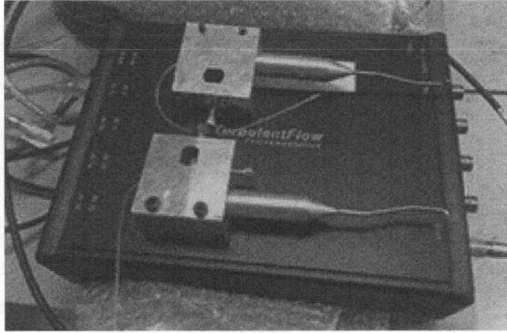

图 3-5　眼镜蛇风速测量系统

2. 风荷载测试设备

（1）电子压力扫描阀

风洞试验往往会布置大量的局部压力测点，就需要如电子压力扫描阀的多点测压系统。电子压力扫描阀系统设计思想先进，每个待测点各自对应一个测压通道，采用高精度压力校准器进行联机，实时在线自动校准并考虑对温度的影响，其优点是速度快、精度高。图 3-6 展示了美国 SCANVALVE 公司生产的 DSM3400 型电子压力扫描阀系统，其由主机和 ZOC33 压力扫描模块组成，可实现多个测点风压的同步测量，采样频率可高达 625Hz。

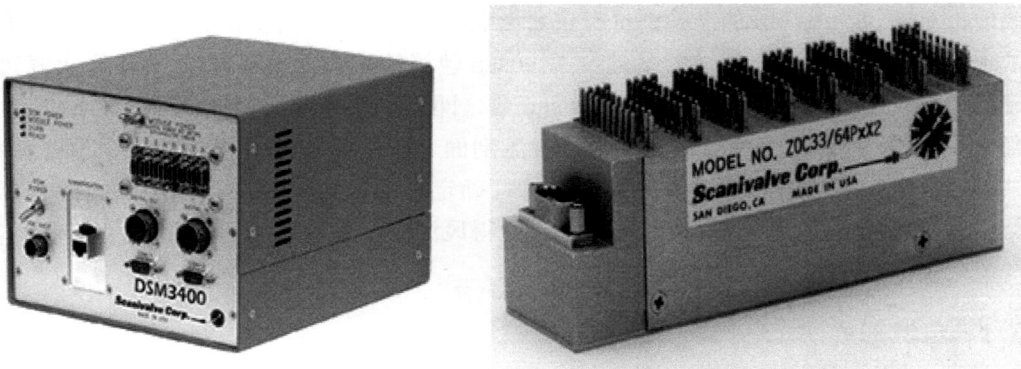

图 3-6　电子压力扫描阀

（2）测力天平

测力天平（简称天平）是风洞试验中主要的整体测力装置。天平采用直角坐标系分解整体风荷载，可以分别测量三个沿坐标轴方向且互相垂直的力和绕三个坐标轴的力矩。使用坐标转换的方法可以把风荷载从天平坐标系转换到所需的坐标系统中，从而确定作用在模型上的整体风荷载。天平根据测量原理可分为机械天平、应变天平和压电天平。高频底座天平是风工程领域应用最为广泛的天平测试系统，通过测量结构基底的整体六分力，得到作用在模型上的动态风荷载。高频底座天平的基阶固有频率应远离模型结构响应的主要频率范围，一般要求天平的固有频率在200Hz以上。图3-7给出了某高频底座天平的实物照片。

图3-7　高频底座天平

3.3　大气边界层风场模拟

风洞中的流场模拟可分为两个部分：远方来流的模拟和近场环境的模拟。由于实际建筑均位于大气边界层范围内，为了准确呈现建筑物受到的风荷载影响，风洞试验的首要任务是模拟符合实际的大气边界层流场。20世纪50年代，多项研究都揭示了大气边界层的有效模拟对建筑物风荷载的准确评价有重要影响，其中丹麦学者Jensen（1958）的研究奠定了现代边界层风洞试验技术的基础[1]。Jensen建议使用地面粗糙长度Z_0作为大气边界层流动的重要尺度，风场模拟需满足Jensen数（即建筑物高度与粗糙度长度的比值为h/Z_0）。风场模拟一般包括平均风速剖面、湍流剖面、风速谱和湍流积分等几个重要参数。在试验过程中，应根据建筑物所处地貌类型，确定平均风速剖面和湍流度剖面的目标曲线。通过自然形成法与人工形成法等措施，使得风洞中的平均风速剖面和湍流度剖面情况与《荷载规范》[2]的规定尽量吻合。

3.3.1　自然形成法

自然形成法通过风洞粗糙底壁自然形成大气边界层。自然形成法往往需要较长的风洞试验段来形成理想风场，试验段长度为宽度的10～15倍，可形成0.5～1m的边界层[3]。为了缩短试验段，促进边界层的快速生成，通常在试验段开始处设置尖劈或格栅，这便是人工形成法。

3.3.2　人工形成法

人工形成法采用挡板、尖劈和粗糙元等辅助模拟技术，在各试验段模拟出不同地形的大气边界层流场。人工形成法一般适用于两类风洞，一类是专门的大气边界层风洞，其试验段较长，一般在 12～20m 之间；另一类是将短风洞（如航空风洞）进行改装形成的风洞，长度一般在 10m 以内。人工形成法的常用方法是尖劈和粗糙元的组合模拟，这种方法利用安装在风洞试验入口处的尖劈阵和布置在上游风洞地板上的粗糙元，通过不同形式尖劈和粗糙元布置方案的组合来形成不同地貌下的边界层风场，如图 3-8 所示。

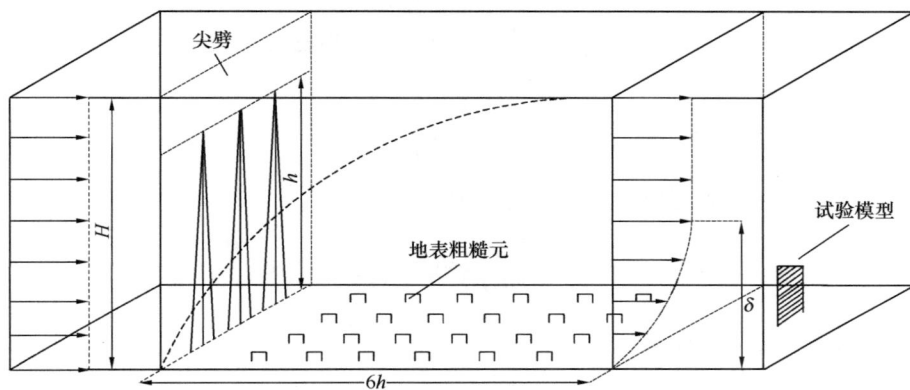

(a) 人工形成法示意图

(b) 尖劈

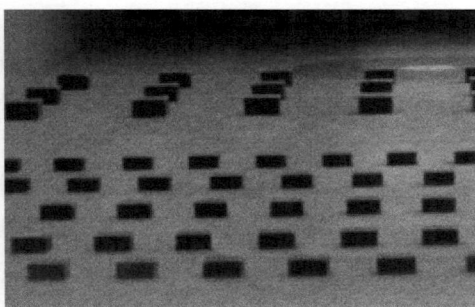

(c) 粗糙元

图 3-8　尖劈法与粗糙元模拟

研究表明，尖劈法可以较好地模拟大气边界层的速度和湍流剖面。在距离下游 $6h$ 处形成厚度 δ 的边界层时，其相应的尖劈高度 h 和底边宽度 b 可遵循一定的公式进行设定。

首先选定平均风速轮廓线形状，从而确定其指数率幂指数。大气边界层的指数型风速剖面公式为：

$$\frac{U_Z}{U_\delta} = (Z/\delta)^\alpha \tag{3-2}$$

式中，α 为风速剖面的指数，由地面粗糙度类型决定；U_Z、U_δ 为高度 Z 和 δ 处的风速。

尖劈高度 h 的估算公式为[4]：

$$h = 1.39\delta / \left(1 + \frac{\alpha}{2}\right) \tag{3-3}$$

横向间隔取 $h/2$，尖塔的底高比 b/h 可由下式计算：

$$\frac{b}{h} = 0.5 \left[\psi(H/\delta) / (1+\psi)\right] \left(1 + \frac{\alpha}{2}\right) \tag{3-4}$$

式中，H 为试验段高度；系数 ψ 满足下式：

$$\psi = \beta \left\{ 2/(1+2\alpha) + \beta - \left[1.13\alpha/(1+\alpha)\left(1+\frac{\alpha}{2}\right)\right] \right\} \frac{1}{(1-\beta)^2} \tag{3-5}$$

$$\beta = (\delta/h)\frac{\alpha}{1+\alpha} \tag{3-6}$$

粗糙元的尺寸采用如下方法确定。在下游 $6h$ 处，粗糙元的分布与平均摩阻系数 C_f 相关，C_f 的经验公式为[3]：

$$C_f = 0.136 \left(\frac{\alpha}{1+\alpha}\right)^2 \tag{3-7}$$

粗糙元高度 k 和边界层厚度 δ 之比的经验公式为[4]：

$$\frac{k}{\delta} = \exp\left[\frac{2}{3}\ln\left(\frac{D}{\delta}\right) - 0.16\left(\frac{2}{C_f} + 2.05\right)^{1/2}\right] \tag{3-8}$$

式中，D 为粗糙元之间的距离。

3.3.3 极端风模拟

1. 雷暴风模拟

雷暴天气时，会产生一种局部性的强下沉气流，即下击暴流。对于雷暴风的模拟，国内外学者提出了涡环模型、冷源模型、冲击射流模型、扁孔射流模型等来实现其室内的仿真模拟。其中冲击射流模型由于其室内试验的可实现性、简易性以及流场特征与多普勒实测数据的高度相似性，被广泛应用于雷暴冲击风风场的模拟中[5]。浙江大学风工程团队开发了国内首个下击暴流模拟器（图 3-9），该装置采用大口径的冲击射流装置实现静态和动态雷暴冲击风场的室内模拟（图 3-10）。该装置与直流式风洞类似，但其收缩段的设置主要起到加速气流的作用，并可快速实现冲击风射流直径的转变。试验装置的最大射流直径可达 600mm，对应的最大射流风速可达约为 21m/s，射流风速可以在最大范围内任意

图 3-9 下击暴流模拟器

调节，风速控制精度在 1% 以内；用于模拟地面的平板大小为 6000mm×2900mm，可通过平板的上下移动来改变射流高度。该装置产生的风速剖面曲线与雷达测得的下击暴流速度曲线具有较高的相似性，但由于缺乏实测数据资料，下击暴流真实的瞬态和湍流特性目前仍难以在实验室中重现。

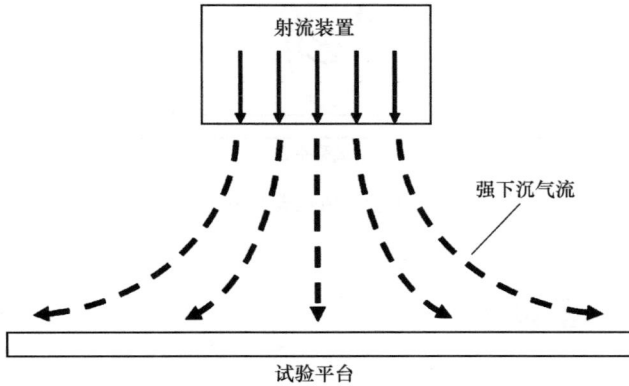

图 3-10　下击暴流模拟示意图

2. 龙卷风模拟

龙卷风区别于常规的直线型大气边界层风，是一种强烈的小范围的空气涡旋，表现出强烈的三维流场特性。同济大学的 TVS 龙卷风模拟器是国内首个 ISU（Iowa State University）型龙卷风模拟器 [图 3-11（a）]。该装置类似于回流式风洞，由 3 个同轴圆状筒构成，在模拟器顶部安装风机和导流板，气流经风机吸收通过导流板和外围圆筒，可在升降平台与蜂窝网间形成龙卷风涡旋[6]。近年来，中南大学开发了一种大尺度多类型龙卷风模拟试验装置——csu-wt5 龙卷风风洞 [图 3-11（b）]。该装置由风洞、吸风系统、导流叶片以及试验平台组成。风洞包括上部圆筒和下部圆筒，吸风系统设置在上部圆筒的顶部，试验平台设置在下部圆筒的底部，下部圆筒的侧壁布置了叶片角度可调的导流叶片。通过改变叶片的角度及上下圆筒的位置控制龙卷风的涡流比等参数。典型的龙卷风风场模拟效果如图 3-12 所示。

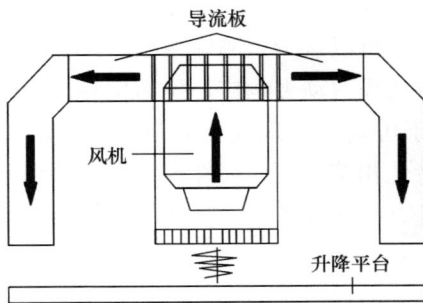

(a) TVS 龙卷风模拟器示意图　　　　　(b) csu-wt5 龙卷风风洞

图 3-11　龙卷风模拟器

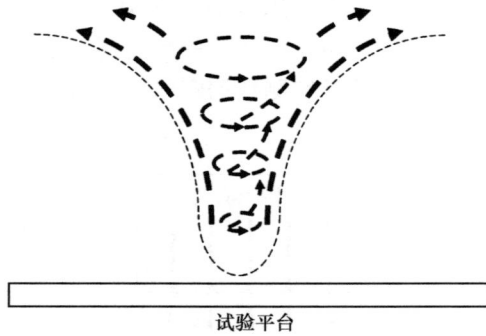

图 3-12 龙卷风风场模拟效果示意图

3.4 风洞试验模型设计

3.4.1 刚性模型与气动弹性模型

根据模型特性，风洞试验主要分为刚性模型试验和气动弹性模型试验。风洞试验模型的分类及测量的物理量如表 3-1 所示。

风洞试验模型的分类 表 3-1

风洞试验模型		测量的物理量
刚性模型	静态的刚性模型	表面压力分布、力和力矩
	转动的刚性模型	力和力矩
	弹性支承的刚性模型	振动力
气动弹性模型	动态的气动弹性模型	振动力（惯性力）
	静态的气动弹性模型	加速度、位移和应力等

刚性模型风洞试验主要用于测量结构物受风时的表面压力，在试验中只考虑风对模型的静力作用，而不考虑脉动风引起的结构动力效应。对于大多数建筑物，尤其是刚度较大的结构，由于其具有足够的刚度，重量也较大，由风引起的振动响应较小。因而从简化抗风设计的角度出发，忽略其振动的影响，其模型都可以认为是刚性模型。

气动弹性模型风洞试验主要用于测量结构物的风致动力响应，包括位移、加速度与扭转角等。相较于刚性模型试验，其核心特点在于可真实再现气动力与结构振动的耦合效应，因此气动弹性模型需要与原结构物的动力特性相符。气动弹性模型试验特别适用于气动弹性效应显著的建筑结构体系，如大跨度屋盖、格构式塔架、超高层建筑等。

3.4.2 相似准则

土木工程结构的风洞模拟多使用缩尺模型，制作缩尺模型依据的是相似性原理，模型和实物之间需遵循几何相似、运动相似与动力相似，并应用适当的放宽准则。

1. 几何相似

满足几何相似需具备两个基本条件：一是模型与原型几何形态完全相似，各向尺寸（含表面粗糙度）成固定比例，空间角度相同；二是边界层模拟的来流尺度必须与结构模型同比例缩小。

2. 运动相似

运动相似要求模型与原型流动的速度场相似，即两个流动对应时刻对应点的速度大小成比例，方向相同：

$$S_u = u/u^* = S_l/S_t \tag{3-9}$$

式中，S_t、S_l、S_u 分别为原型与模型时间、几何、速度的比值；上标有 $*$ 的变量为模型变量，没有 $*$ 的变量为原型变量。

3. 动力相似

如果模型与原型的流体运动满足同一微分方程，并且其物理量之间的比值互相约束，则可认为它们符合运动相似。在风工程领域，空气被视为低速且不可压缩的牛顿黏性流体，其运动遵循的控制方程为：

$$\frac{\partial u_i}{\partial t} + u_j \frac{\partial u_i}{\partial x_j} = f_i - \frac{1}{\rho}\frac{\partial p}{\partial x_i} + \nu \frac{\partial}{\partial x_j}\left(\frac{\partial u_i}{\partial x_j} + \frac{\partial u_j}{\partial x_i}\right) \quad (i,j=1,2,3) \tag{3-10}$$

式中，$\nu = \mu/\rho$ 为空气的动力黏度；u_i 为速度矢量；p 为流体压强；f_i 为作用在流体微团上单位质量的质量力。令 S_p、S_f、S_ν、S_ρ 分别为原型与模型压力、附加外力、动力黏度、密度的比值。

$$t = S_t t^*,\ x_i = S_l x_i^*,\ u_i = S_u u_i^*,\ p = S_p p^*,\ f_i = S_f f_i^*,\ \nu = S_\nu \nu^*,\ \rho = S_\rho \rho^* \tag{3-11}$$

将式（3-11）代入动量方程式（3-10），得到式（3-12）：

$$\frac{\partial u^*}{\partial t^*}\frac{S_u}{S_t} + u_j^* \frac{\partial u_i^*}{\partial x_j^*}\frac{S_u^2}{S_l} = f_i^* S_f - \frac{1}{\rho^*}\frac{\partial p^*}{\partial x_i^*}\frac{S_p}{S_\rho S_l} + \frac{S_\nu S_u}{S_l^2}\nu^* \frac{\partial}{\partial x_j^*}\left(\frac{\partial u_i^*}{\partial x_j^*} + \frac{\partial u_j^*}{\partial x_i^*}\right) \tag{3-12}$$

对式（3-12）乘以 $\dfrac{S_l}{S_u^2}$ 得：

$$\frac{\partial u^*}{\partial t^*}\frac{S_l}{S_u S_t} + u_j^* \frac{\partial u_i^*}{\partial x_j^*} = f_i^* \frac{S_f S_l}{S_u^2} - \frac{1}{\rho^*}\frac{\partial p^*}{\partial x_i^*}\frac{S_p}{S_\rho S_u^2} + \frac{S_\nu}{S_l S_u}\nu^* \frac{\partial}{\partial x_j^*}\left(\frac{\partial u_i^*}{\partial x_j^*} + \frac{\partial u_j^*}{\partial x_i^*}\right) \tag{3-13}$$

式（3-10）与式（3-13）分别表示原型中与模型中流体的运动方程，对照两式，为保证运动的相似性，物理量的比值必须满足式（3-14）：

$$\frac{S_l}{S_u S_t} = \frac{S_f S_l}{S_u^2} = \frac{S_p}{S_\rho S_u^2} = \frac{S_\nu}{S_l S_u} = 1 \tag{3-14}$$

由此得到黏性不可压缩流的相似准则：

(1) $\dfrac{S_l}{S_u S_t} = 1$

即
$$\frac{l}{ut} = \frac{l^*}{u^* t^*} = St \qquad (3\text{-}15)$$

式中，St 为斯托罗哈数（Strouhal number），为常数。若两种流动的 St 相等，则流体的非定常惯性力是相似的。对于周期性非定常流动，这种相似性反映了其周期性特征；对于定常流动，不必考虑 St。

(2) $\dfrac{S_\nu}{S_l S_u} = 1$

即
$$\frac{ul}{\nu} = \frac{u^* l^*}{\nu^*} = Re \qquad (3\text{-}16)$$

式中，Re 为雷诺数（Reynolds number），为常数。Re 表示惯性力与黏性力之比，若两种流动的 Re 相等，则流体的黏性力是相似的。对于黏性力不可忽略的流动，Re 分析十分必要，但对于 Re 很大的湍流，因为起主导作用的为惯性力，黏性力相对较小，对 Re 的要求可以放低。

(3) $\dfrac{S_p}{S_\rho S_u^2} = 1$

即
$$\frac{p}{\rho u^2} = \frac{p^*}{\rho^* u^{*2}} = Eu \qquad (3\text{-}17)$$

式中，Eu 为欧拉数（Euler number），为常数。在流体力学中，压力并非流体本身的固有属性，其值由其他参数决定。因此，Eu 并非一个独立的相似条件，而是其他相似条件的函数，即是相似的准则结果。

(4) $\dfrac{S_f S_l}{S_u^2} = 1$

即
$$\frac{u^2}{fl} = \frac{u^{*2}}{f^* l^*} = Fr \qquad (3\text{-}18)$$

式中，Fr 为弗劳德数（Froude number），为常数。若流体所受的质量力只有重力，$f = f^* = g$，则：
$$Fr = \frac{u^2}{gl} \qquad (3\text{-}19)$$

Fr 反映了流体惯性力和重力的关系，Fr 说明流动受到的重力作用是相似的。

对于黏性不可压缩流体，在边界条件和起始条件相似的情况下，若 St、Eu、Re 和 Fr 相等，即遵循运动相似准则，则表明流动是相似的。

4. 放宽准则

流体的实际运动过程通常会同时受到重力、黏性力、压力和惯性力等多种力的作用。然而，通常情况下，只有其中 1～2 种力在流动中起主导作用，其余的力贡献相对较小。鉴于实际流动的复杂性，很难做到同时满足四个运动相似准则，有些情况下不可能同时满足。因此，在实际工程应用中，一般选择满足最主要的相似准则。

（1）对于雷诺数 Re

对于气动弹性模型试验，除了具有环形或圆形边缘的物体外，钝体结构物通常可以放宽雷诺数相似要求。例如，对于边缘锋利的桥面和塔架，雷诺数对风致响应的影响通常较小，因此可以放宽桥面和塔架的雷诺数要求；对于桥的拉索，必须调整模型拉索直径以补偿经验雷诺数不匹配所产生的误差；对于栏杆等较小的元件，可以减少其数量并增加其尺寸，以避免低雷诺数效应。

（2）对于弗劳德数 Fr

对于悬索桥，由于其刚度主要由重力提供，因此需要满足弗劳德数相似。在这种情况下，只有长度尺度可以自由选择，其他缩尺比基于相似原则与几何缩尺比相关。对于大多数刚度由内应力（如轴向、弯曲、剪切）提供的结构，气动弹性模型不需要遵守弗劳德数相似。

3.4.3　基本参数的确定简化

1. 模型缩尺比

风洞试验要求试验的湍流积分尺度 L_u 与建筑物尺寸 B 的比值应与实际一致，由此可以确定模型缩尺比 C_L：

$$\frac{L_u}{B} = \left(\frac{L_u}{B}\right)^*　　　　　　　\text{(3-20)}$$

即

$$C_L = \frac{B^*}{B} = \frac{L_u^*}{L_u}　　　　　　　\text{(3-21)}$$

也就是说，模型缩尺比可以用自然风与风洞来流湍流积分尺度的比值来确定。

通常在风洞内生成的湍流积分尺度约为 $30 \sim 60 \text{cm}$，而地上 100m 处自然风的顺风向湍流积分尺度约为 180m，因此常用的模型的缩尺比在 $1/600 \sim 1/300$ 之间。但在实际风洞试验中，当湍流积分尺度较小或建筑物原型较小时，按照式（3-21）确定的模型缩尺比过小，会给试验测试造成很大困难。此时，可以放宽要求，用尺寸适当的模型进行试验，在其他尺度弥补湍流积分尺度不一致的影响。

对于大型建筑物，用式（3-21）确定模型的缩尺比时，可能会出现堵塞效应。当模型的迎风面积相对于风洞截面积大到不能忽视时，风洞会受到模型的堵塞，导致试验中的风速大于实际情况，试验得到的风荷载参数也随之增大。对阻塞比（模型的迎风面面积与风洞截面面积之比）与试验模型的要求将在第 3.8 节中介绍。

2. 风速缩尺比

试验风速的确定需要考虑试验仪器的灵敏度。例如，在测压试验中，由于压力传感器的灵敏度与精度的关系，需选择较高的风速；又如，测量建筑物周边气流时，由于风速计的灵敏度很好，因此可以选择比测压试验低的风速。此外，在测量脉动风荷载时，需要通过考虑风荷载传感器的灵敏度和频率特性来选择适当的风速[7]。

例如在测压试验中，压力传感器的最小压力分辨率为 p'，待测风压系数的分辨率为 C_p'，则最低试验风速 $U_{\min}$ 应满足：

$$p' \leqslant C_p' \cdot \frac{1}{2}\rho U_{\min}^2　　　　　　　\text{(3-22)}$$

即：

$$U_{\min} \geqslant \sqrt{\frac{2p'}{\rho C_p'}}　　　　　　　\text{(3-23)}$$

当进行气动弹性模型试验时，风速缩尺比 C_U 应满足以下相似条件：

$$C_U = \frac{U^*}{U} = \frac{(n_0 B)^*}{n_0 B} \qquad (3-24)$$

其中 n_0 为结构的固有频率，即当模型几何缩尺比 C_L 已知时，试验风速可通过模型与原型固有频率之比来确定。此外，还应满足结构弹性力与流体惯性力相似（柯西数 Ca 相等）：

$$E_{eq}/\rho U^2 = (E_{eq}/\rho U^2)^* \qquad (3-25)$$

式中，E_{eq} 为等效弹性模量，将在第 3.6 节进行具体介绍。

对于以重力决定其形状的建筑物（如无预张力的悬挂屋盖），确定风速缩尺比需要满足弗劳德数相等。

在满足上述要求的同时，还要尽量控制风速不宜过低或过高，通常在 $5\sim20\text{m/s}$ 之间较为适宜。

3.5 风荷载试验案例

3.5.1 测压试验

测压试验的目的是测量模型表面的局部风压，多用于评估围护结构上的风荷载，也可用于主体结构，在此基础上还可以通过建筑风致响应分析来评价建筑的风振响应和其居住舒适性。测压试验的主要步骤为：①设计一定缩尺比的刚性模型；②根据试验内容在模型表面布置测点；③模拟建筑所在场地的试验风场；④采用电子扫描阀测压系统记录压力数据。下文通过某机场航站楼的实例来介绍测压试验的具体流程及结果分析。

1. 模型制作

试验模型根据设计图纸，按几何相似要求，采用工程塑料制作。模型缩尺比例选为 $1:250$，试验模型外观如图 3-13 所示。模型在风洞中最大阻塞比小于 6%，满足风洞试验要求。

图 3-13 某机场航站楼模型

2. 测点布置

本次风洞试验在屋盖上下表面、侧面共布置 801 个测点，其中屋面局部测点布置情况如图 3-14 所示。

3. 风场模拟

根据本工程的地形地貌特点，按《荷载规范》[2] 规定确定为 B 类地貌，地貌粗糙度指数 $\alpha = 0.15$，离地面 10m 高度处的设计风速为 30.98m/s。离地面不同高度处的风速用指数规律描述：

$$U_Z = U_{10}(Z/10)^\alpha \qquad (3-26)$$

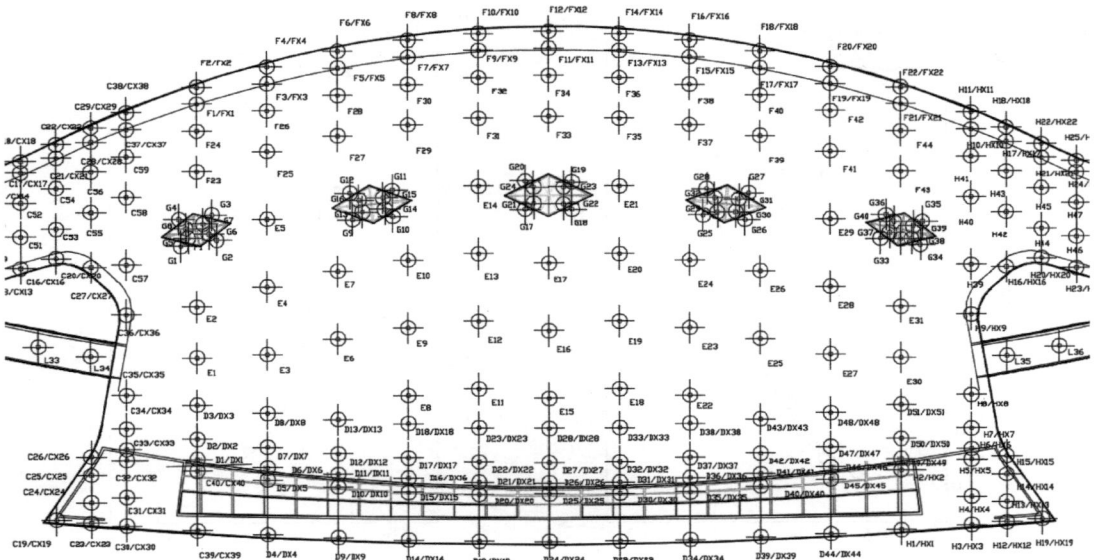

图 3-14　某机场航站楼屋面局部测点布置情况

式中，U_{10} 为离地面 10m 高度处，50 年重现期下的 10min 平均风速；U_Z 为离地面 Z 高度处的平均风速；α 是地貌粗糙度指数。

离地面不同高度处的湍流度理论公式为：

$$I_u = I_{10} \left(\frac{Z}{10} \right)^{-\alpha} \tag{3-27}$$

式中，I_{10} 为 10m 高度处名义湍流度；对于 B 类地貌 α 取 0.15。

在风洞中，由风洞口的尖塔和风洞底壁的小方块粗糙元来实现上述风速剖面的模拟，如图 3-15 所示；并在风洞试验前进行测试和校验，测得离风洞底壁不同高度的风速剖面和湍流度剖面，与理论计算曲线比较，两者误差较小，符合试验要求（图 3-16、图 3-17）。

图 3-15　风洞流场模拟

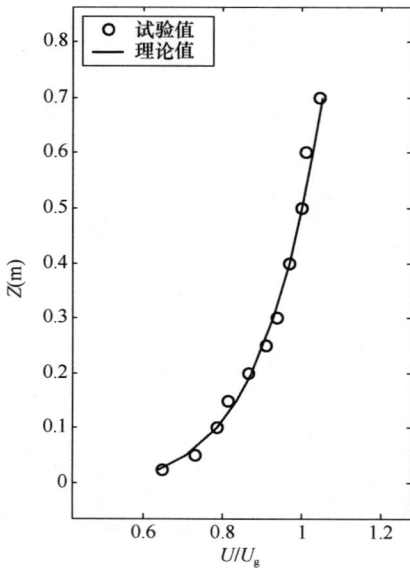

图 3-16　风洞模拟的大气边界层风速剖面　　图 3-17　风洞模拟的大气边界层湍流度剖面

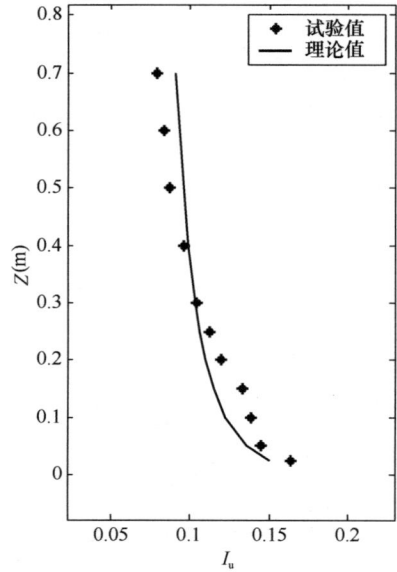

4. 风向角

试验共进行 0°～345°风向角的测试，风向角间隔为 15°，共有 24 个风向角。

5. 试验风速

试验风速参考点选在风洞高度 15cm 处，该高度在缩尺比 1：250 的情况下对应于实际高度 37.5m，以该高度处的风压为参考风压。风洞试验中参考点的风速为 11.85m/s，对应于实际高度 37.5m 处，100 年重现期 10min 平均风速为 38.16m/s，因此本次风洞试验的风速比为：

$$C_U = \frac{U_t}{U_T} = \frac{11.85}{38.16} = \frac{1}{3.22} \qquad (3-28)$$

风洞试验的时间缩尺比为：

$$C_T = \frac{C_L}{C_U} = \frac{1/250}{1/3.22} = \frac{1}{77.64} \qquad (3-29)$$

6. 数据处理

风压系数系按目前国内外风工程惯用的方法，即按下式计算：

$$C_{pi} = \frac{P_i - P_\infty}{0.5\rho U_\infty^2} \qquad (3-30)$$

式中，C_{pi} 为建筑物表面某测点 i 的风压系数；P_i 为测点 i 的风压值；P_∞ 为参考点静压力值；U_∞ 为参考点的风速。由相似准则可知，模型的无量纲参数与实物的无量纲参数一致，因此模型上各测点的风压系数 C_{pi} 即为实物对应点的风压系数。

上述的风压系数是瞬时风压系数，可以用统计学方法处理风压系数时程，得到平均风压系数和风压脉动标准差。平均风压系数的计算公式为：

$$\overline{C}_p^j = \left(\sum_{n=1}^{N} C_{pn} \right) / N \qquad (3-31)$$

式中，C_{pn}为测点 j 的第 n 个风压系数值；N 为风压时程总点数。风压脉动的标准差值的计算公式为：

$$C_{prms}^{j} = \sqrt{\frac{1}{N-1}\sum_{n=1}^{N}(C_{pn} - \overline{C}_{p}^{j})^2} \tag{3-32}$$

3.5.2　测力试验

测力试验的目的是测量作用在结构整体或部分结构上的风荷载。在测力试验中，底部的测力天平可以测量模型所受的风荷载，包括阻力、升力、倾覆弯矩和扭矩等。这些参数可以用于整体设计荷载评估或者作为外力荷载施加在结构模型上，进而进行响应分析。

测力试验分为静态和动态测力，动态测力即高频测力天平试验。对于大多数高层建筑，采用高频底座天平法（HFBB）可以获得其三维整体气动力，这种方法采用刚体模型，仅需模拟建筑物的形状而无需模拟建筑的气动弹性特性。模型底部由天平支撑，不考虑模型振动放大，在高频的情况下测量平均和脉动的风荷载。对于高层建筑，使用高频底座天平法的假设为，认为其第一阶水平摆动模态是随着建筑高度线性增加的，因此风荷载的广义力可以用底部弯矩和扭矩来表示。通过广义力，从而可进一步计算高层建筑的位移和加速度等响应。下文通过某高耸输电塔的实例对高频测力天平试验进行介绍：

1. 模型制作

角钢输电塔试验模型使用 0.35mm 厚不锈钢制作，模型缩尺比为 1∶50，如图 3-18 所示。

2. 风场模拟

试验在设计给定的地貌风场下进行，根据实测资料，风剖面指数取为 0.159，10m 高度处湍流强度 0.192。在风洞试验前进行流场的模拟与校验。

3. 风向角

考虑到结构的对称性，共进行 0°～90°风向角的测试，风向角间隔为 15°，风向角定义如图 3-19 所示。

图 3-18　输电塔模型

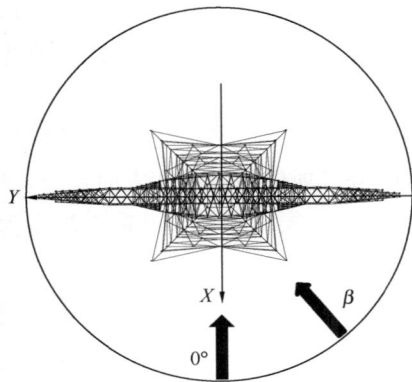

图 3-19　风向角及力系定义

4. 数据处理

图 3-20 给出了测力天平坐标系和来流阻力升力坐标系的关系。通过试验获得的作用在模型上沿 X、Y 方向的总水平风力和绕 Z 轴的总扭转风力矩的时程，其平均值记为 F_X、F_Y、M_Z。无量纲的基底剪力平均风力系数 C_X、C_Y 以及平均力矩系数 C_{M_Z} 为：

$$\begin{cases} C_X = F_X/0.5\rho U_H^2 S \\ C_Y = F_Y/0.5\rho U_H^2 S \\ C_{M_Z} = M_Z/0.5\rho U_H^2 SB \end{cases} \tag{3-33}$$

式中，S 为全塔、塔身或塔头的正面迎风面积；B 为模型（全塔、塔身或塔头）在垂直于风速方向上的底部宽度；U_H 为参考风速。

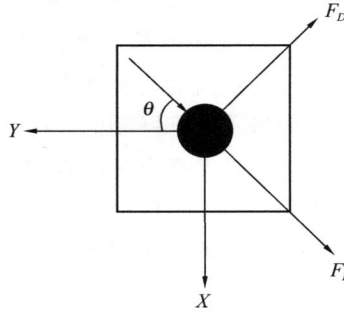

图 3-20 测力天平坐标系和来流阻力升力坐标系的关系

F_D、F_L 为来流坐标轴下的阻力和升力，其方向由右手法则定义。将原坐标轴下的基底气动力 F_X、F_Y 按来流坐标轴方向投影后，可得通常所定义的气动阻力，投影公式如下：

$$F_D = -F_X\cos\theta - F_Y\sin\theta \tag{3-34}$$

$$F_L = F_X\sin\theta - F_Y\cos\theta \tag{3-35}$$

式中，θ 为风向角。

根据风洞试验测得的平均基底剪力值，按照以下公式可以求得格构式塔架的风荷载阻力系数：

$$C_D = \frac{-F_X\cos\theta - F_Y\sin\theta}{\int_0^H \frac{1}{2}\rho\left[U_{10}\left(\frac{z}{10}\right)^\alpha\right]^2 A(z)\mathrm{d}z} \tag{3-36}$$

式中，H 为输电塔全高；$U_{10}\left(\frac{z}{10}\right)^\alpha$ 为 z 高度处的风速；$A(z)$ 为 z 高度处的迎风面积。理论上阻力系数的分母项应该沿高度方向积分，但是对于输电塔而言，为简化计算，实际操作中将输电塔分成 12 层，以各层选取点高度为代表高度，各层迎风面积为代表迎风面积，上式可以表示为：

$$C_D = \frac{-F_X\cos\theta - F_Y\sin\theta}{\sum_{i=1}^{12}\rho\left[U_{10}\left(\frac{Z_i}{10}\right)^\alpha\right]^2 A_i} \tag{3-37}$$

式中，i 为层数；Z_i 为第 i 层处高度；A_i 为第 i 层迎风面积。

通过式(3-37)得到的阻力系数即为规范意义上的体型系数，结果如图 3-21 所示。

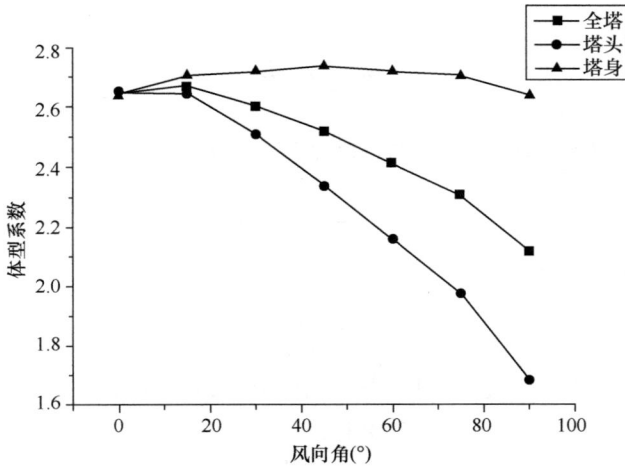

图 3-21　输电塔体型系数

3.6　气动弹性试验

在气流作用下，静止结构与振动结构所受到的气动力存在显著差异。振动结构由于自身运动与气流的耦合作用，还会额外承受由运动引发的附加气动力，即气动弹性力。对于细长、柔性且对动力作用敏感的结构，强风可能导致气动耦合振动的发生。气动弹性模型风洞试验的核心目的，正是模拟此类结构的振动现象，直接获取其风致动力荷载及响应特性。与测压试验或测力试验不同，气动弹性模型考虑模型的气动弹性效应，能够直接测量结构的动力响应值，涵盖外力与模型振动引起的附加气动力共同作用下的响应。对于刚度较大、阻尼较高或在较低风速条件下工作的结构，可以忽略风与结构振动的耦合效应，因此不需要进行气动弹性试验。气动弹性试验的主要研究对象包括高层建筑、大跨度空间结构等风敏感结构。这些结构由于几何特性或环境敏感性，更易受到风致振动的影响，因而需要通过气动弹性试验评估其动力性能。通常高层建筑进行气动弹性模型试验基于三个假设：①扭转模态下，建筑物风致响应可以忽略不计；②第一模态以上的振型响应可以忽略；③基本摆动振型可以假定为线性。

与测压测力试验不同，气动弹性试验的模型除了要满足几何相似，还必须满足振动特性的相似。因此准确模拟结构的质量、刚度、阻尼等特性十分重要[8]，下文对这些参数的模拟方法进行介绍。

1. 质量模拟

模型的惯性力与气体惯性力之比应与原型相等：

$$\left(\frac{\rho_s}{\rho}\right)_m = \left(\frac{\rho_s}{\rho}\right)_p \tag{3-38}$$

式中，ρ_s 和 ρ 分别为结构和气体的密度；下标 m 表示模型参数，p 表示原型参数。由此可得模型与原型的质量之比和质量惯性矩之比为：

$$\frac{M_m}{M_p} = \frac{\rho_m}{\rho_p} \frac{L_m^3}{L_p^3} \tag{3-39}$$

$$\frac{I_m}{I_p} = \frac{\rho_m}{\rho_p} \frac{L_m^5}{L_p^5} \tag{3-40}$$

2. 阻尼模拟

由于阻尼对共振效应具有显著影响,因此气动弹性试验中模型的阻尼比需严格与原型保持一致。

3. 刚度模拟

结构原型和模型的刚度之比 C_E 采用等效刚度的形式:

$$C_E = \frac{(E_{eq})_m}{(E_{eq})_p} \tag{3-41}$$

根据目标结构物的研究内容不同,等效刚度分为以下几种形式:
(1) 以细长结构物的弯曲应力为对象时:

$$E_{eq} = \frac{EI}{L^4} \tag{3-42}$$

(2) 以桁架结构及张拉索上的轴应力为对象时:

$$E_{eq} = \frac{EA}{L^2} \tag{3-43}$$

(3) 以壳或膜等面状结构物的膜应力为对象时:

$$E_{eq} = \frac{Eh}{L} \tag{3-44}$$

式中,E 为弹性模量;L 为特征长度;I 为截面二次矩;A 为截面面积;h 为结构厚度。

不同结构的刚度的缩尺比有不同的要求:对于自身重力对气动弹性影响较小的结构,如大跨屋盖结构、高层高耸结构等,应保持原型和模型的柯西数 $Ca = E_{eq}/\rho u^2$ 相等;对于自身重力对气动弹性影响较大的结构,如拉索结构、悬索桥、膜屋盖等,应保证弗劳德数 Fr 相等。

相较于测压和测力试验,气动弹性试验的结构模型制作更为复杂。若结构的主要质量与刚度均集中在外表面,则模拟原型的气动特性较为容易;然而,对于高层建筑等复杂结构体系,除了外表面模拟原型几何特性,内部通常需采用等效模型来模拟原型结构的质量与刚度分布,这种方法只能模拟结构部分的气动特性。

3.7 风环境试验

高层建筑设计之初,通常需要评估建筑落成后对周边行人和户外(如露台)风环境的影响,以提升建筑的使用品质。作为建筑风场环境评估的重要方法,风洞试验能够有效模拟行人高度处的风场分布特性,为户外风环境研究提供可靠数据支撑。下文通过某标志性办公建筑实例对风环境试验进行介绍。

1. 风洞试验与设备

在风速测量系统中,试验流场的参考风速用皮托管和微压计来测量和监控,大气边界层风场的模拟调试和测量采用 DANTEC 4 通道热线风速仪系统。在风环境试验中，应用最广泛的是以 Irwin 探头为基础的风速探头。浙江大学以 Irwin 探头原理为基础，研制了用于建筑风环境风洞试验的简易型风速探头，如图 3-22 所示，可测得 h 高度处的来流风速。

建筑模型及风洞试验工况模型如图 3-23 所示。该试验在风环境评价重点区域布置测点：A、B 塔楼一层地面 32 个，A、B 塔楼二层露台 15 个，B 塔楼九层露台 3 个，A 塔楼十一层露台 4 个，A 塔楼二十二层露台 3 个，总计 57 个风速测点，其中 A、B 塔楼一层地面的测点布置如图 3-24 所示。试验中考虑周边高层建筑群对风场的干扰，通过试验测得各测点在 16 个风向角（图 3-25）下的风速。

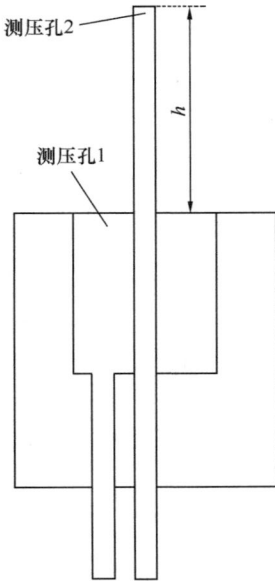

图 3-22　简易型风速探头

图 3-23　某地标性办公建筑风洞试验模型

2. 风环境评价方法

目前国外已经提出的各种风环境评价标准大部分都是基于一种思想：将人行高度处人类的活动根据受风限制的大小分类，然后对每个类别的活动规定风速阈值以及相应的允许超越概率或年超越次数，通过这两个量化的指标来综合评价建筑环境的风舒适度问题，这种评价标准称为限值超越标准（threshold exceedance criterion）。采用以下公式来计算：

$$p(\overline{u} \geqslant u_{\lim}) \leqslant p_{\text{comfort}} \tag{3-45}$$

式中，$\overline{u}$ 是平均风速；$u_{\lim}$ 是规定风速阈值；p 是在一定时间 T 内超越规定风速阈值的概率；p_{comfort} 是最大的允许超越规定风速阈值的概率。

因为气象站监测数据给出的是 B 类地貌下 10m 高度开阔场地的风速值，因此要将现有舒适度评价指标中采用的建筑群内 2m 高度处的临界限值风速转化为 10m 高度处的风速值。现引入表示不同高度处风速比 R_i：

$$R_i = v_i / v_{10}^{\text{B}} \tag{3-46}$$

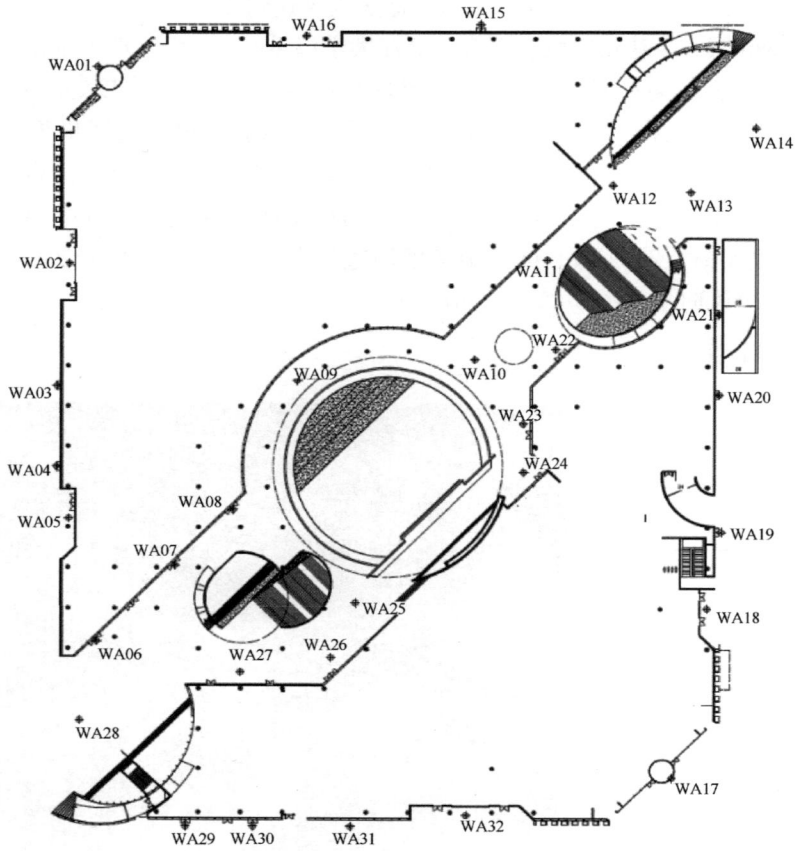

图 3-24　A、B 塔楼一层地面测点布置图

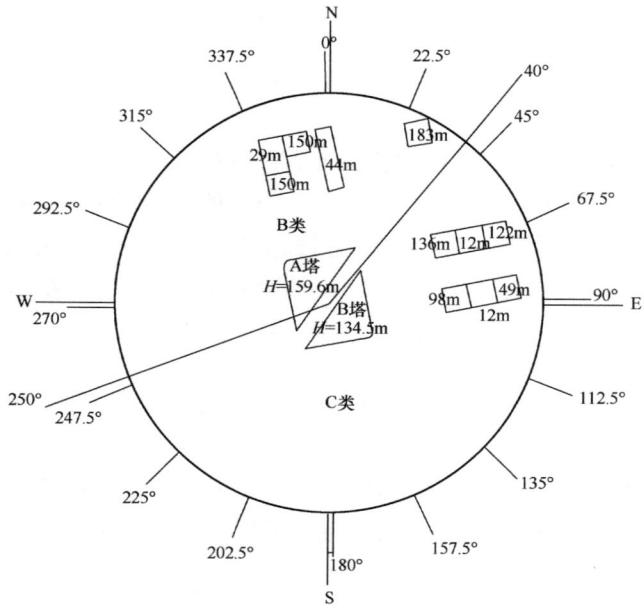

图 3-25　试验风向角示意图

式中，v_i 表示由风洞试验得到某测点在第 i 个风向角下的速度；v_{10}^B 表示 B 类地貌下 10m 标高处来流速度。

在某风向下，测点达到风速阈值 u_{lim} 时，对应的气象站风速为 u_{lim}/R_i。因此，该风向下测点的日最大风速超过 u_{lim} 的概率为 p_i $(u \geqslant u_{lim})$ $=1-G_i$ (u_{lim}/R_i)，然后根据历年的气象资料得出各个风向角出现的概率值 a_i 并且计算每个风向的超越概率 p_i。最后由式 (3-47) 得到考虑所有风向角的总超越概率：

$$p(u \geqslant u_{lim}) = \sum_{i=1}^{16} a_i \times p_i(u \geqslant u_{lim}) = \sum_{i=1}^{16} a_i \times [1 - G_i(u_{lim}/R_i)] \tag{3-47}$$

式中，G_i 为风向角 i 的日最大风速概率分布，根据已有的研究，认为其近似服从极值 I 型 (Gumbel) 分布：

$$G_i(v) = \exp[- e^{-(v-u)/a}] \tag{3-48}$$

从而风速 u_{lim} 的重现期（按天计算）可按下式计算：

$$D = 1/p(u \geqslant u_{lim}) \tag{3-49}$$

舒适性风环境评价采用由《建筑工程风洞试验方法标准》JGJ/T 338—2014[9] 提出的评价指标，如表 3-2 所示。

风环境的舒适度分类　　　　　　　　　　　　　　　　　　　表 3-2

舒适度类别	不同年超越次数或小时超越概率的最大风速（m/s）			适用环境
	≤52 次/年（1.50%）	≤12 次/年（0.30%）	≤1 次/年（0.02%）	
I	3.6	5.4	15.2	全部适用
II	5.4	7.6	15.2	公园、购物街、广场、人行道、停车场
III	7.6	9.9	15.2	广场、人行道、停车场
IV	9.9	12.5	15.2	人行道、停车场
V	不满足以上要求			不适合人员活动

注：括号内的百分数为基于逐风时进行评估的小时超越概率。

危险性风环境评价采用 Lawson 标准[10]。同时采用小时平均风速和阵风等效平均风速进行危险性风环境评价。在危险性水平方面，平均风速按以下两个等级进行评估。各等级可接受标准为日最大平均风速年超越次数不应大于 1 次：

（1）对于一般公共场所，危险性平均风速的阈值为 15m/s；

（2）对于敏感人士或骑自行车者免入场所，危险性平均风速阈值为 20m/s。

3.8　风洞试验方法标准

本节对《建筑工程风洞试验方法标准》JGJ/T 338—2014[9] 的相关规定进行简要介绍。

3.8.1　模型要求

试验模型的尺寸应足够大，且应符合下列规定：

(1) 阻塞比宜小于 5%，且不应超过 8%。阻塞比 η 应按下式计算：

$$\eta = \frac{A_m}{A_c} \tag{3-50}$$

式中，A_c 为风洞试验段的横截面面积；A_m 为试验模型在试验段横截面的最大投影面积。

(2) 测试模型与风洞边壁的最短距离不应小于试验段宽度的 15%。

(3) 测试模型与风洞顶壁的最短距离不应小于试验段高度的 15%。

(4) 模型几何缩尺比宜和湍流积分尺度缩尺比接近。

3.8.2 大气边界层风场模拟

(1) 平均风速剖面的目标曲线应按下式计算：

$$U_Z = U_{10} \left(\frac{Z}{10} \right)^{\alpha}, Z_g \geqslant Z \geqslant Z_b \tag{3-51}$$

式中，U_Z 为 Z 高度处平均风速；U_{10} 为 10m 高度处平均风速；Z 为离地面高度；α 为风速剖面指数；Z_g 为梯度风高度；Z_b 为剖面起始高度。

(2) 湍流度剖面的目标曲线计算为：

$$I_Z = I_{10} \left(\frac{Z}{10} \right)^{\alpha}, Z_g \geqslant Z \geqslant Z_b \tag{3-52}$$

式中，I_Z 为 Z 高度处湍流度；I_{10} 为 10m 高度处名义湍流度，应按表 3-3 取值。

风剖面参数 表 3-3

粗糙度类别		A	B	C	D
平均风速剖面指数	α	0.12	0.15	0.22	0.30
梯度风高度（m）	Z_g	300	350	450	550
剖面起始高度（m）	Z_b	5	10	15	30
名义湍流度	I_{10}	0.12	0.14	0.23	0.39

3.8.3 测压试验

(1) 模型表面测点布置应能够反映风压分布规律；在压力变化较大的区域（如墙角屋檐等）应加密测点；对于双面承受风压的区域应在两面的对应位置布置测点。

(2) 用于动态风压测量的管路长度不宜超过 1.4m，且应采取措施减小管路系统造成的信号畸变。

(3) 试验应保证测压管路畅通且不漏气。

(4) 测量开口建筑的脉动内压值时，模型的内部容积应满足动力相似，模型体积与实际体积的比值为：

$$\frac{Q_m}{Q_p} = \left(\frac{L_m}{L_p} \right)^3 \left(\frac{U_m}{U_p} \right)^2 \tag{3-53}$$

式中，Q 为体积；L 为长度；U 为风速。

(5) 测压报告应提供平均风压系数和极值风压。报告应说明平均风压系数和现行国家标准《建筑结构荷载规范》GB 50009 规定的体型系数的关系。风压系数的计算见式（3-30）。

3.8.4 测力试验

（1）试验模型的形心主轴宜与天平底座的主轴保持一致。当二者出现偏离或天平测量中心与模型底边高度不一致时，应对数据进行修正。

（2）当高层建筑或高耸结构的基阶振型为一直线时，其广义力和基底的气动弯矩成正比。对于水平风力，若结构振型为 $\varphi_i = Z_i / H$，则广义力为：

$$P(t) = \sum_i \frac{1}{H} F_i(t) Z_i = \frac{1}{H} M_A(t) \tag{3-54}$$

式中，H 为建筑总高度；Z_i 为第 i 层建筑高度；F_i（t）为第 i 层建筑风荷载；M_A（t）为建筑基底弯矩。

（3）进行高频测力天平试验（HFFB）时，模型-天平系统的固有频率换算到原型宜大于结构基阶频率的 2.0 倍，且不应小于结构某阶频率的 1.2 倍。当固有频率在基阶频率的 1.2～5.0 倍范围时，应根据模型-天平系统的频响函数对数据进行修正：

$$S_A(f) = S_{A_T}(f) / |H(f)|^2 \tag{3-55}$$

$$|H(f)|^2 = \frac{1}{\left[1 - \left(\frac{f}{f_0}\right)^2\right]^2 + \left(2\xi_0 \frac{f}{f_0}\right)^2} \tag{3-56}$$

式中，$S_{A_T}(f)$ 为测量得到气动弯矩的功率谱密度；$S_A(f)$ 为测量得到气动弯矩的功率谱密度修正结果；$|H(f)|^2$ 为识别得到的天平模型系统的机械导纳函数。上述修正方法仅适合于单模态的修正，采用上述公式修正后，可取信号的有效频率宽度为 $f_B = 0.85 f_0$。

3.8.5 气动弹性模型试验

（1）气动弹性模型试验应在风压自准区范围内采用多个不同风速进行测量，换算到原型结构的最大试验风速不应小于基本风速的 1.2 倍。

（2）风洞试验中，试验风速调整后，要经过一段时间风速才会稳定，而结构的动力响应则还要再经过一定的时间才会稳定，所以在试验风速调整后，必须经过一段相对较长时间的稳定期，比如 30s 后才能采集信号。

（3）气动弹性模型试验报告应给出模型的设计方法、主要设计参数和风振响应的测量结果，测量结果应按相似律换算到原型。

参考文献

[1] Holmes J D. Wind loading of structures [M]. 3rd ed. Boca Raton, FL: CRC Press, 2015.

[2] 中华人民共和国住房和城乡建设部. 建筑结构荷载规范：GB 50009—2012[S]. 北京：中国建筑工业出版社，2012.

[3] 埃米尔·希缪. 风对结构的作用：风工程导论[M]. 刘尚培，译. 2 版. 上海：同济大学出版社，1992.

[4] Irwin H P A H. The design of spires for wind simulation[J]. Journal of Wind Engineering and Industrial Aerodynamics，1981，7(3)：361-366.

[5] 王嘉伟. 雷暴冲击风风场特性及其对输电线路的作用研究[D]. 杭州：浙江大学，2016.

［6］ 王蒙恩，曹曙阳，操金鑫．龙卷风风场的数值模拟研究［J］．同济大学学报：自然科学版，2019，47（11）：1548-5166.

［7］ 武岳．风工程与结构抗风设计［M］．2 版．哈尔滨：哈尔滨工业大学出版社，2019.

［8］ 黄本才．结构抗风分析原理及应用［M］．2 版．上海：同济大学出版社，2008.

［9］ 中华人民共和国住房和城乡建设部．建筑工程风洞试验方法标准：JGJ/T 338—2014 ［S］．北京：中国建筑工业出版社，2014.

［10］ Lawson T V. The determination of the wind environment of a building complex before construction ［R］. Bristol：University of Bristol，1990.

第 4 章　风振动力响应与等效静力风荷载

4.1　引言

　　风荷载是影响高层建筑、桥梁和其他大跨度结构设计的重要因素之一。在风的作用下，结构会产生复杂的动力响应，这种响应不仅影响结构的安全性和舒适性，还对其使用寿命产生重要影响。随着现代建筑向高耸、轻柔化方向发展，准确评估风振动力响应对开展合理的抗风设计显得尤为重要。风振动力响应是指结构在风荷载作用下的振动行为，通常表现为平动、扭转或耦合的形态。结构风振响应按结构振动方向可分为顺风向振动和横风向振动，按照应性质可分为抖振、涡激振动和自激振动（本章节主要介绍顺风向和横风向振动，抖振、涡激振动和自激振动将在第7章介绍）。这种振动不仅取决于风的特性，还与结构的动力特性，如固有频率和阻尼比密切相关。为了在设计中有效地考虑风振动力响应的影响，工程师们通常采用等效静力风荷载的概念。这一方法通过将复杂的动态效应简化为等效的静力荷载，使得设计过程更加直观和可操作。等效静力风荷载的应用在工程实践中具有重要意义，它不仅简化了复杂的动力分析过程，还为结构设计提供了可靠的依据。

　　本章将深入探讨风振动力响应的基本原理及其对结构设计的影响，介绍如何通过静力等效风荷载的方法进行合理的设计。通过理解这些概念，使读者能够更好地掌握风荷载作用下结构的行为特点，为相关工程抗风设计奠定理论基础。

4.2　顺风向风振响应分析

4.2.1　平均风响应分析方法

　　对结构进行风振响应分析，将其离散为多自由度体系后，运动方程可用下式的矩阵形式表示：

$$\boldsymbol{M}\{\ddot{u}(t)\} + \boldsymbol{C}\{\dot{u}(t)\} + \boldsymbol{K}\{u(t)\} = \{P(t)\} \tag{4-1}$$

　　式中，$\boldsymbol{M}$、$\boldsymbol{K}$、$\boldsymbol{C}$ 分别为质量、刚度和阻尼矩阵；$\{P(t)\}$ 为脉动风荷载时程；$\{u(t)\}$、$\{\dot{u}(t)\}$、$\{\ddot{u}(t)\}$ 分别为脉动风致位移、速度和加速度响应时程。

　　结构风振响应具有随机性质，因此需要采用基于随机振动理论的方法进行分析。对于随机激励下的结构响应，一般有时域法和频域法两种求解方法，这两种方法都包含了从风速到风压（荷载）和从风压到响应两个分析阶段，基本分析思路如图4-1所示。下面将分别进行介绍。

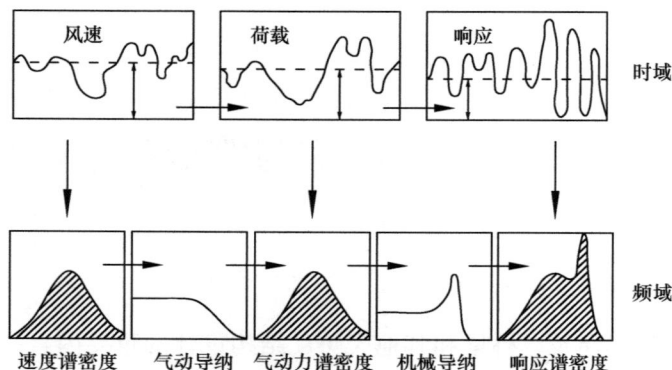

图 4-1　风振响应分析流程

1. 时域法

时域法是将风荷载时程直接作用在结构上，通过求解运动方程（Duhamel 积分或 Ne-Newmark-β 法）得到结构的动力响应时程样本，再对大量的响应样本进行统计分析，确定响应均值、均方根等统计信息的求解方法。这里介绍 Newmark-β 法进行时程迭代求解结构动力响应[1]。

根据动力学理论，结构在 $(t+\Delta t)$ 时刻的动力微分方程为：

$$\boldsymbol{M}\{\ddot{u}_{t+\Delta t}\}+\boldsymbol{C}\{\dot{u}_{t+\Delta t}\}+\boldsymbol{K}\{u_{t+\Delta t}\}=\{P_{t+\Delta t}\} \tag{4-2}$$

采用 Newmark-β 法进行逐步积分求解，假设在 $(t,t+\Delta t)$ 时段的速度和位移可表示为：

$$\{\dot{u}_{t+\Delta t}\}=\{\dot{u}_t\}+(1-\gamma)\{\ddot{u}_t\}+\gamma\{\ddot{u}_{t+\Delta t}\}\Delta t \tag{4-3}$$

$$\{u_{t+\Delta t}\}=\{u_t\}+\{\dot{u}_t\}\Delta t+\left[\left(\frac{1}{2}-\beta\right)\{\ddot{u}_t\}+\beta\{\ddot{u}_{t+\Delta t}\}\right]\Delta t^2 \tag{4-4}$$

式中，β、γ 为按积分的精度和稳定性要求调整的参数，稳定条件为：$\Delta t\leqslant\dfrac{1}{\pi\sqrt{(2\gamma-4\beta)}}$；当 $\gamma=1/2$，$\beta=1/4$，Newmark-β 法简化为平均常加速度法，是无条件稳定的。

由式（4-3）和式（4-4），$\{\ddot{u}_{t+\Delta t}\}$ 和 $\{\dot{u}_{t+\Delta t}\}$ 可表示为：

$$\{\ddot{u}_{t+\Delta t}\}=\frac{1}{\beta\Delta t^2}(\{u_{t+\Delta t}\}-\{u_t\})-\frac{1}{\beta\Delta t}\{\dot{u}_t\}-\left(\frac{1}{2\beta}-1\right)\{\ddot{u}_t\} \tag{4-5}$$

$$\{\dot{u}_{t+\Delta t}\}=\frac{\gamma}{\beta\Delta t}(\{u_{t+\Delta t}\}-\{u_t\})-\left(1-\frac{\gamma}{\beta}\right)\{\dot{u}_t\}-\left(1-\frac{\gamma}{2\beta}\right)\Delta t\{\ddot{u}_t\} \tag{4-6}$$

将式（4-5）和式（4-6）代入 $t+\Delta t$ 时刻的结构运动方程［式（4-2）］，得：

$$\boldsymbol{K}^*\{u_{t+\Delta t}\}=\{P_{t+\Delta t}^*\} \tag{4-7}$$

式中，

$$\boldsymbol{K}^*=\boldsymbol{K}+\frac{1}{\beta\Delta t^2}\boldsymbol{M}+\frac{\gamma}{\beta\Delta t} \tag{4-8}$$

$$\{P_{t+\Delta t}^*\}=\boldsymbol{M}\left[\frac{1}{\beta\Delta t^2}\{u_t\}+\frac{1}{\beta\Delta t}\{\dot{u}_t\}+\left(\frac{1}{2\beta}-1\right)\{\ddot{u}_t\}\right]+$$

$$\boldsymbol{C}\left[\frac{\gamma}{\beta\Delta t}\{u_t\}+\left(\frac{\gamma}{\beta}-1\right)\{\dot{u}_t\}+\left(\frac{\gamma}{2\beta}-1\right)\Delta t\{\ddot{u}_t\}\right] \tag{4-9}$$

利用 Newmark-β 法迭代求解非线性方程，给定初始条件后在每个时间步 Δt 内对式 (4-5) 和式 (4-6) 进行迭代，由此可计算得 $(t+\Delta t)$ 时刻的位移、速度和加速度，再进行下一时刻的迭代直至收敛，最后获得结构的响应时程。

时域法的优点为适用范围广，尤其对复杂体系和非线性问题适应性较强，并且可完整重构结构系统从激励加载到能量耗散的全过程动态特性，为评估结构安全性能提供高精度的时程数据支持，在实际工程应用较多。然而，这种方法的实施依赖于精细化数值离散模型，庞大的自由度运算与迭代求解过程不仅导致计算效率受限，还可能使荷载传递路径、内力重分布机制等物理本质被淹没在数值算法的技术实现层面。工程实践中常采用并行计算架构或动态子结构技术来缓解计算压力，但如何在保证精度的前提下提升大规模结构时程分析的计算效能，仍是当前数值仿真领域的重要研究方向。

2. 频域法

频域法是在频率域求解结构对脉动风荷载各频率分量的响应，再利用线性叠加原理得到结构总响应谱的求解方法。这里的"谱"是表征荷载或响应特征参数（如振幅、能量等）随频率变化的函数。

引入广义坐标的概念对运动微分方程进行解耦，使相互耦合的运动微分方程分解为相互独立的微分方程，并进行独立求解，然后叠加各阶振型的贡献求得响应。对式 (4-1) 进行广义坐标变换，即

$$\{u_t\} = \boldsymbol{\Phi}\{q(t)\} = \sum_{i=1}^{n} q_i(t)\{\phi_i\} \tag{4-10}$$

式中，$\{q(t)\}$ 为广义坐标向量；$\boldsymbol{\Phi}$ 为振型矩阵；$\{\phi_i\}$ 为第 j 阶振型。

通常采用振型分解方式处理运动方程，于是有：

$$\boldsymbol{M}^*\{\ddot{q}(t)\} + \boldsymbol{C}^*\{\dot{q}(t)\} + \boldsymbol{K}^*\{q(t)\} = \{P^*(t)\} \tag{4-11}$$

式中，$\boldsymbol{M}^* = \boldsymbol{\Phi}^{\mathrm{T}}\boldsymbol{M}\boldsymbol{\Phi}$，$\boldsymbol{C}^* = \boldsymbol{\Phi}^{\mathrm{T}}\boldsymbol{C}\boldsymbol{\Phi}$，$\boldsymbol{K}^* = \boldsymbol{\Phi}^{\mathrm{T}}\boldsymbol{K}\boldsymbol{\Phi}$ 分别为广义质量、广义阻尼和广义刚度，$\{P^*(t)\} = \boldsymbol{\Phi}^{\mathrm{T}}\{P(t)\}$ 为广义力向量。

由振型正交性，广义质量、广义阻尼和广义刚度矩阵均为对角矩阵，则式 (4-9) 可变为若干个由振型广义坐标表示的形如单自由度的运动方程：

$$\ddot{q}_j(t) + 2\xi_j\omega_j\dot{q}_j(t) + \omega_j^2 q_j(t) = F_j(t)$$

$$F_j(t) = \frac{P_j^*(t)}{m_j^*} = \frac{\{\phi\}_j^{\mathrm{T}}\{P(t)\}}{m_j^*} = \frac{\sum\limits_{i=1}^{n} \phi_{ij} \cdot P_i(t)}{m_j^*} \tag{4-12}$$

式中，ξ_j、ω_j、$F_j(t)$ 和 m_j^* 分别为第 j 阶振型的阻尼比、圆频率、广义力和广义质量，$\omega_j = 2\pi n_j$。

结构平均风响应可通过静力分析得到：

$$\bar{r}(z) = \int_0^H \bar{p}(z_i)i(z, z_i)\mathrm{d}z_i \tag{4-13}$$

式中，$\bar{r}(z)$ 为结构 z 高度处的响应均值；$\bar{p}(z_i)$ 为作用于结构高度 z_i 处的线平均风力；$i(z, z_i)$ 为高度 z_i 作用一单位力在 z 高度处产生的响应值，也称影响函数，在任意高度 z 处的表达式为：

$$i(z,z_i) = \begin{cases} \dfrac{\phi_j(z)\phi_j(z_i)}{k_j^*} & \text{第 } j \text{ 阶位移} \\ 1 \text{ 或 } 0 & \text{剪力（当 } z_i \geqslant z \text{ 时，取 } 1\text{；当 } z_i < z\text{，取 } 0\text{）} \\ z_i - z \text{ 或 } 0 & \text{弯矩（当 } z_i \geqslant z \text{ 时；取 } z_i - z\text{；当 } z_i < z\text{，取 } 0\text{）} \end{cases} \tag{4-14}$$

式中，$\phi_j(z)$、$\phi_j(z_i)$ 分别为高度 z 和 z_i 处的第 j 振型广义坐标；k_j^* 为第 j 振型广义刚度。

由于脉动风是平稳随机过程，根据随机振动理论，可将模态位移法引入脉动风的随机响应分析，在频域内求解脉动风响应。

第 j 振型和第 k 振型间模态力的互相关函数为：

$$\begin{aligned} R_{F_j F_k}(\tau) &= E\big[F_j(t)F_k(t+\tau)\big] \\ &= E\big[\{\phi\}_j^{\mathrm{T}}\{P(t)\}\{P(t+\tau)\}^{\mathrm{T}}\{\phi\}_k\big] \cdot \frac{1}{m_j^* \cdot m_k^*} \\ &= \{\phi\}_i^{\mathrm{T}}\big[R_{\mathrm{PP}}(\tau)\big]\{\phi\}_k \cdot \frac{1}{m_j^* \cdot m_k^*} \end{aligned} \tag{4-15}$$

式中，$R_{\mathrm{PP}}(\tau)$ 为脉动风荷载的自相关函数。由此建立起模态力互相关函数与脉动风压自相关函数间的关系。

由维纳-辛钦关系式，第 j 振型和第 k 振型广义力互谱密度函数 $S_{F_j F_k}(\omega)$ 可由其互相关函数 $R_{F_j F_k}(\tau)$ 得到，则有：

$$\begin{aligned} S_{F_j F_k}(n) &= \int_{-\infty}^{\infty} R_{F_j F_k}(x,x',z,z',\tau)\mathrm{e}^{-\mathrm{i}2\pi n\tau}\mathrm{d}\tau \\ &= \int_{-\infty}^{\infty} \langle F_j(t), F_k(t+\tau)\rangle\mathrm{e}^{-\mathrm{i}2\pi n\tau}\mathrm{d}\tau \end{aligned} \tag{4-16}$$

式中，$F_j(t)$ 和 $F_k(t)$ 为平稳各态历经过程，由式（4-12）确定；符号 $\langle\ \rangle$ 表示均值。

经过进一步转换可得：

$$S_{F_j F_k}(n) = \{\phi\}_j^{\mathrm{T}}\boldsymbol{S}_{\mathrm{PP}}(n)\{\phi\}_k \cdot \frac{1}{m_j^* \cdot m_k^*} \tag{4-17}$$

式中，$\boldsymbol{S}_{\mathrm{PP}}(n)$ 为脉动风荷载谱自谱矩阵。

按随机振动理论，广义坐标下结构位移响应的功率谱密度函数为：

$$S_{q_j q_k}(n) = S_{F_j F_k}(n)H_j(-\mathrm{i}\omega)H_k(\mathrm{i}\omega) \tag{4-18}$$

$$H_j(\mathrm{i}\omega) = H(\mathrm{i}\omega) \cdot m_j^* = \frac{1}{k_j^*\big[1-\beta^2+\mathrm{i}2\xi_j\beta\big]} \cdot m_j^* = \frac{1}{\omega_j^2\big[1-(\omega/\omega_j)^2+\mathrm{i}2\xi_j(\omega/\omega_j)\big]} \tag{4-19}$$

在整体坐标下结构位移响应的功率谱密度为：

$$\boldsymbol{S}_x(\omega) = \boldsymbol{\Phi}\boldsymbol{S}_q(\omega)\boldsymbol{\Phi}^{\mathrm{T}} = \sum_{j=1}^{n}\sum_{k=1}^{n}\{\phi\}_j\{\phi\}_k^{\mathrm{T}}S_{q_j q_k}(\omega)H_j(-\mathrm{i}\omega)H_k(\mathrm{i}\omega) \tag{4-20}$$

当阻尼比很小且自振频率分布比较稀疏时，可忽略模态响应谱中的交叉项，即：

$$S_{q_j q_k}(\omega) = \begin{cases} 0 & (j \neq k) \\ S_{F_j}(\omega)\,|H_j(\mathrm{i}\omega)|^2 & (j = k) \end{cases} \tag{4-21}$$

式（4-20）可简化为：

$$\boldsymbol{S}_x(\omega) = \sum_{i=1}^n \boldsymbol{S}_{xj}(\omega) = \sum_{i=1}^n \{\boldsymbol{\phi}\}_j \{\boldsymbol{\phi}\}_j^{\mathrm{T}} S_{F_j}(\omega) \mid H_j(\mathrm{i}\omega) \mid^2 \tag{4-22}$$

结构响应的均方根可由响应谱获得，如第 j 阶响应方差为：

$$\sigma_{xj}^2 = \int_0^\infty S_{xj}(\omega)\,\mathrm{d}\omega \tag{4-23}$$

假定结构最大响应出现的概率和各振型最大响应出现的概率都相同，则结构任意点的位移均方根可采用"平方总和开方法"（SRSS）得到：

$$\sigma_x = \sqrt{\sum_{j=1}^n \sigma_{xj}^2} \tag{4-24}$$

频域法的优点是：①概念清晰，能较为直观地反映脉动风的作用规律。②在频域内直接求解结构随机响应的统计值，计算量较小。

不过，频域法也存在以下局限性：

频域法的核心理论建立在平稳随机过程假设之上，适用于季风、台风等具有统计平稳特征的风场。然而，在雷暴、龙卷风等强对流气候中，风速呈现剧烈非平稳性与瞬态突变特性，此时基于稳态假设的理论模型将产生显著误差，需引入时变或非平稳修正理论。

频域法通过模态叠加原理简化计算，但需截断高阶模态以降低计算规模。对于高层/高耸结构，其低阶主控模态频率分布稀疏且能量占比显著，截断误差通常可控；而大跨度屋盖结构因存在密集模态群与高阶模态的强能量贡献（如局部振动与气弹耦合效应），直接截断可能导致响应幅值低估或共振特性失真，需结合模态补偿算法提升精度。

频域分析依赖线性叠加原理，难以直接表征结构几何大变形（如索膜结构的垂度效应）或材料非线性行为（如弹塑性损伤累积）。对于强非线性体系，常需借助等效线性化或时-频域混合方法进行近似处理。尽管如此，频域法在揭示风致响应频域能量分布规律、优化结构动力特性等领域仍具有不可替代的理论价值。

4.2.2　背景响应与共振响应

图 4-2 为一典型的结构顺风向风振响应时程曲线，从中可以看出，结构总响应由平均风响应 $\bar{r}$ 和脉动风响应组成，而脉动风响应又可进一步分解为频率较低的背景响应 $\tilde{r}_B$ 和频率较高的共振响应 $\tilde{r}_R$ 两部分。以下通过推导来明确背景响应与共振响应的概念。

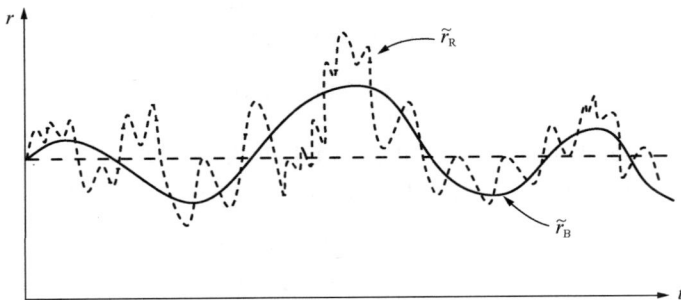

图 4-2　结构风振响应时程图

将式（4-22）和式（4-23）代入式（4-24），可得

$$\sigma_{xj}^2(z) = \int_0^\infty \{\phi\}_j \{\phi\}_j^T S_{F_j}(\omega) \mid H_j(i\omega) \mid^2 d\omega$$

$$= \phi_j^2(z) \int_0^\infty S_{F_j}(\omega) \mid H_j(i\omega) \mid^2 d\omega \qquad (4\text{-}25)$$

$$\sigma_{xj}^2(z) = \phi_j^2(z) \int_0^{\omega_j - \Delta/2} \mid H_j(i\omega) \mid^2 S_{F_j}(\omega) d\omega$$

$$+ \phi_j^2(z) \int_{\omega_j - \Delta/2}^{\omega_j + \Delta/2} \mid H_j(i\omega) \mid^2 S_{F_j}(\omega) d\omega \qquad (4\text{-}26)$$

$$+ \phi_j^2(z) \int_{\omega_j + \Delta/2}^\infty \mid H_j(i\omega) \mid^2 S_{F_j}(\omega) d\omega$$

式中，ω_j 为第 j 阶振型圆频率；Δ 为结构第 j 阶自振频率处的一窄带宽度。

上式积分式为卷积形式，直接求解较为困难，可根据模态力谱和频响函数的特点予以分段简化处理。由于风的卓越周期约为 1min，而结构的自振周期一般不超过 5s，两者相差较大，因而 $S_{F_j}(\omega) \mid H_j(i\omega) \mid^2$ 的乘积作用可分三段来描述，如图 4-3 所示。

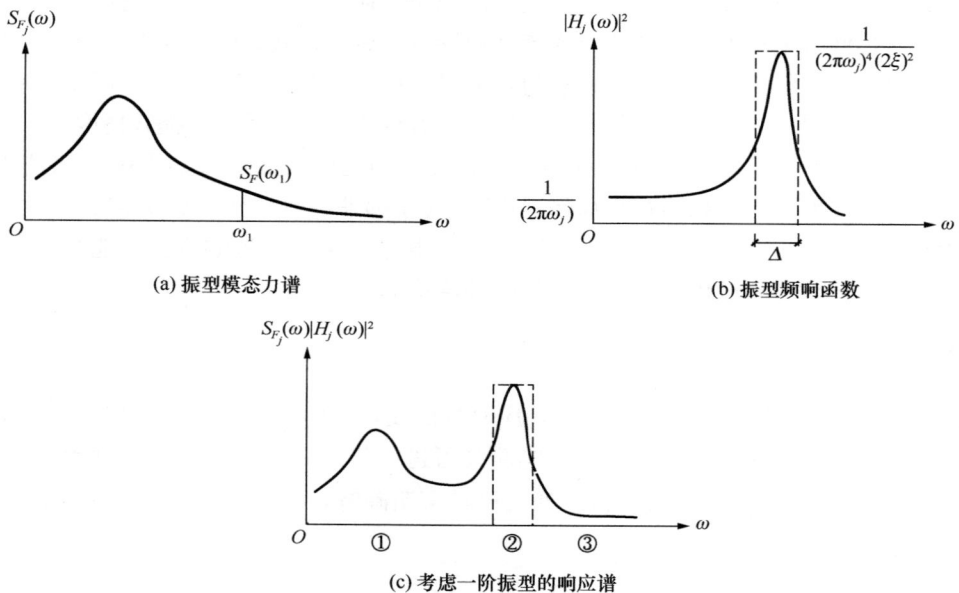

(a) 振型模态力谱

(b) 振型频响函数

(c) 考虑一阶振型的响应谱

图 4-3　模态力谱、频响函数及响应谱曲线

第一段，当 $\omega \ll \omega_1$ 时，$\omega/\omega_j \approx 0$，由式（4-19）可得 $\mid H_j(i\omega) \mid^2 \approx 1/\omega_1^4$，相当于静力作用；第二段，当 ω 位于共振频率 ω_1 附近很小的 Δ 范围内时，动力放大作用明显；第三段，当 $\omega \gg \omega_1$ 时，$S_{F_1}(\omega) \approx 0$，因而不管 $\mid H_j(i\omega) \mid^2$ 的大小（实际也很小），其影响极小。这样，如果略去第三段影响，则结构风振响应可以看成由第一段拟静态分量（即背景响应）和第二段在自振频率附近的动力放大分量（即共振响应）组成，即

$$\sigma_{xj}^2(z) = \frac{1}{\omega_j^4}\phi_j^2(z)\int_0^{\omega_j-\Delta/2} S_{F_j}(\omega)\mathrm{d}\omega + \phi_j^2(z)\int_{\omega_j-\Delta/2}^{\omega_j+\Delta/2} S_{F_j}(\omega)\mid H_j(\mathrm{i}\omega)\mid^2\mathrm{d}\omega$$
$$= \sigma_{Bj}^2(z) + \sigma_{Rj}^2(z) \tag{4-27}$$

式中，$\sigma_{Bj}^2(z)$ 和 $\sigma_{Rj}^2(z)$ 分别为第 j 阶振型对应的背景响应方差和共振响应方差，参见图 4-4。

对于背景响应，由于共振峰 Δ 的范围很小，而且第三段的影响也很小，因此其积分区域可以近似按整个积分区域来处理，即：

$$\sigma_B^2(z) = \sum_{j=1}^m \sigma_{Bj}^2(z)$$
$$\approx \sum_{j=1}^m \frac{1}{\omega_j^4}\phi_j^2(z)\int_0^\infty S_{F_j}(\omega)\mathrm{d}\omega \tag{4-28}$$

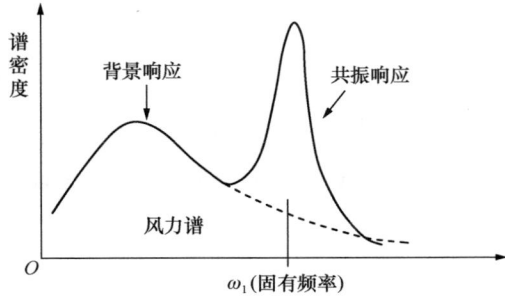

图 4-4　背景响应与共振响应分解示意图

对于共振响应，风致响应谱会在结构自振频率处出现与结构频响函数相似的尖峰，由此可将自振频率处的响应谱按白噪声的假定计算。当 ω 在 ω_j 附近时，由白噪声的假定，式（4-27）还可简化为：

$$\sigma_{Rj}^2(z) = \phi_j^2(z)S_{F_j}(\omega_j)\int_{\omega_1-\Delta/2}^{\omega_1+\Delta/2}\mid H_j(\mathrm{i}\omega)\mid^2\mathrm{d}\omega$$
$$\approx \phi_j^2(z)S_{F_j}(\omega)\int_0^\infty\mid H_j(\mathrm{i}\omega)\mid^2\mathrm{d}\omega \tag{4-29}$$
$$= \phi_j^2(z)S_{F_j}(\omega_j)\mid H_j(\mathrm{i}\omega_j)\mid^2\Delta_j$$

式中，Δ_j 为第 j 阶共振区宽度，可根据白噪声谱下的方差与窄带白噪声的方差相等来确定：

$$\Delta_j = \frac{\int_0^\infty\mid H_1(\mathrm{i}\omega)\mid^2\mathrm{d}\omega}{(2\xi_1\omega_1^2)^{-2}} = \frac{\xi_j\omega_j}{2} \tag{4-30}$$

将式（4-30）代入式（4-29），可得共振响应的表达式为：

$$\sigma_{Rj}^2(z) = \frac{1}{\omega_j^4}\phi_j^2(z)S_{F_j}(\omega_j)\frac{\omega_j}{8\xi_j} \tag{4-31}$$

由于脉动风荷载谱的峰值频率要比结构自振频率低得多，按式（4-31）计算结构高阶振型对应的共振响应要比 1 阶小得多。一般地，竖向悬臂结构的风致共振响应主要以第 1 阶响应为主，忽略 2 阶以上的共振响应，于是式（4-29）又可变为：

$$\sigma_R^2(z) = \frac{1}{8\omega_1^3\xi_1}\phi_1^2(z)S_{F_1}(\omega_1) \tag{4-32}$$

图 4-4 给出了背景响应与共振响应的分解示意图[2]。可以看出，背景响应主要与风力谱有关，体现了来流风低频脉动对结构响应的贡献；而共振响应主要与结构自身的动力特性相关，体现了来流风中与结构自振频率相近部分激起的结构共振放大效应。

4.2.3　总风致响应

除计算位移 $u(z)$ 外，往往还要计算如剪力，弯矩等其他响应 $r(z)$，则可将式（4-10）写作更为广泛的形式[3]：

$$r(z,t) = \sum_{j=1}^{\infty} A_j(z) q_j(t) \tag{4-33}$$

式中，$A_j(z)$ 为第 j 阶振型对应的惯性力在结构 z 高度处的响应，如采用式（4-14）的影响函数，可将 $A_j(z)$ 写作如下统一表达式：

$$A_j(z) = \int_0^H m(z_i) (\omega_j)^2 \varphi_j(z_i) i(z, z_i) \mathrm{d}z_i \tag{4-34}$$

结构总的风致响应（峰值响应）可作为平均风响应和峰值脉动响应的叠加，按照平方和再开方的（SRSS）方法计算：

$$r(z) = \bar{r}(z) + \sqrt{[g_B \sigma_B(z)]^2 + [g_R \sigma_R(z)]^2} \tag{4-35}$$

式（4-35）中，平均值 $\bar{r}(z)$ 按式（4-13）计算，而 $\sigma_B(z)$ 和 $\sigma_R(z)$ 则按式（4-28）和式（4-32）的背景响应和共振响应根方差分别改写如下：

$$\sigma_B(z) = \left[\sum_{j=1}^m \frac{1}{(\omega_j)^4} A_j^2(z) \int_0^\infty S_{F_j}(\omega) \mathrm{d}\omega \right]^{\frac{1}{2}} \tag{4-36}$$

$$\sigma_R(z) \approx \left(\frac{A_1(z) S_{F_1}(\omega_1)}{8 \omega_1^3 \xi_1} \right)^{\frac{1}{2}} \tag{4-37}$$

g_B 和 g_R 分别为背景峰值因子和共振峰值因子。通常取背景峰值因子 $g_B = 3.5$；Davenport[4] 按首次穿越理论提出共振峰值因子按如下表达式计算：

$$g_R = \sqrt{2\ln(n_1 T)} + \frac{0.5772}{\sqrt{2\ln(n_1 T)}} \tag{4-38}$$

式中，n_1 为结构第一自振频率（Hz）；T 为脉动风时距，一般取 600s。峰值因子的相关计算方法可参考第 2 章。

式（4-35）仅考虑了第一阶振型的共振响应，若考虑多阶共振响应来参与组合，则应该按照背景分量与共振分量组合法计算（将在第 4.4 节详细介绍），则结构总的峰值响应 $\hat{r}(z)$ 为：

$$\hat{r}(z) = \bar{r}(z) + \sqrt{\hat{r}_{rB}^2(z) + \sum_{j=1}^m \hat{r}_{Rj}^2(z)} \tag{4-39}$$

式中，$\hat{r}_{rB}(z)$ 和 $\hat{r}_{Rj}(z)$ 分别为背景峰值响应和第 j 阶振型共振峰值响应，其表达式分别为：

$$\hat{r}_{rB}(z) = g_B \sigma_{rB}(z) , \ \hat{r}_{Rj}(z) = g_R \sigma_{Rj}(z) \tag{4-40}$$

式中，g_B 和 g_R 分别与式（4-35）中相同，$\sigma_{Rj}(z)$ 与式（4-31）中相同，$\sigma_{rB}(z)$ 为瞬态背景响应的标准差，可由第 4.4 节介绍的 LRC 法［式（4-71）］求出。

4.3　横风向涡激共振响应分析

4.3.1　横风向涡激振动类型

风流经非流线型物体时，会在物体两侧产生交替脱落的旋涡，并在物体上形成与风向垂直的周期性力。如图 4-5 所示的圆柱体，由于旋涡脱落，柱体下游的流动分离会在柱体的尾流中产生一个环流＋Γ；按照 Thomson 旋涡规律，将有一个反向的环流－Γ 绕柱体出现，环流速度为 ΔU，绕柱体顺时针流动；速度 ΔU 使柱体下方风的空间速度 U_2 减小，同时使柱体上方风的空间速度 U_1 增大。根据伯努利方程，柱体下方静压增加，上方静压减小，故柱体上出现横向力 F_y，随着旋涡脱落的交替出现，力 F_y 也交替出现。

旋涡脱落作用会导致结构产生横风向涡激振动。在多数情况下，涡激振动要小于顺风向振动，只有在某一特定风速（共振风速）范围内，当旋涡脱落频率接近结构自振频率时，才变得较为显著，此现象称为"涡激共振"。涡激共振对于桥梁、高层建筑、高耸结构等细长型结构的破坏作用较大，因此结构横风向涡激振动分析主要是针对涡激共振进行的。

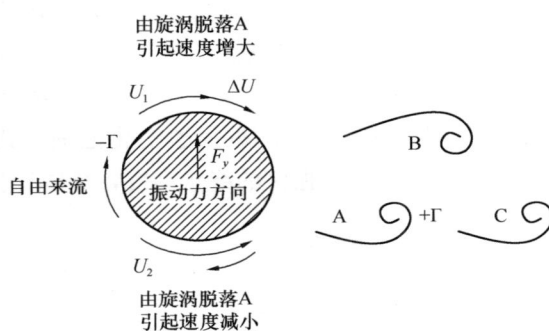

图 4-5　漩涡脱落原理图

涡激共振在不同的雷诺数区间表现出不同的特征。以圆柱体为例，可分为以下三种类型：

（1）亚临界区微风共振：在亚临界区（$Re \ll 3 \times 10^5$），由于风速较低，风致振动主要表现为非破坏性响应，虽可能引发使用功能受限，但尚未达到承载极限状态。只要采取适当构造措施，如调整结构布置、改变结构自振周期，控制临界风速大于 15m/s，即可保证结构不会出现严重问题。这是因为风速超过 15m/s 的概率不大，由此可降低在日常生活中发生微风共振的概率。

（2）超临界区随机振动：当风速增大到超临界范围，即（$3 \times 10^5 \ll Re < 3.5 \times 10^6$）时，旋涡脱落失去显著周期性特征，结构的横风向振动呈现典型随机特性。此时的风振分析方法类似于顺风向随机振动分析，但需采用横风向风荷载谱。通常横风向随机振动响应要远小于顺风向随机振动响应，可以不处理。

（3）跨临界区强风共振：当风速更大（$3.5 \times 10^6 \ll Re$）时，即进入跨临界范围时，流场中会再现规则的周期性旋涡脱落。这种脱落机制与亚临界区存在本质差异——其能量频带更窄且激励幅值显著增强。一旦与结构自振频率接近，结构将发生强风共振，甚至破坏。国内外都曾发生过这类破坏实例，对此必须引起注意。设计时要进行验算，不应只考虑第一阶振型，应按不同振型验算（一般取前四阶）。

4.3.2 横风向涡激共振分析方法

1. 锁定现象

大量试验表明，旋涡脱落频率 f_v 与平均风速 U 成正比，与截面直径 D 成反比，满足如下关系：

$$St = \frac{f_v D}{U} \tag{4-41}$$

式中，St 为斯托罗哈数，其值仅取决于结构断面形状和雷诺数。

但从试验中观察到，当结构产生涡激共振后，结构自振频率会控制旋涡脱落频率，使其在一定风速范围内不再随风速变化而变化；直到风速增大较多后，旋涡脱落频率才重新回到式（4-41）的计算值上，这一现象称为锁定（lock-in），如图 4-6 所示。

由上述介绍可知，锁定现象是与一定的风速范围对应的。对于细长型结构，受大气边界层风速剖面影响（风速随高度递增），因此与锁定现象对应的风速往往位于结构某一高度区域内，该区域称为共振区，如图 4-7 所示。对于自立式圆柱形结构，共振区定义为沿高度方向上取（$1\sim1.3$）U_{cr} 的风速变化范围。其中，U_{cr} 为临界风速，H_1 代表共振区的起始高度，H_2 则对应共振区的终止高度，具体计算方法将在后文介绍。

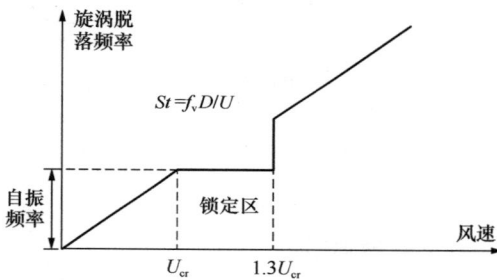

图 4-6 锁定现象

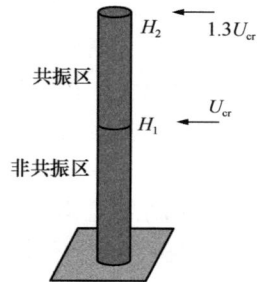

图 4-7 共振区示意图

2. 横风向共振气动力

不同类型横风向涡激振动的气动力模型有所不同。对于圆形截面的高耸或高层建筑，在亚临界范围和跨临界范围内的共振响应是由周期性旋涡脱落引发的，可采用卢曼（W. S. Rumman）的正弦力模型：

$$p_L(z,t) = \frac{1}{2}\rho U^2(z)B(z)\mu_L(t)\sin(2\pi f_v t) \tag{4-42}$$

式中，$U(z)$ 和 $B(z)$ 分别为随高度变化的来流平均风速及迎风投影宽度；μ_L 为升力系数，一般由风洞试验确定，对于圆柱体，一般取 $\mu_L = 0.25$；f_v 为旋涡脱落频率。

由此可见，该气动力模型为简谐升力，是确定性的动力荷载。

在超临界区的随机振动，横风向气动力为：

$$p_L(z,t) = \frac{1}{2}\rho U^2(z)B(z)\mu_L f(t) \tag{4-43}$$

式中，$f(t)$ 为横风向气动力随机振动的时间函数，可由横风向风荷载谱密度函数得到。

由于横风向随机振动比顺风向小，且是 0 均值的随机过程，而顺风向随机振动是以平均值为基础的，因此一般情况下顺风向起控制作用，横风向可不考虑。需要说明的是，这里指的横风向不考虑是针对荷载强度的设计而言，对于舒适度问题（风振加速度），横风向仍然需要考虑。

3. 横风向涡激共振判定

横风向涡激共振发生必须满足两个条件：

（1）结构高度范围内存在共振区，即结构顶点风速大于共振风速（也称临界风速）。

（2）发生强风共振，即结构处于跨临界区。

与结构某阶振型对应的临界风速可由 St 来确定，即

$$U_{cr,j} = \frac{B(z) \cdot f_j}{St} \tag{4-44}$$

式中，$U_{cr,j}$ 为第 j 振型的临界风速（m/s）；$B(z)$ 为结构迎风宽度，通常取垂直于流速方向的结构截面最大尺度（m），对于圆柱形结构可取外径，有锥度时可取 2/3 高度处的外径；f_j 为第 j 振型的自振频率（Hz）。

不同振型对应的临界风速是不同的，通常需要考虑前 2～4 阶。

结构顶点风速可按下式确定：

$$U_H = 40\sqrt{\mu_H w_0} \tag{4-45}$$

式中，μ_H 为结构顶点高度 H 处的风压高度变化系数；w_0 为基本风压（kN/m²），以上两参数均可根据《荷载规范》确定。

若 $U_H < U_{cr,j}$，则不会发生涡激共振。

结构所处的雷诺数区间可由下式确定：

$$Re = 6900 U_{cr,j} \cdot B(z) \tag{4-46}$$

若根据上式所得的雷诺数 $Re < 3.5 \times 10^6$（对于圆柱体），则不会发生强风共振，可不必进行该阶振型的横风向涡激共振分析。

4. 横风向涡激共振区确定

当判定需要进行横风向涡激共振分析后，就要确定共振区范围。由于风速在不同高度取值不同，因此在同一结构上有可能出现多种类型横风向涡激振动。图 4-8（a）给出了一结构上最多可能出现的横风向风力分区。可以看到，在结构高度范围内包含了三种横风向涡激振动类型，而在跨临界范围又包含了非共振区和共振区（即锁定区域）。由于非共振区与共振区相比影响较小，因而可只考虑跨临界范围共振区域的横风向风力，如图 4-8（b）所示。一般而言，共振区顶点高度 H_2 常超出结构高度，工程上为了简化将它取为结构总高 H，并将沿高度变化的曲线型共振荷载用常数共振荷载来表示，其值以临界风速为准，如图 4-8（c）所示[2]。

共振区起点高度 H_1 处的风速为临界风速 U_{cr}，鉴于跨临界强风共振的危害性大，故将顶部风速提高 1.2 倍，以扩大验算范围。则对任一地面粗糙度类别，由风剖面指数变化规律可得：

$$H_1 = H \times \left(\frac{U_{cr}}{1.2U_H}\right)^{1/\alpha} \tag{4-47}$$

式中，α 为地面粗糙度指数；U_H 为建筑顶部设计风速，可通过基本风速按不同地貌、不同高度条件换算得到。

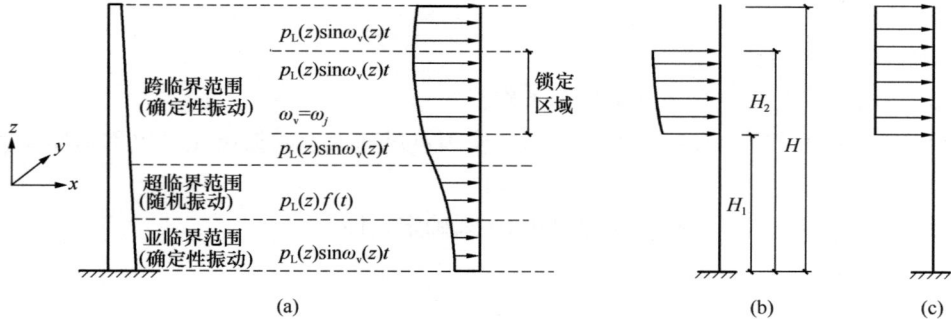

图 4-8　横风向风力分区示意图和计算风力

5. 横风向涡激共振分析

横风向涡激共振分析方法与顺风向风振响应频域法求解相同。

对于竖向弯曲悬臂结构，在横风向涡激动力荷载 $p_L(z,t)$ 的作用下，运动方程为

$$m(z)\ddot{y}(z,t) + c(z)\dot{y}(z,t) + k(z)y(z,t) = p_L(z,t) \tag{4-48}$$

采用振型分解法，并假定阻尼项也满足正交条件，则第 j 振型对应的运动方程为

$$\ddot{q}_j(t) + 2\xi_j\omega_j\dot{q}_j(t) + \omega_j^2 q_j(t) = \frac{1}{m_j^*}\int_0^H p_L(z,t)\phi_j(z)dz \tag{4-49}$$

式中，ξ_j、ω_j 分别为第 j 振型阻尼比和固有频率；$q_j(t)$ 为第 j 振型广义坐标；$\phi_j(i)$ 为第 j 振型的振型系数。

多自由度结构在正弦激励下的反应可按振型分解为单自由度结构在正弦激励下的响应问题来计算。对于单自由度系统，稳态位移幅值公式为：

$$q_{j,max} = \frac{P_0}{k_j} \cdot \frac{1}{\sqrt{\left(1-\left(\frac{\omega}{\omega_j}\right)^2\right)^2 + \left(2\xi_j\frac{\omega}{\omega_j}\right)^2}} \tag{4-50}$$

式中，P_0 为外部激励的幅值；k_j 为第 j 振型下的刚度。

共振时，$\omega=\omega_j$，可得：

$$q_{j,max} = \frac{P_0}{k_j} \cdot \frac{1}{2\xi_j} \tag{4-51}$$

所以，在广义坐标下的第 j 阶振型位移的共振动力放大系数为 $1/(2\xi_j)$，由式（4-40）可知荷载幅值为 $p_{L0}(z) = \frac{1}{2}\rho U^2(z)B(z)\mu_L$，则发生共振时第 j 振型广义位移最大值为：

$$q_{j,max} = \frac{1}{2\xi_j}\frac{1}{k_j^*}\int_{H_1}^H p_{L0}(z)\phi_j(z)dz = \frac{1}{2\xi_j}\frac{1}{m_j^*\omega_j^2}\int_{H_1}^H \frac{1}{2}\rho U_{cr,j}^2\mu_L B(z)\phi_j(z)dz$$

$$= \frac{\rho}{4\xi_j}\frac{\mu_L U_{cr,j}^2}{\omega_j^2}\frac{\int_{H_1}^H B(z)\phi_j(z)dz}{m_j^*} \tag{4-52}$$

进而可得第 j 阶振型的整体坐标位移最大值为：

$$y_j(z) = \phi_j(z) \cdot q_{j,\max} = \phi_j(z) \cdot \frac{\rho}{4\xi_j} \frac{\mu_1 U_{\mathrm{cr},j}^2}{\omega_j^2} \frac{\displaystyle\int_{H_1}^{H} B(z)\phi_j(z)\mathrm{d}z}{m_j^*} \tag{4-53}$$

对于竖向斜率小于 0.01 的圆筒形结构，可近似取 $B(z)=B_0$，$m(z)=m_0$，则第 j 阶振型的广义位移最大值为：

$$q_{j,\max} = \frac{\rho}{4\xi_j} \frac{\mu_{\mathrm{L}} B_0 U_{\mathrm{cr},j}^2}{\omega_j^2} \frac{\displaystyle\int_{H_1}^{H} \phi_j(z)\mathrm{d}z}{m_0 \displaystyle\int_{H_1}^{H} \phi_j^0(z)\mathrm{d}z} \tag{4-54}$$

引入系数 λ_j，作为第 j 振型下考虑共振区分布的折算系数：

$$\lambda_j = \frac{\displaystyle\int_{H_1}^{H} \phi_j(z)\mathrm{d}z}{\displaystyle\int_{0}^{H} \phi_j^2(z)\mathrm{d}z} \tag{4-55}$$

振型折算系数可通过查表 4-1 直接确定（《荷载规范》表 H.1.1[5]）。

λ_j 计算用表　　　　　　　　　　　　　　　表 4-1

结构类型	振型序号	H_1/H										
		0	0.1	0.2	0.3	0.4	0.5	0.6	0.7	0.8	0.9	1.0
高耸结构	1	1.56	1.55	1.54	1.49	1.42	1.31	1.15	0.94	0.68	0.37	0
	2	0.83	0.82	0.76	0.60	0.37	0.09	−0.16	−0.33	−0.38	−0.27	0
	3	0.52	0.48	0.32	0.06	−0.19	−0.30	−0.21	0.00	0.20	0.23	0
	4	0.30	0.33	0.02	−0.20	−0.23	0.03	0.16	0.15	−0.05	−0.18	0
高层建筑	1	1.56	1.56	1.54	1.49	1.41	1.28	1.12	0.91	0.65	0.35	0
	2	0.73	0.72	0.63	0.45	0.19	−0.11	−0.36	−0.52	−0.53	−0.36	0

将式（4-55）代入式（4-54），可得竖向斜率小于 0.01 的圆筒形结构的第 j 振型广义位移最大值为：

$$q_{j,\max} = \frac{\rho}{4\xi_j} \frac{\mu_{\mathrm{L}} B_0 U_{\mathrm{cr},j}^2}{m_0 \omega_j^2} \lambda_j \tag{4-56}$$

对上式做无量纲化处理，可得：

$$\frac{q_{j,\max}}{B_0} = \left(\frac{U_{\mathrm{cr}}}{f_j B_0}\right)^2 \cdot \left(\frac{\rho B_0^2}{4\pi m_0 \xi_j}\right) \cdot \frac{\mu_{\mathrm{L}}}{4\pi} \cdot \lambda_j = \frac{\mu_{\mathrm{L}}}{4\pi} \frac{\lambda_j}{St^2 \cdot Sc} \tag{4-57}$$

式中，St 为斯托罗哈数，$St = \dfrac{f_{\mathrm{v}} B_0}{U_{\mathrm{cr}}} = \dfrac{f_j B_0}{U_{\mathrm{cr}}}$；$Sc$ 为斯柯拉顿数（Scruton number）或

质量阻尼参数（Mass-Damping Parameter），$Sc = \dfrac{4\pi m_0 \xi_j}{\rho B_0^2}$。

可见，影响结构横风向振动的主要因素包含：结构气动性能 μ_{L}、结构振型 λ_j、旋涡脱落特征 St 以及质量阻尼参数 Sc。这也是进行横风向涡激振动风洞试验研究时需要考虑的参数。

4.4　等效静力风荷载

由于结构在脉动风作用下的动力响应求解涉及随机振动理论，不易于工程设计应用，因此人们自然想到，能否通过某种等效方式将复杂的动力分析问题转化为易于被理解和接受的静力分析问题。等效静力风荷载（Equivalent Static Wind Loading，ESWL）就是在这一背景下提出的。其基本思想是，将脉动风的动力效应用与其等效的静力形式表达出来。这里的"等效"是指针对某一设计关心的结构响应指标（如最大位移），使结构在某种假定的荷载模式作用下的静力响应与实际风荷载产生的最大动响应相等。

综上所述，等效静力风荷载是指与脉动的风荷载产生的峰值荷载效应等效的正确的期望值的荷载，例如弯矩、构件中的轴向力，或者挠度等，将平均风荷载、脉动准静态风载（背景响应分量）和共振响应分量组合起来的等效静力风荷载，它们的组合给出了总的等效峰值荷载分布。等效静力通常包含三部分：平均风荷载、背景风荷载以及共振风荷载，下面介绍几种常用的等效静力风荷载计算方法：阵风荷载因子法（GLF）、惯性风荷载法（IWL）、荷载-响应相关法（LRC）、背景分量与共振分量组合法。

4.4.1　阵风荷载因子法

阵风荷载因子（Gust Loading Factor，GLF）法是 1967 年 Davenport 率先针对高层结构提出的一种等效静风荷载分析方法[4]，并被加拿大、澳大利亚、美国、欧洲等国家和地区的规范采纳。该方法用平均风荷载的分布形式来表示脉动风等效静风荷载，即等效静风荷载等于平均风荷载与阵风荷载因子的乘积，以阵风荷载因子（脉动风作用下结构峰值响应与平均响应的比值）来反映结构对脉动风的放大作用。由此得到结构的等效静风荷载表达式为：

$$\tilde{p}(z) = G_x \bar{p}(z) \tag{4-58}$$

式中，$\bar{p}(z)$ 为平均风荷载；G_x 为阵风荷载因子，可由下式确定：

$$G_x = \frac{y_{max}}{\bar{y}} = 1 + g\frac{\sigma_y}{\bar{y}} \tag{4-59}$$

式中，y_{max}、$\bar{y}$、σ_y 分别为结构风振最大响应、平均响应和脉动响应根方差；g 为结构响应的峰值因子，理论上可由平稳随机过程的极值穿越理论确定，如式（4-38）所示。

阵风荷载因子法推导过程包含了如下假定：

（1）结构风振响应为平稳随机过程。

（2）结构风振响应以一阶模态振动为主。

（3）结构风振响应符合线弹性假定，即响应与荷载之间成正比关系。

（4）等效静风荷载的分布与平均风荷载相同。

值得注意的是，Davenport 在推导阵风荷载因子时已经注意到响应的背景分量和共振分量的存在，即在求阵风荷载因子时采用的计算公式为：

$$G = 1 + g\sqrt{\sigma_B^2 + \sigma_R^2} \tag{4-60}$$

式中，σ_B、σ_R 分别表征背景分量和共振分量的贡献。但是在上述过程中，Davenport 把一阶共振响应当作所有共振响应的成分，把一阶背景响应当作所有背景响应的成分，因此在成分表达上并不充分。同时也没有注意到背景响应和共振响应等效风荷载在计算方法上的不同。但是这套理论的提出确为高层建筑实际的抗风设计应用提供了方便有效工具，同时大大地推动了建筑结构风效应理论的研究进程。在 Davenport 研究的基础上，各国学者如 Vellozzi 和 Cohen[6]、Simiu[7] 和 Solari[8] 等提出了许多新的方法，使阵风荷载因子法不断得到发展和完善。

4.4.2　惯性风荷载法

惯性风荷载（Inertial Wind Load，IWL）法，该方法将脉动风等效静风荷载以结构振型惯性力的分布形式来表示，即脉动风对结构响应的动力放大作用是通过振型惯性力来实现的，具有明确的物理意义。目前我国的《荷载规范》[7] 采用惯性风荷载法，用结构的一阶振型惯性力来表示等效静力风荷载。

根据结构动力学理论，脉动风荷载作用下的结构动力平衡方程可表示为：

$$\boldsymbol{K}\{x(t)\} = \{P(t)\} - (\boldsymbol{M}\{\ddot{x}(t)\} + \boldsymbol{C}\{\dot{x}(t)\}) \tag{4-61}$$

式中，等号右端项称为广义外荷载，则结构在脉动风作用下的动力响应可看作是在广义外荷载作用下的静力响应 P_{eq}：

$$\boldsymbol{K}\{x(t)\} = \{P_{\mathrm{eq}}\} \tag{4-62}$$

可以看出，广义外荷载相当于结构的恢复力。利用振型分解法，式（4-62）可进一步表示为：

$$\{P_{\mathrm{eq}}\} = \boldsymbol{K}\{x(t)\} = \boldsymbol{K}\sum_{j=1}^{n}\{\phi\}_{j}q_{j}(t) \tag{4-63}$$

式中，$\{\phi\}_{j}$ 为第 j 振型向量；$q_{j}(t)$ 为第 j 振型广义坐标。

已知结构的特征值方程为：

$$\boldsymbol{K}\{\phi\}_{j} = \omega_{j}^{2}\boldsymbol{M}\{\phi\}_{j} \tag{4-64}$$

式中，ω_{j} 为结构的第 j 振型圆频率。

将式（4-64）代入式（4-63）得：

$$\{P_{\mathrm{eq}}\} = \boldsymbol{K}\sum_{j=1}^{n}\{\phi\}_{j}q_{j}(t) = \boldsymbol{M}\sum_{j=1}^{n}\omega_{j}^{2}\{\phi\}_{j}q_{j}(t) \tag{4-65}$$

从上式可以看出，广义外荷载代表了各振型惯性力的组合。当仅考虑第一阶振型 $\{\phi\}_{1}$ 的影响时，广义外荷载可表示为：

$$P_{\mathrm{eq}}(z) = g\omega_{1}^{2}\sigma_{1}\boldsymbol{M}\{\phi\}_{1} \tag{4-66}$$

式中，g 为峰值因子；ω_{1} 和 σ_{1} 分别为结构的第 1 振型圆频率和广义坐标位移 q_{1} 的均方根。

则等效静风荷载 $\tilde{p}(z)$ 可表示为：

$$\tilde{p}(z) = \bar{p}(z) + P_{\mathrm{eq}}(z) = \bar{p}(z) + g\omega_{1}^{2}\sigma_{1}\boldsymbol{M}\{\phi\}_{1} \tag{4-67}$$

式中，$\bar{p}(z)$ 为平均风荷载，上式也可进一步表示为：

$$\tilde{p}(z) = G_{p}\bar{p}(z) \tag{4-68}$$

式中，G_{p} 为风振系数，其表达式为：

$$G_{p}(z) = 1 + g\frac{\omega_{1}^{2}\sigma_{1}\boldsymbol{M}\{\phi\}_{1}}{\bar{p}(z)} \tag{4-69}$$

尽管风振系数和阵风因子在数学表达式上具有相似性，但其物理内涵与适用范围存在本质差异。首先，风振系数与结构的质量分布和动力特性有关，其沿高度是变化的；而阵风荷载因子，由于仅关心结构顶点响应，仅反映整体系统的放大效应，不具备空间分辨能力。其次，由 IWL 法所得的等效静风荷载是平均风荷载与结构振型惯性力的叠加，其分布显然与平均风荷载不同。相较于 GLF 法而言，IWL 法更好地揭示了结构在脉动风作用下动力响应放大的内在机制，同时具有更严谨的随机振动理论支撑。但是该方法同样具有缺陷，即其在将共振响应用第一阶振型惯性力表示的同时，也将背景响应用第一阶振型惯性力表示；而实际上，背景响应作为一个准静力过程，仅用第一阶振型来表示是远远不够的。因此，当结构刚度较大（如巨型支撑框架或核心筒-伸臂结构），以背景响应为主时，根据式（4-68）计算的等效静风荷载与真实荷载分布会存在一定偏差。

4.4.3　荷载-响应相关法

Davenport[9-10]提出将顺风向响应处理为平均、背景和共振分量的思想，并用这三个分量的组合来表达其静力等效风荷载，其中背景分量对应的等效风荷载用荷载-响应相关（Load-Response Correlation，LRC）法表达，荷载-响应相关法主要针对平均风与背景风响应对应的静力等效风荷载分析。

用振型分解法所得到的式（4-28）和式（4-36）来表达的脉动风背景响应与所取的振型阶数有关，而实际上，背景风响应与结构的自振特性并无关系，在竖向的悬臂型结构风振分析中，计算背景风响应时常常只取第一阶振型，结果已足够接近真实值。

Kasperski 和 Niemann[11]提出了 LRC 法，其基本原理是把响应的相关系数作为所计算任一点风荷载的加权系数，用准静态方法计算背景响应，由此可得到准静态等效风荷载的最不利分布，能给出真实的背景风荷载的等效分布。实际上，LRC 法本身已经包含了背景分量所有振型的贡献。

LRC 法考虑了结构物表面上脉动风荷载之间的相关性，与式（4-13）类似，用准静态法可得到 t 时刻结构物表面任一点的瞬态背景响应 $r(z,t)$ 为：

$$r(z,t) = \int_0^H \int_0^{B(z_i)} w(x,z_i,t) i(z,z_i) \mathrm{d}x \mathrm{d}z_i \tag{4-70}$$

式中，$w(x,z_i,t)$ 为作用在结构表面上任意一点 (x,z_i) 的脉动风压，$i(z,z_i)$ 与式（4-13）相同。

由上式，可得瞬态背景响应的标准差 $\sigma_{rB}(z)$ 为：

$$\sigma_{rB}(z) = \left[\int_0^H \int_0^H \int_0^{B(z_1)} \int_0^{B(z_2)} \left[w_1(x_1,z_1,t) w_2(x_2,z_2,t) \right] i(z,z_1) i(z,z_2) \mathrm{d}x_1 \mathrm{d}x_2 \mathrm{d}z_1 \mathrm{d}z_2 \right]^2$$

$$= \left[\int_0^H \int_0^H \sigma_{p_1 p_2}(z_1,z_2) i(z,z_1) i(z,z_2) \mathrm{d}z_1 \mathrm{d}z_2 \right]^{\frac{1}{2}} \tag{4-71}$$

式中，$w_1(x_1,z_1,t)$ 和 $w_2(x_2,z_2,t)$ 分别为建筑物表面上两点 (x_1,z_1)、(x_2,z_2) 的脉动风压，$\sigma_{p_1 p_2}(z_1,z_2)$ 为两高度处脉动风荷载的协方差，为：

$$\sigma_{p_1 p_2}(z_1,z_2) = \int_0^{B(z_1)} \int_0^{B(z_2)} \left[w_1(x_1,z_1,t) w_2(x_2,z_2,t) \right] i(z,z_1) i(z,z_2) \mathrm{d}x_1 \mathrm{d}x_2 \tag{4-72}$$

当只考虑平均风与背景风响应的组合时，由式（4-35），其峰值响应 $\hat{r}(z)$ 为：

$$\hat{r}(z) = \overline{r}(z) + g_B\sigma_{rB}(z) \tag{4-73}$$

式中，$\sigma_{rB}(z)$ 为式（4-71）的表达式，平均风响应 $\overline{r}(z)$ 和背景峰值因子 g_B 与式（4-35）中相同。

于是，LRC 法给出了相应于式（4-71）峰值荷载 $\hat{p}(z)$：

$$\hat{p}(z) = \overline{p}(z) + \hat{p}_B(z) = \overline{p}(z) + g_B\rho_{pr}(z)\sigma_p(z) \tag{4-74}$$

式中，$\sigma_p(z)$ 为脉动风荷载的均方根值，$\rho_{pr}(z)$ 为高度 z 处的脉动风与 z_i 高度背景风响应之间的相关系数，是用来表示对峰值荷载的折减。由此，称该方法为荷载-响应相关法。

4.4.4　背景分量与共振分量组合法

澳大利亚的 Holmes[12-13] 提出了采用 LRC 法与等效风振惯性力相结合的方法来表示平均风响应、背景和共振响应对应的静力等效风荷载，他考虑了多阶共振分量来参与组合。

式（4-37）相应的等效静力风荷载 $\hat{p}(z)$ 为：

$$\hat{p}(z) = \overline{p}(z) + W_B\hat{p}_B(z) + \sum_{j=1}^{m} W_{Rj}p_{Rj}(z) \tag{4-75}$$

式中，$\overline{p}(z)$、$\hat{p}_B(z)$、$p_{Rj}(z)$ 分别为平均风荷载、背景等效风荷载和第 j 阶振型对应的等效惯性风荷载，后两者的表达式为：

$$\hat{p}_B(z) = g_B\rho_{pr}(z)\sigma_p(z) \tag{4-76}$$

$$p_{Rj}(z) = g_R m(z)(2\pi n_j)^2\sigma_{Rj}(z)\varphi_j(z) \tag{4-77}$$

这里的 $\hat{p}_B(z)$ 与式（4-74）相同，W_B 和 W_{Rj} 分别为背景风荷载和第 j 振型惯性风荷载的权系数，表达式为：

$$W_B = \frac{g_B\sigma_{rB}}{\left(g_B^2\sigma_{rB}^2 + \sum_{j=1}^{m}g_R^2\sigma_{Rj}^2\right)^{\frac{1}{2}}}, \ W_{Rj} = \frac{g_R\sigma_{Rj}}{\left(g_B^2\sigma_{rB}^2 + \sum_{j=1}^{m}g_R^2\sigma_{Rj}^2\right)^{\frac{1}{2}}} \tag{4-78}$$

4.5　风致响应和静力等效风荷载的理论发展

有关建筑结构风致响应和等效风荷载的研究已经有近半个世纪的历史，下文将对这一理论的发展过程予以回顾和介绍。此处讨论的建筑结构主要是指高层建筑和低矮屋盖结构，不涉及桥梁的内容。

4.5.1　高耸和高层建筑结构

对于高层（高耸）建筑风致响应的脉动部分，在阵风荷载因子法提出时，学者们就已经认识到背景分量和共振分量的存在，因而也能分别进行求解，但是对于这两个分量对应的等效风荷载，并没有发现应采用不同的方法进行求解，还只是停留在阵风荷载因子法这一套方法上。直到 LRC 法被提出以后，人们才开始重新考虑风致响应中背景分量和共振分量对应等效风荷载的求解方法。Holmes 和 Kasperski[14] 利用 LRC 法确定格构式塔架顺风向背景响应的等效风荷载，同时考虑共振响应对应的等效风荷载，然后提出基于塔架各个高度处剪力和弯矩的等效风荷载。虽然其采用了很多近似的算法，但是这套理论仍得到广泛认可。

Zhou 等[15]以基底弯矩和基底剪力为参考响应提出了高层建筑等效风荷载的求解方法，采用 LRC 法计算背景响应的等效风荷载，采用惯性力法计算共振响应的等效风荷载，并且与经典的阵风荷载因子法进行误差分析比较，从而纠正了以往采用阵风荷载因子法计算高层建筑响应时的一些不恰当做法。此后 Zhou 和 Kareem[16]又提出与阵风荷载因子 (GLF) 法类似的 MGLF 法，相比于传统的 GLF 法，MGLF 法分别考虑背景响应和共振响应对应的等效风荷载，在继承 GLF 法已有优点的基础上，还具有物理意义明确、误差较小等优点。但是 MGLF 法在计算等效风荷载时是以基底弯矩为等效条件，因而也存在一定局限性。实际上，如果高层建筑等效风荷载取不同的参考响应目标，实际的等效风荷载形式和结果也会不同，一套合理有效且简单方便的高层建筑等效风荷载算法仍有待发掘。

4.5.2　低矮建筑屋盖结构

对于低矮建筑屋盖体系的脉动风荷载，最早采用的计算方法是阵风包络（Enveloping Gust）法：

$$\hat{C}_p = \bar{C}_p \cdot (\hat{V}/\bar{V})^2 \tag{4-79}$$

式中，$\hat{V}$ 和 $\bar{V}$ 分别为来流风的脉动风速和平均风速；$\hat{C}_p$ 和 $\bar{C}_p$ 分别为屋面上的脉动风压系数和平均风压系数。很显然这个方法较为粗糙。

后来又提出阵风系数法（Pseudo-steady Approach），其核心思想是采用局部脉动风荷载作为屋盖体系的等效风荷载，实际上就是把整个屋面作为一个刚性结构来处理。这套方法只考虑了结构的背景响应，同时还忽略了风荷载的空间相关性，因此适用范围有限。

Holmes[17]提出方差分析（Covariance Analysis）法，采用方差分析来考虑结构的背景响应部分。相较于上面的阵风系数法，这套方法的优越之处就在于考虑了风荷载的空间相关性。

随后 Kasperski[11]提出 LRC 法，此时低层房屋屋盖结构的等效风荷载才得到了较为准确的计算。对于一般的低矮建筑屋盖结构，当跨度不是很大时，其风致响应的共振分量就可以被忽略，那么只采用方差分析法和 LRC 法就可以进行屋盖结构风致响应和等效风荷载的计算。如 Melbourne[18]采用方差分析法和 LRC 法来求解双坡屋面和体育场的悬挑看台挑篷的风致响应和等效风荷载。Tamura 等[19]应用该方法对低层房屋框架结构的位移、应力等响应进行分析。

也有学者把针对高层建筑的阵风荷载因子法引入到低层房屋屋盖体系中。比如 Uemastu 等[20]提出的模态力法，这套方法采用与高层建筑一致的假设：即结构的响应由一阶振型来控制，采用风洞试验的同步测压技术得到屋面的风压时程，进而得到屋面结构所受到的一阶模态力，从而可求得 GLF 法中的阵风因子。这套方法已被应用于主次梁体系屋盖、空间整体体系屋盖（包括矩形屋盖、圆形屋盖等）中，并给出阵风因子计算的经验公式。但是模态力法在理论上是有缺陷的，主要是因为屋盖体系风致响应和等效风荷载是由背景响应控制，共振响应占的比例不是很大，因而如果假定屋盖的振动由一阶振型控制，将导致相对较大的误差。

还有学者提出采用 X-mode 的方法（Nakayama 等[21]）来求解网壳结构的风振响应问题，即试图找出在风振响应中占绝对地位的某阶或某几阶振型，然后通过计算少数的这几阶振型来求解网壳结构的风振响应问题。X-mode 法的出发点是很好的，但是由于网壳结构风致响应和等效风荷载的背景分量占很大比重，同时模态可能存在不是背景分量的正交基，因而这套方法在理论上也存在不足。

4.6　算例应用

下面将选用典型的主次梁体系屋盖作为实例进行风振响应和等效风荷载的应用分析。该屋盖上作用的风荷载由主梁承担，因此把屋盖抽象成图 4-9 所示的简支梁。主梁的跨度为 x 方向，长度为 L，风荷载对主梁的作用方向垂直向上，设为 z 方向，同时从承受的荷载角度假设该主梁承担的楼面宽度为 D。

那么作用在主梁上的平均风荷载为：

$$\overline{p}(x) = \frac{1}{2}\rho \overline{V}^2 C_p(x) \qquad (4\text{-}80)$$

式中，ρ 为空气密度；$\overline{V}$ 为来流的平均风速；$C_p(x)$ 为主梁上某 x 位置的气动力系数。

作用于主梁上的脉动风荷载可以近似表示为：

$$p(x,t) = \rho \overline{V} v(x,t) C_p(x) \qquad (4\text{-}81)$$

式中，$v(x,t)$ 表示梁上某位置的脉动风速。那么对于 x_1，x_2 位置，风压的互谱为：

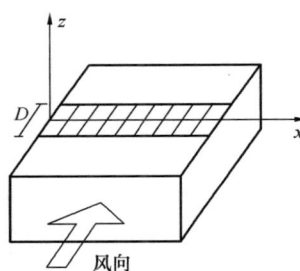
图 4-9　主次梁体系
屋盖的物理模型

$$S_p(x_1,x_2,n) = \rho^2 \overline{V}^2 C_p(x_1) C_p(x_2) S_u(n) \rho_x(x_1,x_2,n) \qquad (4\text{-}82)$$

式中，$S_u(n)$ 为脉动风速功率谱，$\rho_x(x_1,x_2,n)$ 为 x_1,x_2 位置风速的相干函数。

考虑主梁的振动特性与简支梁一致，因此主梁的各阶自振频率 n_i 和各阶模态 ϕ_i 可以通过理论公式得到：

$$n_i = \frac{i^2\pi^2}{2L^2}\sqrt{\frac{EI}{m}} \qquad (4\text{-}83)$$

$$\phi_i(x) = \sin\left(\frac{i\pi x}{L}\right) \qquad (4\text{-}84)$$

式中，i 为阶数；EI 为梁的抗弯刚度；m 为单位长度的质量。

1. 主梁的风致动力响应

根据式（4-69），主梁风致响应背景分量 $\sigma_{r,B}^2$ 的计算公式为：

$$\sigma_{r,B}^2 = \int_0^\infty \int_0^L \int_0^L S_p(x_1,x_2,n) I_r(x_1) I_r(x_2) \mathrm{d}x_1 \mathrm{d}x_2 \mathrm{d}n \cdot D^2 \tag{4-85}$$

式中，$I_r(x_1)$ 和 $I_r(x_2)$ 分别为 x_1、x_2 位置处的影响函数。

主梁风致响应共振分量 $\sigma_{qi,R}^2$ 的计算采用模态分析法，根据式（4-31），第 i 阶模态的均方位移响应为：

$$\sigma_{qi,R}^2 = \frac{1}{K_i^2} \frac{\pi n_i}{4\xi_i} S_{Qi}(n_i) \tag{4-86}$$

式中，$S_{Qi}(n)$ 为主梁 i 阶模态力的自功率谱；K_i 为主梁刚度；n_i 为主梁 i 阶固有频率；ξ_i 为主梁 i 阶阻尼比。

第 i 阶模态力的自谱可简化为：

$$S_{Qi}(n) = \frac{4\overline{P}^2}{\overline{V}^2} S_u(n) \chi_i(n) \tag{4-87}$$

式中，$\chi_i(n)$ 为主梁 i 阶气动导纳，可表示为：

$$\chi_i(n) = \frac{1}{L^2 \overline{C}_p^2} \int_0^L \int_0^L \varphi_i(x_1) \varphi_i(x_2) \rho_x(x_1,x_2,n) C_p(x_1) C_p(x_2) \mathrm{d}x_1 \mathrm{d}x_2 \tag{4-88}$$

则主梁总的共振响应的计算公式为：

$$\sigma_{r,R}^2 = \sum_i \eta_i^2 \sigma_{qi,R}^2 \tag{4-89}$$

其中

$$\eta_i = \int m(x) \omega_i^2 \varphi_i(x) I_r(x) \mathrm{d}x \tag{4-90}$$

为简化计算，引入平均荷载力 $\overline{P}$，该力相当于平均风作用于屋盖主梁区域内的力，也可以认为是主梁应承受的平均风荷载。其计算公式为：

$$\overline{P} = \frac{1}{2}\rho \overline{V}^2 DL \overline{C}_p \tag{4-91}$$

式中，平均气动力系数 $\overline{C}_p$，取整根主梁上各位置气动力系数的平均值。

在已知风致响应的平均值、背景分量和共振分量后，可得主梁总响应的计算公式为：

$$r = \overline{r} + w_B \cdot g_B \sigma_{r,B} + w_R \cdot \left(\sum_i w_{i,R} \cdot g_R \sigma_{r,R} \right) \tag{4-92}$$

式中，$\overline{r}$ 为平均响应；g_B 为背景响应的峰值因子；$\sigma_{r,R}$ 为共振响应值；g_R 为共振响应的峰值因子；w_B 和 w_R 分别为背景分量加权系数和共振分量加权系数，按第 4.4.4 节计算。

2. 主梁的等效风荷载

主梁风致响应背景分量对应的等效风荷载为（LRC 法），根据式（4-71）可得：

$$P_{e,B}(x) = g_B \frac{\sigma_{r,p}^2(x)}{\sigma_{r,B}} = \frac{g_B \cdot \int_0^\infty \int_0^D S_p(x,x_1,n) I_r(x_1) \mathrm{d}x_1 \mathrm{d}n}{\left(\int_0^\infty \int_0^L \int_0^L S_p(x_1,x_2,n) I_r(x_1) I_r(x_2) \mathrm{d}x_1 \mathrm{d}x_2 \mathrm{d}n \right)^{1/2}} \tag{4-93}$$

式中，$P_{e,B}(x)$ 为对应于背景响应值 $g_B \sigma_{r,B}(x)$ 的等效风荷载；$\sigma_{r,p}(x)$ 为 x 处的风压响应标准差。

主梁共振响应对应的等效风荷载为（惯性风荷载法），根据式（4-66）可得：

$$P_{ei,\mathrm{R}}(x) = g_{\mathrm{R}} m(x) \varphi_i(x) \omega_i^2 \sigma_{qi,\mathrm{R}} \tag{4-94}$$

那么总的等效风荷载为：

$$P_{\mathrm{e}}(x) = \overline{P}(x) + w_{\mathrm{B}} \cdot P_{\mathrm{e,B}}(x) + \sum_i w_{\mathrm{R}} \cdot w_{i,\mathrm{R}} \cdot P_{ei,\mathrm{R}}(x) \tag{4-95}$$

参考文献

[1]　张佳武. 屋盖结构扩展 LRC 等效静风荷载方法研究及软件开发[D]. 南京：东南大学，2025.

[2]　武岳. 风工程与结构抗风设计[M]. 2 版. 哈尔滨：哈尔滨工业大学出版社，2019.

[3]　杨明. 高层建筑风荷载及风致响应研究[D]. 长沙：湖南大学，2013.

[4]　Davenport A G. Gustloading factors[J]. Journal of the Structural Division, 1967, 93(3)：11-34.

[5]　中华人民共和国住房和城乡建设部. 建筑结构荷载规范：GB 50009—2012[S]. 北京：中国建筑工业出版社，2012.

[6]　Vellozzi J, Cohen E. Gust response factors[J]. Journal of the Structural Division, 1968, 94(6)：1295-1313.

[7]　Simiu E. Wind Spectra and Dynamic Along wind Response[J]. Journal of the Structural Division, 1974, 100(9)：1897-1910.

[8]　Solari G. Along wind response estimation：closed form solution[J]. Journal of the Structural Division, 1982, 108(1)：225-244.

[9]　Davenport A G. The application of statistical concepts to the wind loading of structures[J]. Proceedings of the Institution of Civil Engineers, 1961, 19(4)：449-472.

[10]　Davenport A G. How can we simplify and generalize wind loads? [J]. Journal of Wind Engineering and Industrial Aerodynamics, 1995, 54：657-669.

[11]　Kasperski M, Niemann H J. The LRC (load-response-correlation) method a general method of estimating unfavourable wind load distributions for linear and non-linear structural behaviour[J]. Journal of Wind Engineering and Industrial Aerodynamics, 1992, 43(1-3)：1753-1763.

[12]　Holmes J D. Wind loading of structures [M]. 3rd ed. Boca Raton, FL：CRC Press, 2015.

[13]　Holmes J D. Effective static load distributions in wind engineering[J]. Journal of wind engineering and industrial aerodynamics, 2002, 90(2)：91-109.

[14]　Holmes J D, Kasperski M. Effective distributions of fluctuating and dynamic wind loads[J]. Australian Civil Engineering Transactions, 1996, 38(2/3/4)：83-88.

[15]　Zhou Y, Gu M, Xiang H. Along wind static equivalent wind loads and responses of tall buildings. Part I：Unfavorable distributions of static equivalent wind loads[J]. Journal of Wind Engineering and Industrial Aerodynamics, 1999, 79(1-2)：135-150.

[16]　Zhou Y, Kareem A. Gust loading factor：new model[J]. Journal of Structural Engineering, 2001, 127(2)：168-175.

[17]　Holmes J D, Best R J. An approach to the determination of wind load effects on low-rise buildings [J]. Journal of Wind Engineering & Industrial Aerodynamics, 1981, 7(3)：273-287.

[18]　Melbourne W H. The response of large roofs to wind action[J]. Journal of Wind Engineering and Industrial Aerodynamics, 1995, 54：325-335.

[19]　Tamura Y, Kikuchi H, Hibi K, et al. Actual Extreme Pressure Distributions and LRC Formula[J]. Journal of Wind Engineering & Industrial Aerodynamics, 2002, 90(12)：1959-1971.

[20]　Uematsu Y, Yamada M, Karasu A. Design wind loads for structural frames of flat long-span roofs：

Gust loading factor for the beams supporting roofs[J]. Journal of Wind Engineering and Industrial Aerodynamics，1997，66(1)：35-50.

[21] Nakayama M，Sasaki Y，Masuda K，et al. An efficient method for selection of vibration modes contributory to wind response on dome-like roofs[J]. Journal of wind engineering and industrial aerodynamics，1998，73(1)：31-43.

第5章 高层建筑的风荷载

5.1 引言

高层建筑，特别是超高层建筑，柔性大、阻尼小、体型复杂，属于风敏感结构，设计中主要受水平风荷载控制。我国东南沿海地区受台风和季风影响较大，又是城市密集区，近年来涌现出了大量新建的超高层建筑群，进一步增加了建筑间气动干扰的复杂性。因此，合理有效地评估高层建筑的风效应是开展其结构安全抗风设计的关键问题。

5.2 高层建筑平均风荷载

5.2.1 风荷载平均值

根据《荷载规范》[1]规定，建筑风荷载的平均值 $\bar{w}$ 可根据设计对象不同定义为以下形式：

计算主要受力结构时：

$$\bar{w} = \mu_s \mu_z w_0 \tag{5-1}$$

计算围护结构时：

$$\bar{w} = \mu_{sl} \mu_z w_0 \tag{5-2}$$

式中，$\bar{w}$ 为平均风荷载值；μ_s 为风荷载体型系数，反映建筑物或结构的几何形状对风荷载分布的影响；μ_z 为风压高度变化系数，表征风压随高度的变化规律，反映大气边界层风速随高度的增长对建筑物或结构风荷载的影响；μ_{sl} 为风荷载局部体型系数；w_0 为基本风压，可按照下式计算：

$$w_0 = \frac{1}{2} \frac{\gamma}{g} U_{10}^2 \approx \frac{1}{1600} U_{10}^2 \tag{5-3}$$

式中，γ 为空气重度；g 为重力加速度；根据全国的基本风速 U_{10} 可得出各地的基本风压 w_0，如表 5-1 所示。

基本风压应采用按《荷载规范》规定的方法确定的 50 年重现期的风压，但不得小于 0.3kN/m^2。对于高层建筑、高耸结构以及对风荷载比较敏感的其他结构，基本风压的取值应适当提高，并应符合有关结构设计规范的规定。

我国典型东南沿海城市地区的基本风压（单位：kN/m²） 表 5-1

城市名	嵊泗	玉环	石浦	舟山	温州	宁波	杭州	金华	丽水
基本风压	1.30	1.20	1.20	0.85	0.60	0.50	0.45	0.35	0.30

城市名	上海	南京	无锡	徐州	福州	厦门	广州	汕头	深圳
基本风压	0.55	0.40	0.45	0.35	0.70	0.80	0.50	0.85	0.75

5.2.2 风压高度变化系数

任意粗糙度、任意高度处的风压 $w_a(z)$ 与标准地貌（规范 B 类）10m 高度处基本风压 w_0 的比值为：

$$\mu_z = \frac{w_a(z)}{w_0} \tag{5-4}$$

风压和风速的转换关系为 $w = \frac{1}{2}\frac{r}{g}U^2$，根据指数率风剖面关系 $U_z = U_{10}\left(\frac{z}{z_{10}}\right)^\alpha$，可以得出：

$$w_a = \frac{1}{2}\frac{r}{g}U_{10}^2\left(\frac{z}{z_{10}}\right)^{2\alpha} = w_{0a}\left(\frac{z}{z_{10}}\right)^{2\alpha} \tag{5-5}$$

式中，w_{0a} 为任意地貌下 10m 高度风压将式（5-5）代入式（5-4），可以得到任意地貌下的风压高度变化系数，如下：

$$\mu_z(z) = \frac{w_{0a}(z)}{w_0} = \left(\frac{H_{T0}}{z_{10}}\right)^{2\alpha_0}(H_{Ta})^{-2\alpha}(z)^{2\alpha} = \left(\frac{H_{T0}}{z_{10}}\right)^{2\alpha_0}\left(\frac{H_{Ta}}{z}\right)^{-2\alpha} \tag{5-6}$$

根据《荷载规范》，取 B 类地貌为标准地貌：$H_{T0} = 350\text{m}$，$Z_{10} = 10\text{m}$，$\alpha_0 = 0.16$，代入上式可得：

$$\mu_z(z) = \left(\frac{350}{10}\right)^{0.32}\left(\frac{z}{H_{Ta}}\right)^{2\alpha} = \left(\frac{350}{10}\right)^{0.32} \cdot \left(\frac{10_{2a}}{H_{Ta}}\right) \cdot \left(\frac{z}{10}\right)^{2\alpha} \tag{5-7}$$

将不同地貌下的梯度高度代入式（5-6），可得 A、B、C、D 四类地貌的 μ_z 公式：

$$\mu_{zA} = 1.379\left(\frac{z}{10}\right)^{0.24},\ \mu_{zB} = \left(\frac{z}{10}\right)^{0.32},\ \mu_{zC} = \left(\frac{z}{10}\right)^{0.44} \times 0.616,\ \mu_{zD} = \left(\frac{z}{10}\right)^{0.60} \times 0.318$$

$$\tag{5-8}$$

《荷载规范》表 8.2.1 给出了 A、B、C 和 D 四种地貌下的风压高度变化系数。

5.2.3 风荷载体型系数

风荷载体型系数是指风作用在建筑物表面一定面积范围内所引起的平均压力（或吸力）与来流风的速度压的比值，它主要与建筑物的体型和尺度有关，也与周围环境和地面粗糙度有关。由于它涉及的是关于固体与流体相互作用的流体动力学问题，对于不规则形状的固体，问题尤为复杂，无法给出理论上的结果，一般均由风洞试验、流体动力学数值模拟或现场实测来确定。《荷载规范》表 8.3.1 给出了各种规则建筑物外形的风荷载体型系数。浙江省工程建设标准《高层建筑结构设计标准》DBJ 33/T 1088—2024[2] 附录 B 给出了高层建筑不同平面的风荷载体型系数 μ_s，见表 5-2。

各种规则平面高层建筑的风荷载体型系数节选[2]　　　　　　　表 5-2

项次	类别	体型及体型系数 μ_s	备注
1	矩形截面高层建筑	(a) 高度超过45m 0.8 H　B　D　μ_{s1}　μ_{s2} （下表） (b) 高度不超过45m +0.8　−0.7　−0.5　−0.7	
2	带退台和倒角的矩形截面建筑	$\mu_s = (0.8 - \mu_{s1})\left(1 - 0.6\dfrac{b}{B}\right)$	1　式中 μ_{s1} 取值按第 1 项 2　$0 \leqslant \dfrac{b}{B} \leqslant 0.2$ 3　$30° \leqslant \alpha \leqslant 60°$
3	带装饰条的矩形截面高层建筑	$\mu_s = (0.8 - \mu_{s1})\left[1 - \dfrac{30}{B}\left(0.5\dfrac{b}{d} - 0.05\right)\right]$	1　式中 μ_{s1} 取值按第 1 项 2　$20\text{m} \leqslant B \leqslant 60\text{m}$ 3　$0.1 \leqslant \dfrac{b}{d} \leqslant 0.5$ 4　$b \geqslant 0.3\text{m}$

项次 1（a）高度超过45m 体型系数表：

D/B	$\leqslant 1$	1.2	2	$\geqslant 4$
μ_{s1}	−0.6	−0.5	−0.4	−0.3
μ_{s2}	−0.7			

79

续表

项次	类别	体型及体型系数 μ_s	备注
4	正多边形平面	 $\mu_s = 0.8 + \dfrac{1.2}{\sqrt{n}}$（$n$ 为边数）	
5	圆形平面		
6	L形平面		
7	槽形平面		

圆形平面表：

$\mu_z w_0 d^2$	表面情况	$H/d \geqslant 25$	$H/d = 7$	$H/d = 1$
$\geqslant 0.015$	$\Delta \approx 0$	0.6	0.5	0.5
	$\Delta = 0.02d$	0.9	0.8	0.7
	$\Delta = 0.08d$	1.2	1.0	0.8
$\leqslant 0.002$		1.2	0.8	0.7

注：H 为高度，d 为直径，w_0 以 kN/m² 计，d 以 m 计。Δ 为表面凸出高度，表中的中间值按线性插值法计算。

L形平面表：

α	μ_s					
	μ_{s1}	μ_{s2}	μ_{s3}	μ_{s4}	μ_{s5}	μ_{s6}
0°	0.80	−0.70	−0.60	−0.50	−0.50	−0.60
45°	0.50	0.50	−0.80	−0.70	−0.70	−0.80
225°	−0.60	−0.60	0.30	0.90	0.90	0.30

项次	类别	体型及体型系数 μ_s	备注
8	扇形平面		
9	棱形平面		
10	十字形平面		
11	井字形平面		

项次	类别	体型及体型系数 μ_s	备注
12	X形平面		
13	廿形平面		
14	六角形平面		

续表

项次	类别	体型及体型系数 μ_s	备注
15	Y形平面		
16	空中连廊		h 在 30～60m 时 μ_s 采用 30m 和 60m 数据线性插值
17	立面穿孔板	$\mu_s = 1.3(1-\varphi^2)$	计算时面积取轮廓面积，φ 为空隙率

在第15项中包含图与下列表格：

μ_s	α						
	0°	10°	20°	30°	40°	50°	60°
μ_{s1}	1.05	1.05	1.00	0.95	0.90	0.50	−0.15
μ_{s2}	1.00	0.95	0.90	0.85	0.80	0.40	−0.10
μ_{s3}	−0.70	−0.10	0.30	0.50	0.70	0.85	0.95
μ_{s4}	−0.50	−0.50	−0.55	−0.60	−0.75	−0.40	−0.10
μ_{s5}	−0.50	−0.55	−0.60	−0.65	−0.75	−0.45	−0.15
μ_{s6}	−0.55	−0.55	−0.60	−0.70	−0.65	−0.15	−0.35
μ_{s7}	−0.50	−0.50	−0.50	−0.55	−0.55	−0.55	−0.55
μ_{s8}	−0.55	−0.55	−0.55	−0.50	−0.50	−0.50	−0.50
μ_{s9}	−0.50	−0.50	−0.50	−0.50	−0.50	−0.50	−0.50
μ_{s10}	−0.50	−0.50	−0.50	−0.50	−0.50	−0.50	−0.50
μ_{s11}	−0.70	−0.60	−0.55	−0.55	−0.55	−0.55	−0.55
μ_{s12}	1.00	0.95	0.90	0.80	0.75	0.65	0.35

第16项空中连廊公式：

$$\mu_s = \begin{cases} 1.6\ (h \leqslant 30\text{m}) \\ 2.0\ (h \geqslant 60\text{m}) \end{cases}$$

5.3 高层建筑动力风荷载

5.3.1 顺风向风荷载

根据《荷载规范》[1]，风荷载设计标准值 w_k 的定义为：

计算主体结构时：

$$w_k = \beta_z \overline{w} = \beta_z \mu_s \mu_z w_0 \tag{5-9}$$

计算围护结构时：

$$w_k = \beta_{gz} \overline{w} = \beta_{gz} \mu_s \mu_z w_0 \tag{5-10}$$

式中，β_z 和 β_{gz} 分别为高度 z 处的风振系数和阵风系数。其中阵风系数可参考 2.4.4 节。风振系数 β_z 是考虑结构风振产生的荷载动力放大效应的系数，可从下式求得：

$$\beta_z = \frac{P_t}{P_m} = 1 + \frac{P_d}{P_m} \tag{5-11}$$

式中，P_t 为等效静力风荷载；P_m 为平均风荷载；P_d 为动力风荷载。其规范计算方法将在下面介绍。

按以上公式计算得到的风压标准值还须考虑重现期调整系数 μ_r，因为规范规定的基本风压是按 50 年一遇重现期取值，对于重要的高层建筑，当取 100 年重现期时，则 $\mu_r = 1.1$。

《荷载规范》[1]指出，对于高度大于 30m 且高宽比大于 1.5 的房屋，以及基本自振周期 T_1 大于 0.25s 的各种高耸结构，应考虑风压脉动对结构产生顺风向风振的影响。顺风向风振响应计算应按结构随机振动理论进行，可采用风振系数法计算其顺风向风荷载，z 高度处的风振系数 β_z 可按下式表达：

$$\beta_z = \frac{\overline{F}_{DK}(z) + \hat{F}_{DK}(z)}{\overline{F}_{DK}(z)} \tag{5-12}$$

式中，$\overline{F}_{DK}(z)$ 为顺风向单位高度平均力；$\hat{F}_{DK}(z)$ 为顺风向单位高度第 1 阶风振惯性力峰值，由顺风向一阶广义位移均方根求得。将风振响应近似取为准静态的背景分量及窄带共振响应分量之和，可以求得 β_z 的简化表达式：

$$\beta_z = 1 + 2g I_{10} B_z \sqrt{1 + R^2} \tag{5-13}$$

式中，g 为峰值因子，可取 2.5；I_{10} 为 10m 高度名义湍流强度，对应 A、B、C 和 D 类地面粗糙度，可分别取 0.12、0.14、0.23 和 0.39；R 为脉动风荷载的共振分量因子；B_z 为脉动风荷载的背景分量因子。

脉动风荷载的共振分量因子可按下列公式计算：

$$R = \sqrt{\frac{\pi}{6\xi_1} \frac{x_1^2}{(1 + x_1^2)^{4/3}}}, \quad x_1 = \frac{30 f_1}{\sqrt{k_w w_0}}, x_1 > 5 \tag{5-14}$$

式中，f_1 为结构第 1 阶自振频率（Hz）；k_w 为地面粗糙度修正系数，对 A 类、B 类、C 类和 D 类地面粗糙度分别取 1.28、1.0、0.54 和 0.26；ξ 为结构阻尼比，对钢结构可取

0.01，对有填充墙的钢结构房屋可取 0.02，对钢筋混凝土及砌体结构可取 0.05，对其他结构可根据工程经验确定。

对体型和质量沿高度均匀分布的高层建筑和高耸结构，其第 1 阶模态形状通常可以近似为线性函数：$\phi_1(z) = z/H$，脉动风荷载的背景分量因子可按下列公式计算：

$$B_z = kH^{a_1} \rho_x \rho_z \frac{\phi_1(z)}{\mu_z} \tag{5-15}$$

式中：ϕ_1 为结构第 1 阶振型系数；H 为结构总高度（m），对 A、B、C 和 D 类地面粗糙度，H 的取值分别不应大于 300m、350m、450m 和 550m；ρ_x 为脉动风荷载水平方向相关系数；ρ_z 为脉动风荷载竖直方向相关系数；k、a_1 为系数按《荷载规范》表 8.4.5-1 取值。

对迎风面和侧风面的宽度沿高度按直线或接近直线变化，而质量沿高度按连续规律变化的高耸结构，式（5-15）计算的背景分量因子 B_z 应乘以修正系数 θ_B 和 θ_v。θ_B 为构筑物在 z 高度处的迎风面宽度 $B(z)$ 与底部宽度 $B(0)$ 的比值；θ_v 按《荷载规范》中表 8.4.5-2 取值。

5.3.2　横风向风荷载

实测和气弹模型风洞试验发现，高层建筑在顺风向风荷载作用下，还会出现严重的横风向振动。这些横风向风振响应与顺风向风振响应具有相同量级，有时超过顺风向风振响应的 10%，甚至 20%。对于某些经典体型高层建筑，横风向风振响应甚至成为结构位移和加速度的主要控制指标。因此，在高层建筑设计中必须考虑横风向风振力。不少学者对高层建筑开展了横风效应的研究，最常用的方法是根据频域法理论计算横风向风振响应，其基本步骤已在第 4.2 节详细介绍。

把高层建筑看作一维多自由度连续线性系统，振型分解后可以得到若干个振动模态。在风力 $F(t)$ 的作用下，结构的运动方程为：

$$\ddot{Y}_i^* + 2(\xi_{si} + \xi_{ai})\omega_i \dot{Y}_i^* + \omega_i^2 Y_i^* = F_i^*(t)/M_i^* \tag{5-16}$$

式中，ξ_{si}、ξ_{ai} 和 ω_i 分别为结构阻尼比、气动阻尼比、圆频率；M_i^* 为广义质量，$M_i^* = \int_0^H m(z)\phi_i^2(z)\mathrm{d}z$；$Y_i^*$ 为广义位移；F_i^* 为广义荷载；i 为模态阶数。

第 i 阶广义位移响应谱可以在频域内通过随机振动理论计算得到：

$$S_{Y_i^*}(f) = \frac{|H_i(f)|^2 S_{F_i^*}(f)}{(2\pi f_i)^4 M_i^{*\,2}} \tag{5-17}$$

式中，$S_{Y_i^*}(f)$ 为第 i 阶模态位移响应的功率谱密度；$S_{F_i^*}(f)$ 为模态风力的功率谱密度，由风荷载时程通过时域到频域的傅里叶变换直接计算得到；$H_i(f)$ 为结构的频率响应函数，取决于结构特性，可按下式计算：

$$|H_i(f)|^2 = \frac{1}{[1-(f/f_i)^2]^2 + 4(\xi_{si} + \xi_{ai})^2 (f/f_i)^2} \tag{5-18}$$

式中，f_i、ξ_i 和 m_i 分别为结构第 i 阶频率、阻尼比和模态质量。

由式（5-17）可求得模态广义位移的标准差为：

$$\sigma_{Y_i^*}^2 = \int_0^\infty S_{Y_i^*}(f)\mathrm{d}f = \int_0^\infty \frac{|H_i(f)|^2 S_{F_i^*}(f)}{(2\pi f_i)^4 M_i^{*2}}\mathrm{d}f \tag{5-19}$$

式（5-19）展开后可以分成两部分，背景分量和共振分量：

$$\sigma_{Y_i^*}^2 = \frac{1}{(2\pi f_i)^4 M_i^{*2}}\left(\int_0^{f_i} S_{F_i^*}(f)\mathrm{d}f + \frac{\pi f_i S_{F_i^*}(f_i)}{4(\xi_{si}+\xi_{ai})}\right) \tag{5-20}$$

因此高度 z 处的广义位移响应标准差 $\sigma_{y(z)}^2$ 可以按下式计算：

$$\sigma_{y(z)}^2 \approx \sigma_{yR(z)}^2 + \sigma_{yB(z)}^2$$

$$\sigma_{yR(z)}^2 \approx \sum_{i=1}^n \frac{\phi_i^2(z)}{(2\pi f_i)^4 M_i^{*2}}\frac{\pi f_i S_{F_i^*}(f_i)}{4(\xi_{si}+\xi_{ai})}\ , \ \sigma_{yB(z)}^2 \approx \sum_{i=1}^n \frac{\phi_i^2(z)\int_0^{f_i} S_{F_i^*}(f)\mathrm{d}f}{(2\pi f_i)^4 M_i^{*2}} \tag{5-21}$$

式中，$\sigma_{yR(z)}^2$ 为广义位移响应的共振分量；$\sigma_{yB(z)}^2$ 为广义位移响应的背景分量；$\phi_i(z)$ 为第 i 阶模态。假设模态为线性分布，则共振分量可以表示为：

$$\sigma_{yR(z)}^2 \approx \frac{(z/H)^{2\beta}}{(2\pi f_i)^4 M_i^{*2}}\frac{\pi f_i S_{F_i^*}(f_i)}{4(\xi_{si}+\xi_{ai})} \tag{5-22}$$

一般高层结构的风致共振响应主要以第 1 阶响应为主，等效静力风荷载的共振分量 $P_R(z)$ 可以用惯性力计算如下：

$$p_R(z) = g_R m(z)\omega_1 \sigma_{yR(z)} = g_R \cdot \frac{m(z)\,(z/H)^\beta}{M_1^*}\sqrt{\frac{\pi f_1 S_{F_1^*}(f_1)}{4(\xi_{s1}+\xi_{a1})}} \tag{5-23}$$

g_R 为共振分量的峰值因子，$g_R \approx \sqrt{2\ln(600 f_1)} + 0.5772/\sqrt{2\ln(600 f_1)}$。

进一步考虑振型修正因子[3]，可推出共振等效静力风荷载的计算式：

$$p_R(z) \approx \frac{Hm(z)}{M_1^*} \cdot B\omega_H \phi(z) g_R \sqrt{\frac{\pi f_1 S_{F_1^*}(f_1)}{4(\xi_{s1}+\xi_{a1})}} \tag{5-24}$$

式中，ω_H 为建筑顶部高度 H 处的设计风压；H、B 为建筑的高度和宽度。

求解等效静力风荷载常采用 LRC 法[4]或者背景分量与共振分量组合法[5-6]，推导详见第 4.4.3 和 4.4.4 节。

按《荷载规范》对于满足某些条件下的高层建筑给出的横风向风荷载计算方法，当矩形截面高层建筑满足下列条件时：

（1）建筑的平面形状和质量在整个高度范围内基本相同；

（2）高宽比 $H/\sqrt{BD}$ 在 4～8 之间，深宽比在 0.5～2 之间，其中 B 为结构迎风面宽度，D 为结构平面的进深（顺风向尺寸）；

（3）折算风速 $U_H T_{L1}/\sqrt{BD} \leqslant 10$，其中 U_H 为结构顶部风速，T_{L1} 为结构横风向第一阶自振周期。

则矩形截面高层建筑的横风向风振等效风荷载标准值 w_{Lk} 为：

$$w_{Lk} = g w_0 \mu_z C_L' \sqrt{1 + R_L^2} \tag{5-25}$$

$$C_L' = (2 + 2\alpha) C_m \gamma_{CM},\ \gamma_{CM} = C_R - 0.019\left(\frac{D}{B}\right)^{-2.54} \tag{5-26}$$

式中，C_L' 为横风向风力系数；R_L 为横风向共振因子；$\sqrt{1+R_L^2}$ 为横风向共振系数；C_m 为横风向风力角沿修正系数，可按《荷载规范》第 H.2.5 条规定采用；α 为风速剖面指数，对应 A、B、C 和 D 类粗糙度分别取 0.15、0.22 和 0.30；C_R 为地面粗糙度指数，对应 A、B、C 和 D 类粗糙度分别取 0.236、0.211、0.202、0.197。

横风向共振因子 R_L 可按下式计算：

$$R_L = K_L \sqrt{\frac{\pi S_{F_L} C_{sm}/\gamma_{CM}^2}{4(\xi_1 + \xi_{a1})}}, \quad K_L = \frac{1.4}{(\alpha + 0.95)C_m} \left(\frac{z}{H}\right)^{0.9-2\alpha} \tag{5-27}$$

式中，K_L 为修正系数；S_{F_L} 为无量纲横风向广义风力功率谱，可根据厚宽比 D/H 和折算频率 $f_{L1}^*(f_{L1}^* = f_{L1}B/U_H)$ 按《荷载规范》图 H.2.4 确定；f_{L1} 为结构横风向第一阶自振频率；C_{sm} 为横风向风力功率谱的角沿修正系数，可按《荷载规范》附录第 H.2.5 条的规定采用。ξ_1 为结构横风向第一阶振型阻尼比；ξ_{a1} 为结构横风向第一阶振型气动阻尼比，其表达式为：

$$\xi_{a1} = \frac{0.0025(1-T_{L1}^*)T_{L1}^* + 0.000125T_{L1}^{*2}}{(1-T_{L1}^{*2})^2 + 0.0291T_{L1}^{*2}}, \quad T_{L1}^* = \frac{U_H T_{L1}}{9.8B} \tag{5-28}$$

式中，T_{L1}^* 为折算周期。

日本风荷载规范 AIJ-2004[7] 建议采用以下公式计算：

$$w_L = g_L m(2\pi n_o)\sigma_y \tag{5-29}$$

$$g_L = \sqrt{2\ln(600n_o) + 1.2}, \quad \sigma_y = \mu(z)\frac{\tilde{\sigma}_L}{\overline{M}(2\pi n_o)^2}\sqrt{1 + \frac{\pi}{4\eta_f}\frac{n_o \overline{S}_L(n_o)}{\sigma_L^2}} \tag{5-30}$$

若基本振型是 $\mu(z) = z/H$，单位高度质量 m 为常值，则有：

$$w_L = 3qHC_L'A\frac{z}{H}g_L\sqrt{1+R_L} \tag{5-31}$$

$$R_L = \frac{\pi F_L}{4\eta_f}, \quad F_L = \frac{n_o S_L(n_o)}{\sigma_L^2}, \quad A = \beta h \tag{5-32}$$

式中：g_L 为峰值因子；n_o 为结构的基本固有频率；m 为建筑物单位高度质量；σ_y 为横风向的振动位移方差；$\mu(z)$ 为基本振型；$\overline{M}$ 为建筑物的广义质量；η_f 为结构基本振型的衰减率；$\tilde{\sigma}_L$ 为横风向广义脉动风荷载的方差；$\overline{S}_L$ 为横风力的功率谱。

Quan 等[8] 在 2012 年提出用拟合的基底弯矩系数标准差来求解高层建筑横风向风振响应；韩康辉等[9] 在最新研究中拟合出 B 类和 C 类地貌下基底弯矩系数标准差的计算公式，通过基底弯矩系数标准差的拟合公式求得高层建筑风振响应和等效风荷载结果，相比于中国规范和日本规范更加接近试验值。

5.3.3　扭转向风荷载

高层建筑的扭转风振，主要是由于质心、形心、刚心与脉动风荷载的合力作用点不重合而引起的。高层建筑的风致扭矩与结构的平面形状有很大关联，往往平面形状不规则的高层建筑会引起较大的风致扭矩，从而导致较大的扭转响应。要判断高层建筑是否要考虑扭转风振的影响，需要考虑建筑的高度、高宽比、厚宽比、结构自振频率、结构刚度与质量的偏心等多种因素。

根据梁枢果等[10-11]的高层结构扭转风振力的推导公式，高层建筑计算风致扭矩时可以简化为一连续化的悬臂杆件，连续化的扭转振动动力方程为：

$$J_{\mathrm{m}}(z) \frac{\partial^2 \theta}{\partial t^2} + C(z) \frac{\partial \theta}{\partial t} + \frac{\partial GJ(z) \frac{\partial \theta}{\partial t}}{\partial z} = P_\theta(z,t) = P_\theta(z) f_\theta(t) \tag{5-33}$$

式中，$J_{\mathrm{m}}(z)$、$C(z)$、$P_\theta(z,t)$ 分别为在高度 z 处的转动惯量、扭转阻尼系数和扭转风荷载；$GJ(z)$ 为高度 z 处的截面抗扭刚度。根据振型叠加法，扭转角展开为各阶振型向量 $\phi_i(z)$ 与振型坐标 $q_i(z)$ 的叠加：

$$\theta(z,t) = \sum_{i=1}^{\infty} \phi_i(z) q_i(t) \tag{5-34}$$

将式（5-34）代入式（5-33），且根据振型之间的正交特性化简，得到广义振动方程：

$$\ddot{q}_i(t) + 2\xi_i \omega_i \dot{q}_i(t) + \omega_i^2 q_i(t) = \frac{\int_0^H P_\theta(z,t) \phi_i(z) \mathrm{d}z}{\int_0^H J_{\mathrm{m}}(z) \phi_i^2(z) \mathrm{d}z} \tag{5-35}$$

根据随机振动理论写出扭转功率谱密度表达式：

$$S_{\ddot{\theta}}(z,\omega) = \sum_{i=1}^{\infty} \sum_{k=1}^{\infty} \phi_i(z) \phi_k(z) \omega^4 H_i(\mathrm{i}\omega) H_k(-\mathrm{i}\omega) S_{F_i F_k}(\omega) \tag{5-36}$$

式中，$H_i(\mathrm{i}\omega)$ 和 $H_k(\mathrm{i}\omega)$ 分别为第 i 阶和第 k 阶的复频响函数；广义扭矩力谱 $S_{F_i F_k}(\omega)$ 的表达式为：

$$S_{F_i F_k}(\omega) = \frac{\int_0^H \int_0^H \phi_i(z) \phi_k(z') S_\theta(z,z',\omega) \mathrm{d}z \mathrm{d}z}{\int_0^H J_{\mathrm{m}}(z) \phi_i^2(z) \mathrm{d}z \int_0^H J_{\mathrm{m}}(z) \phi_k^2(z) \mathrm{d}z} \tag{5-37}$$

根据随机振动理论，一个随机过程的方差的平方为其功率谱密度的面积，因此结构在高度 z 处的扭转角加速度均方根可以表示为：

$$\sigma_{\ddot{\theta}}(z) = \left[\int_0^\infty S_{\ddot{\theta}}(z,\omega) \mathrm{d}\omega \right]^{0.5} \tag{5-38}$$

在式（5-36）中仅取第一阶扭转振型，不考虑高阶振型作用，带入式（5-38）可得到扭转加速度标准差近似值为：

$$\sigma_{\ddot{\theta}}(z) = \phi_i(z) \left[\int_0^\infty \omega^4 \mid H_i(\mathrm{i}\omega) \mid^2 S_{F_i F_k}(\omega) \mathrm{d}\omega \right]^{0.5} \tag{5-39}$$

根据惯性风荷载[12]方法，考虑峰值因子后可得高层结构沿高度上的扭转风荷载 $p(z)$ 线分布为：

$$p(z) = J_{\mathrm{m}}(z) g_z \sigma_{\ddot{\theta}}(z) \tag{5-40}$$

式中，g_z 为扭转峰值因子。

按《荷载规范》对于满足某些条件下的高层建筑给出的扭转向风荷载的计算方法，当矩形截面高层建筑满足下列条件时：

（1）建筑的平面形状在整个高度范围内基本相同；

（2）刚度及质量的偏心率（偏心距/回转半径）小于 0.2；

（3）高宽比 $H/\sqrt{BD} \leqslant 6$，厚宽比 D/B 在 1.5～5 之间，折算风速 $U_H T_{\mathrm{T1}}/\sqrt{BD} \leqslant 10$，

其中 T_{T1} 为结构第一阶扭转振型的周期。

则矩形截面高层建筑扭转风振等效风荷载标准值 w_{Tk} 为：

$$w_{Tk} = 1.8gw_0\mu_H C'_T \left(\frac{z}{H}\right)^{0.9}\sqrt{1+R_T^2} \tag{5-41}$$

$$C'_T = [0.0066 + 0.015(D/B)^2]^{0.78} \tag{5-42}$$

$$R_T = K_T\sqrt{\frac{\pi F_L}{4\xi_1}}, \quad K_T = \frac{(B^2+D^2)}{20r^2}\left(\frac{z}{H}\right)^{-0.1} \tag{5-43}$$

式中，扭矩计算应乘以迎风面面积和宽度；C'_T 为风致扭矩系数；R_T 为扭转共振因子；F_T 为扭矩谱能量因子，可根据厚宽比 D/H 和扭转折算频率 f_T^*（$f_T^* = \sqrt{BD}/T_{T1}U_H$）按《荷载规范》图 H.3.4 确定；$K_T$ 为扭转振型修正系数；r 为结构回转半径（m）。

日本规范 AIJ-2004[7] 建议，建筑物高度 z 处的等效扭转风荷载 M_T 为：

$$M_T = 1.8q_H C'_T AB\frac{z}{H}g_T\sqrt{1+R_T} \tag{5-44}$$

$$C'_T = [0.0066 + 0.015(D/B)^2]^{0.78}, \quad g_T = \sqrt{2\ln(600f_T)} + 1.2 \tag{5-45}$$

$$R_T = \frac{\pi F_T}{4\xi_T}, \quad U_T^* = \frac{U_H}{f_T\sqrt{BD}} \tag{5-46}$$

$$F_T = \begin{cases} \dfrac{0.14K_T^2(U_T^*)^{2\beta_T}}{\pi}\dfrac{D(B^2+D^2)^2}{L^2B^3} & [U_T^* \leqslant 4.5, 6 \leqslant U_T^* \leqslant 10] \\[2mm] F_{4.5}\exp\left[3.5\ln\left(\dfrac{F_6}{F_{4.5}}\right)\ln\left(\dfrac{U_T^*}{4.5}\right)\right] & [4.5 < U_T^* < 6] \end{cases}$$

$$K_T = \begin{cases} \dfrac{-1.1(D/B)+0.97}{(D/B)^2+0.85(D/B)+3.3}+0.17 & [U_T^* \leqslant 4.5] \\[2mm] \dfrac{0.077(D/B)-0.16}{(D/B)^2-0.96(D/B)+0.42}+\dfrac{0.35}{D/B} & [6 \leqslant U_T^* \leqslant 10] \end{cases}$$

$$\beta_T = \begin{cases} \dfrac{(D/B)+3.6}{(D/B)^2-5.1(D/B)+9.1}+\dfrac{0.14}{D/B}+0.14 & [U_T^* \leqslant 4.5] \\[2mm] \dfrac{0.44(D/B)^2-0.0064}{(D/B)^4-0.26(D/B)^2+0.1}+0.2 & [6 \leqslant U_T^* \leqslant 10] \end{cases} \tag{5-47}$$

式中：q_H 是 H 高度处的设计风速压力；C'_T 均方差扭矩系数；A 是建筑物迎风面积；B 是建筑物迎风宽度；H 是参考高度（平均屋面高度）；g_T 是扭转的峰值系数；ϕ_L 为振动模态修正系数；R_T 是共振参数；ξ_T 为结构第一扭转阻尼比；U_T^* 为约简风速；U_H 为建筑物顶部设计风速；f_T 为结构第一扭转自振频率；L 是 B 和 D 中的取大值；D 是建筑物的深度或直径；$F_{4.5}$ 和 F_6 为当 $U_T^* = 4.5$ 和 6 时的 F_T 值。

5.3.4　风荷载组合

在强风荷载作用下高层建筑会同时受到顺风向、横风向和扭转向风荷载的同时作用。对于高层建筑的风振响应，现阶段的研究方法为单独对每个方向下的风荷载进行考虑，分别计算其极值，然后通过一定的方法进行组合，因此风荷载组合方法的确定对计算高层风振响应具有重要意义。

1. CQC 组合法

假定响应时程符合高斯分布、各个分量与总响应的峰值因子取值很接近，故给出了与实际响应对比误差很小的 CQC（完全二次组合，Complete Quadratic Combination）组合方法[13]。

假设响应分量 $R_1(t)$、$R_2(t)$ 和总响应 $R(t)$ 均为零均值高斯随机过程，且可以用下式表示：

$$R(t) = R_1(t) + R_2(t) \tag{5-48}$$

总响应极值的 p 分位数 $r_{p\max}$：

$$r_{p\max} = g_r \left(\sigma_{r1}^2 + \sigma_{r2}^2 + 2\rho_{12}\sigma_{r1}\sigma_{r2} \right)^{1/2} \tag{5-49}$$

$$r_{p\max} = \left(\frac{g_r^2}{g_{r1}^2} \cdot r_{1p\max}^2 + \frac{g_r^2}{g_{r2}^2} \cdot r_{2p\max}^2 + \frac{g_r^2}{g_{r1}g_{r2}} \cdot 2\rho_{12}r_{1p\max}r_{2p\max} \right)^{1/2} \tag{5-50}$$

式中，g_r 为峰值因子；ρ_{12} 为不同分量的相关系数；σ_{r1} 和 σ_{r2} 为响应 $R_1(t)$ 和 $R_2(t)$ 的期望方差，$r_{1p\max}$ 和 $r_{2p\max}$ 分别为响应 $R_1(t)$ 和 $R_2(t)$ 的极值的 p 分位数。

假定 r_{1r} 和 r_{2r} 为组合系数，令：

$$r_{p\max} = r_{1r}r_{1p\max} + r_{2r}r_{2p\max} \tag{5-51}$$

假设 $g_r \approx g_{r1} \approx g_{r2}$，则可得：

$$r_{1p\max}^2 + r_{2p\max}^2 + 2\rho_{12}r_{1p\max}r_{2p\max} = r_{1r}r_{1p\max} + r_{2r}r_{2p\max} \tag{5-52}$$

实际中，通常假设某一方向响应达到最大（即取 r_{1r} 或 r_{2r} 为 1），然后计算另一方向风荷载的组合系数。

依据假设 $g_r \approx g_{r1} \approx g_{r2}$，且 $\sigma_{1r} \approx \sigma_{2r}$、$\rho_{12} = 0$，则有 $r_{1p\max} \approx r_{2p\max}$，公式可以简化为：

$$r_{p\max} = \sqrt{r_{1p\max}^2 + r_{2p\max}^2} \approx 0.707(r_{1p\max} + r_{2p\max}) \tag{5-53}$$

即组合系数 $r_{1r} = r_{2r} = 0.707$，对应于美国规范 ASCE 7-22[14] 中 0.75 的组合系数。

2. Solari 与 Asami 组合方法

1999 年，Solari 和 Pagnini[15] 引用 Melbourne[16] 的研究结果，提出了十二边形简化方法，但是并未考虑不同脉动分量之间的相关性；2006 年，Asami[17] 在 Solari 和 Pagnini 方法的基础上考虑不同脉动分量的相关性，提出适用于二维风荷载分量的组合方法，即八边形简化法。接下来以顺横两个方向的组合来说明。

以顺风向和横风向组合为例，两个方向（x 和 y 向）风荷载分布在如下的二维正态分布等概率密度椭圆中，椭圆上每个点的横纵坐标分别代表两个方向的风荷载取值，则风荷载分布的函数解析式为：

$$\left(\frac{M_x - \overline{M_x}}{g_x\sigma_x} \right)^2 + \left(\frac{M_y}{g_y\sigma_y} \right)^2 \leqslant 1 \tag{5-54}$$

假定高层建筑的总响应 S 与基底弯矩的响应（M_x 和 M_y）成线性关系，下面以顺风向和横风向响应为例，表达式为：

$$S = \gamma_x M_x + \gamma_y M_y \tag{5-55}$$

根据极限状态方程，荷载效应应小于结构抗力的原则，风荷载组合即为寻找最不利的风荷载组合情况，即通过以上两式来确定最不利响应。该问题属于数学极值问题，通过推导发现，对于任意响应而言，其最不利情况出现在任意响应 S 和椭圆相切的位置，如图 5-1 所示。

如果响应方程与椭圆相交，则计算得到的最不利响应偏小，即不安全，如果与椭圆相离，则计算得到的最不利响应偏于保守。对于建筑物而言，单元数量众多，总是寻找切点并不合适，因此，为了使问题简化，将风荷载的取值范围由椭圆扩大到外接十二边形，这样可以保证最不利响应总是出现在十二边的 12 个角点位置，如图 5-2

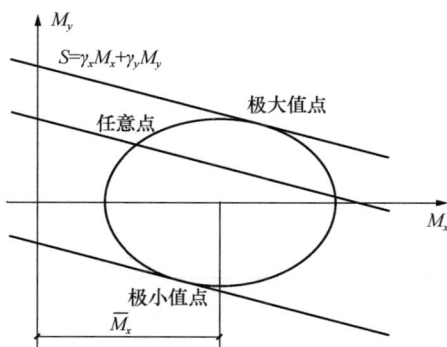

图 5-1　风荷载示意图

所示。Solari 给出了这 12 个点的坐标，用 (r_x, r_y) 表示，工况组合见表 5-3。

Solari 和 Pagnini 方法中各响应极值点对应的脉动风荷载组合系数　　表 5-3

极值点	P_1	P_2	P_3	P_4	P_5	P_6	P_7	P_8	P_9	P_{10}	P_{11}	P_{12}
r_x	0.3	0.8	1	1	0.8	0.3	−0.3	−0.8	−1	−1	−0.8	−0.3
r_y	1	0.8	0.3	−0.3	0.8	−1	−1	−0.8	−0.3	0.3	0.8	1

Asami 在 Solari 和 Pagnini 方法的基础上，考虑了不同脉动分量的相关性，提出了外接八边形方法，此方法可以用来计算确定风向角下的响应组合。同样以顺风向和横风向风荷载组合为例，风荷载分布在图 5-3 所示的椭圆内。

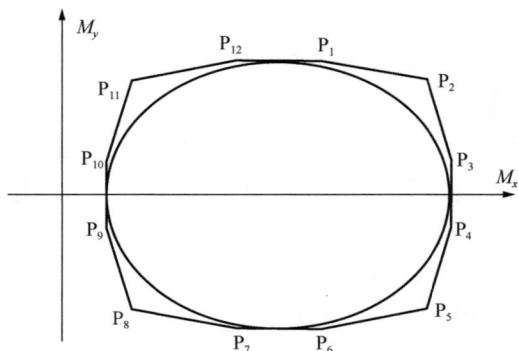

图 5-2　风效应组合规则

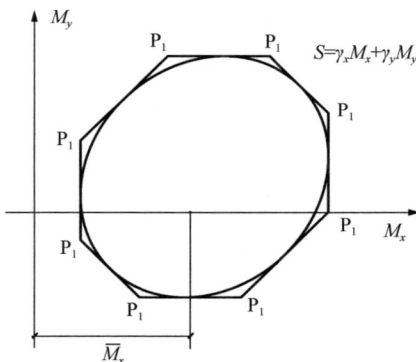

图 5-3　Asami 方法中的风荷载分布
及响应极值点示意

椭圆表达式如下，其中 ρ_{xy} 为风荷载之间的相关系数：

$$\left(\frac{M_x - \overline{M_x}}{g_x \sigma_x}\right)^2 - 2\rho_{xy}\left(\frac{M_x - \overline{M_x}}{g_x \sigma_x}\right)\left(\frac{M_y}{g_y \sigma_y}\right) + \left(\frac{M_y}{g_y \sigma_y}\right)^2 \leqslant 1 - \rho_{xy}^2 \qquad (5-56)$$

图 5-3 中的 8 个角点代表 8 种不同组合方式，其中组合系数 r_x 和 r_y 通过 8 个点的坐标来确定，见表 5-4。

Asami 方法中各响应极值点对应的脉动风荷载组合系数 表 5-4

极值点	r_x	r_x	极值点	r_x	r_x
P_1	$1-\sqrt{2(1-\rho_{xy})}$	1	P_5	$-1+\sqrt{2(1-\rho_{xy})}$	-1
P_2	$-1+\sqrt{2(1-\rho_{xy})}$	1	P_6	$1-\sqrt{2(1-\rho_{xy})}$	-1
P_3	1	$-1+\sqrt{2(1-\rho_{xy})}$	P_7	-1	$1-\sqrt{2(1-\rho_{xy})}$
P_4	1	$1-\sqrt{2(1-\rho_{xy})}$	P_8	-1	$-1+\sqrt{2(1-\rho_{xy})}$

Asami 方法对 Solari 和 Pagnini 方法的改进使其可以在实际的工程计算中应用，例如日本规范 AIJ-2004[7] 中。首先，他考虑了不同分量的相关性，能够对相关性比较好的方向进行风荷载组合；其次，他提出的八边形简化法使风荷载极值总是在一个方向取得极值时发生，有利于实际应用。

日本风荷载规范 AIJ-2004[7] 分别计算屋面、顺风向、横风向和扭转向风荷载，然后根据建筑物尺寸参数 $H/\sqrt{BD}$ 的取值，共给出了两种风荷载组合方法：

当 $H/\sqrt{BD}$ 小于 3 时，同时考虑顺风向与横风向风荷载的共同作用，横风向风荷载计算公式如下：

$$w_{LC} = rw_D \tag{5-57}$$

式中，$r=0.35D/B$，且不小于 0.2。

当 $H/\sqrt{BD}$ 不小于 3 时，借鉴八边形简化方法，给出了风荷载组合规则，同样取椭圆的外接八边形的八个角点为组合点，当 M_x 取最大值时，对 M_y 则取折减系数 $\sqrt{2(1+\rho)}-1$。

同时给出了当顺风向、横风向和扭转向风荷载分别起主导作用时（分别对应工况 1、2、3），其他方向风荷载的折减系数，见表 5-5。由表可知，当顺风向风荷载起主导作用，此时认为横风向与扭转向不相关，组合系数为 0.4。当横风向风荷载起主导作用时，顺风向风荷载取组合系数为 0.4（$0.6W_x/G_D$ 代表的是平均风响应），也不考虑相关性，扭转向风荷载组合系数取 $\sqrt{2(1+\rho)}-1$。扭转向风荷载起主导作用的情况与横风向风荷载起主导作用的组合方法相似。

日本规范给出的上述方法只考虑了水平风荷载，而未考虑屋面风荷载。该规范明确指出，需要研究清楚水平风荷载与屋面风荷载的相互关系，才可以将其加入组合方法内。

日本规范风荷载组合工况[18] 表 5-5

工况	顺风向风荷载	横风向等效风荷载	扭转向等效风荷载
1	W_x	$0.4W_y$	$0.4W_t$
2	$W_x(0.4+0.6/G_D)$	W_y	$(\sqrt{2(1+\rho_{yt})}-1)W_t$
3	$W_x(0.4+0.6/G_D)$	$(\sqrt{2(1+\rho_{yt})}-1)W_y$	W_t

注：ρ_{yt} 为横风向和扭转向响应的相关系数；G_D 为顺风向阵风影响因子。

3. 我国《荷载规范》

同样，我国《荷载规范》也给出了不同工况下荷载组合的规定，见表 5-6。

工况	顺风向风荷载	横风向等效风荷载	扭转向等效风荷载
1	F_{Dk}	—	—
2	$0.6F_{Dk}$	F_{Lk}	—
3	—	—	T_{Tk}

《荷载规范》风荷载组合工况　　　　　　　　　　表 5-6

注：F_{Dk}、F_{Lk} 和 T_{Tk} 分别为顺风向、横风向和扭转向单位高度风力标准值（kN/m 或 kN·m/m），其计算式如下：

$$F_{Dk} = (w_{k1} - w_{k2})B, \quad F_{Lk} = w_{Lk}B, \quad T_{Tk} = w_{Tk}B^2 \tag{5-58}$$

式中，w_{k1} 和 w_{k2} 分别为迎风面、背风面的风荷载标准值（kN/m²）；w_{Lk} 和 w_{Tk} 分别为横风向风振和扭转风振等效风荷载标准值（kN/m²）。

5.4　高层建筑人体舒适度验算

由于高层建筑低阻尼比和长周期的动力特性，其对风荷载更加敏感。高层建筑中人体对结构风振运动的舒适度成为风振控制的首要因素。尽管衡量人体舒适度的标准有多种，但较为公认的或在实际工程中应用较多的是最大加速度响应判别方法。最大加速度响应一般都出现在楼层顶部，通常采用峰值加速度作为衡量标准。下面介绍顺风向、横风向和扭转向最大加速度计算方法和判别标准[19]。

5.4.1　顺风向加速度

顺风向风振加速度计算的理论与第 5.3.1 节中风振系数计算所采用的相同，高层建筑顶点顺风向峰值加速度的计算是根据风荷载标准值的动力部分经推导后得到的。风荷载标准值的动力部分为：

$$P_d = 2gI_{10}B_z\sqrt{1+R^2}\,\overline{w} = 2gI_{10}B_z\sqrt{1+R^2} \cdot \mu_s\mu_z w_R A \tag{5-59}$$

对于规则矩形高层建筑，任一高度 z 的顺风向风振加速度 $a_{D,z}$ 为：

$$a_{D,z} = \frac{2gI_{10}B_z\sqrt{1+R^2} \cdot \mu_s\mu_z w_R A}{m} \tag{5-60}$$

式中，w_R 为 10m 高度处对应 R 年重现期的风压（kN/m²），一般取 $R=10$ 年；B 为迎风面宽度（m）；m 为结构层质量（t/m）。

在仅考虑第一振型的情况下，加速度响应峰值也可以按下式计算：

$$a_{D,z} = g\phi_1(z)\sqrt{\int_{-\infty}^{\infty}\omega^4 S_{q_1}(\omega)\mathrm{d}\omega} \tag{5-61}$$

式中，$S_{q_1}(\omega)$ 为顺风向第一阶广义位移响应功率谱。

采用 Davenport 风速谱和 Shiotani 空间相关性公式，上式可表示为：

$$a_{D,z} = \frac{2gI_{10}w_R\mu_s\mu_z B_z B}{m}\sqrt{\int_{-\infty}^{\infty}\omega^4 |H_{q_1}(i\omega)|^2 S_f(\omega)\mathrm{d}\omega} \tag{5-62}$$

为便于使用，上式中的根号项用顺风向风振加速度的脉动系数 η_a 表示，则：

$$a_{D,z} = \frac{2gI_{10}w_R\mu_s\mu_z B_z \eta_a B}{m} \tag{5-63}$$

顺风向风振加速度的脉动系数 η_a 可根据结构阻尼比 ξ_1 和系数 x_1（$x_1 = 30f_1/\sqrt{k_w w_0}$），按《荷载规范》[1]表 J.1.2 确定。

5.4.2　横风向加速度

建筑物横风向风振机理较为复杂，现一般是以大量试验结果为基础，再通过综合分析得到。由于高层建筑横风向风力以旋涡脱落激励为主，相对于顺风向风力谱横风向风力谱的峰值比较突出，谱峰的宽度较小，因此横风向加速度响应可只考虑共振分量的贡献。针对体型和质量沿高度均匀分布的矩形截面高层建筑，《荷载规范》给出了横风向风振加速度 $a_{L,z}$ 的计算公式：

$$a_{L,z} = \frac{2.8 g w_R \mu_H B}{m}\phi_{1.1}(z)\sqrt{\frac{\pi S_{F_L}}{4(\xi_1 + \xi_{a1})}} \tag{5-64}$$

式中，μ_H 为 H 高度处的风压高度变化系数；$\phi_{1.1}(z)$ 为结构横风向第一阶振型系数。

5.4.3　组合加速度

在地震工程和结构动力学分析中，CQC 法和 SRSS（平方和开平方根，Square Root of the Sum of the Squares）法是用于组合多种模式加速度或响应的两种常用方法。

1. SRSS 法

SRSS 方法适用于不同模态之间的振动频率相差较大且无显著耦合作用的情况，该方法计算简单，应用较为广泛。它假设各模态响应之间是相互独立的，因此可以用平方和开平方的方式进行组合：

$$R = \sqrt{\sum_{i=1}^{n} R_i^2} \tag{5-65}$$

式中：R 为组合后的总响应（如加速度、位移）；R_i 为第 i 阶模态的单独响应；n 为考虑的模态数。

2. CQC 法

CQC 法考虑了不同模态响应之间的相关性，适用于模态频率相近、阻尼影响较大的情况。计算更复杂，精度更高。CQC 法组合公式如下：

$$R = \sqrt{\sum_{i=1}^{n}\sum_{j=1}^{n} R_i R_j \rho_{ij}} \tag{5-66}$$

其中：R 为组合后的总响应；R_i 和 R_j 为第 i 和 j 个模态的单独响应；ρ_{ij} 为模态 i 和 j 之间的相关系数，定义为：

$$\rho_{ij} = \frac{8\,\xi\sqrt{\omega_i\omega_j}(1+2\xi^2)}{(1-\beta^2)^2 + 4\xi^2\beta^2} \tag{5-67}$$

式中，ξ 为阻尼比；ω_i 和 ω_j 分别为第 i 和 j 模态的圆频率；$\beta = \omega_j/\omega_i$ 为模态频率比。

5.4.4　人体舒适度限制标准

根据《高层建筑混凝土结构技术规程》JGJ 3—2010[20]规定，房屋高度不小于 150m

的高层混凝土建筑结构应满足风振舒适度要求。在《荷载规范》规定的 10 年一遇的风荷载标准值作用下，结构顶点的顺风向和横风向振动最大加速度计算值不应超过表 5-7 的限值。

结构顶点风振加速度限制 a_{lim}

表 5-7

使用功能	a_{lim}（m/s²）
住宅、公寓	0.15
办公、旅馆	0.25

根据广东省标准《高层建筑风振舒适度评价标准及控制技术规程》DBJ/T 15-216—2021[21]规定：台风地区高层建筑在 50 年重现期风压作用下，结构使用楼层的风振加速度不宜大于 0.5 m/s²。

根据《高层民用建筑钢结构技术规程》JGJ 99—2015 规定[22]，房屋高度不小于 150m 的高层民用建筑钢结构应满足风振舒适度要求。《荷载规范》规定的在 10 年一遇的风荷载标准值作用下，结构顶点的顺风向和横风向振动最大加速度计算值不应大于表 5-8 的限值。

结构顶点风振加速度限制 a_{lim}

表 5-8

使用功能	a_{lim}（m/s²）
住宅、公寓	0.20
办公、旅馆	0.28

日本规范 AIJ-2004[7]中，建筑风振舒适度标准采用 1 年一遇风荷载作用下，10min 内结构响应水平加速度最大值作为控制指标。根据对舒适度的不同要求设置了 5 条曲线，根据使用要求选择相应的曲线。其加速度限值与频率有关。如图 5-4 所示，H-10 表示 10% 的人对振动有感觉但不致不适的振动程度；H-30 表示 30% 的人对振动有感觉但不致不适的振动程度，以此类推。

国际标准化组织（ISO）规范 ISO 10137:2007[23]以 1 年一遇风荷载进行输入，通过结构频率得到加速度限值，如图 5-5 所示。

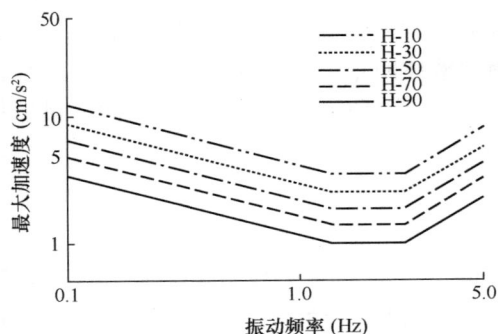

图 5-4　日本规范舒适度标准　　　　　图 5-5　ISO 规范舒适度标准

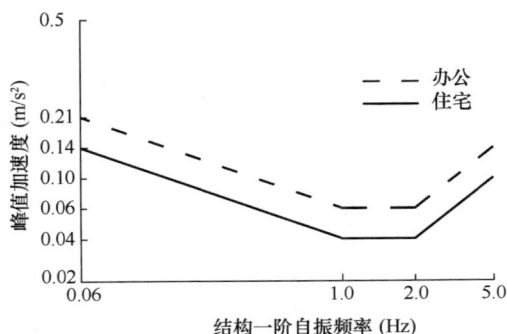

加拿大规范（NBC）[24]对 10 年一遇的风荷载标准值作用下不同楼层的最大加速度响

应限值给出了计算方法。不同于其他规范仅取整个结构加速度最大值作为评价指标，加拿大规范充分考虑了不同楼层的加速度区别，并给出相应的限值。美国规范（ASCE/SE17-22)[14]对加拿大规范的计算方法给出了算例说明，不同楼层的加速度响应不应超过表 5-9 中的限值要求。

美国舒适度标准限值　　　　　　　　　　　表 5-9

楼层	高度（m）	最大位移（m）	加速度均方根（m/s²）	最大加速度（m/s²）
0	0	0	0	0
5	18.29	0.03	0	0.02
10	36.58	0.06	0.01	0.03
15	54.86	0.09	0.01	0.05
20	73.15	0.13	0.02	0.06
25	91.44	0.16	0.02	0.08
30	109.73	0.19	0.03	0.09
35	128.02	0.22	0.03	0.11
40	146.3	0.25	0.03	0.12
45	164.59	0.28	0.04	0.14
50	182.88	0.31	0.04	0.15

5.5　高层建筑风振控制

高层建筑由于其高度大、质量轻、阻尼小、周期长等动力特性，在风荷载作用下容易产生显著的风振响应。尤其是在横风向和扭转向，涡激共振等现象可能导致较大的振动幅度。为满足建筑顶部的位移和加速度等安全性和舒适度要求，需要采取针对性的风振控制措施。主流的风振控制方法可分为结构方法、气动优化法、附加阻尼器法。结构方法主要通过加强结构本身，如增大结构质量或刚度以降低风致响应。气动优化法是通过调整结构整体或者局部外形来改变其气动力特性，从而实现风荷载的优化。当建筑自身难以满足风振限制要求时，往往需要引入附加的耗能装置即阻尼器。阻尼器是指通过能量耗散来降低结构风振响应的装置，其作用是增加结构的等效阻尼比，减小风荷载作用下的振动幅度。常用的阻尼器包含调频质量阻尼器（TMD）、调频液体阻尼器（TLD）、调谐液柱阻尼器（TLCD）等，阻尼器已在国内外超高层建筑中得到了广泛应用。以下针对不同的风振控制方法进行简要介绍。

5.5.1　气动优化

结构的气动优化方法肇始于 1971 年，Davenport[25]通过气弹模型试验验证了建筑物外形对风荷载的影响。数十年来，高层建筑的气动优化方法不断发展与丰富，形成了多种手段，一般可分为整体气动优化、局部气动优化和外立面粗糙度调整。

1. 整体气动优化

整体气动优化指调整高层建筑整体外形，如退台、锥度化和扭转等 ［图 5-6(a)］。该方法沿高度改变建筑物截面宽度，可以有效扰乱漩涡沿高度方向的脱落，在降低横风向风荷载方面的作用比降低顺风向风荷载更为显著。Kim 等[26]和曹会兰等[27]的研究发现，当结构阻尼比在 2% ～ 5% 之间时，锥度化有良好的效果；但当结构阻尼比低于 1% 且约化风速较低时，锥度比过大反而会增大风振响应。此外，锥度化的效果受风向影响较大。谢壮宁和李佳[28]分别制作了锥度比为 2.2%、4.4%、6.6% 的锥度化模型与锥度比为2.2%、4.4% 且切角的模型进行了刚性模型测压试验。研究表明，锥度比越大，降低横风向气动荷载的效果越好，但同样会导致涡激振动起振风速降低。在锥度化的基础上再进行切角可以更为有效地抑制横风向风振，且倾覆力矩峰值基本不受结构周期变化的影响。

不少超高层建筑采用整体气动优化设计，例如上海中心大厦采用了扭转＋锥度化＋退台的整体气动优化设计，其塔身沿高度方向逆时针旋转 120°，该扭转形态可以减少约24% 的风荷载，相较于传统直立高层建筑具有更优的抗风性能。纽约世界贸易中心一号楼采用锥度化设计，建筑高度方向逐渐缩小截面，同时塔体采用退台结构，有效减小了约30% 的风荷载，使建筑在极端风环境下保持稳定。

2. 局部气动优化

局部气动优化指仅对建筑的截面形状进行有限修改，如圆角、切角或凹角等［图 5-6(b)］。该方法可以有效破坏建筑角区涡脱的形成，干扰气流分离形态，从而降低气动力。Kawai[29]研究了切角、倒角、圆角等抗风设计方法对高宽比为 10 的正方形截面与长方形截面建筑物的影响，发现圆角是最有效的抑制气动失稳的措施，圆角比越大，控制振动的效果越好；5% 倒角率和切角率也可以有效降低建筑物振幅，但切角率增大会降低阻尼比较小建筑物的涡激共振起振风速。张正维等[30]研究了 B 类与 D 类地貌下不同切角率与圆角率（0、7.5%、10%、12.5%、20%、30%）对基底气动力系数的影响，发现两种方法均能减小横风向基底气动力系数的标准差与基底扭矩系数的标准差。

高层建筑采用局部气动优化的案例也有很多，例如广州东塔（CTF 金融中心）采用圆角＋凹角设计，减少角部涡脱现象，优化后建筑的风荷载降低约 15%～20%，改善了风振舒适度。台北 101 大厦的塔身采用阶梯式退台＋切角设计，改变风压分布，减少涡脱作用，同时结合调谐质量阻尼器（TMD），有效控制了风振影响。

3. 外立面粗糙度调整

外立面粗糙度调整是近年来发展起来的新型手段，即通过在建筑外立面附加小型肋条等构件，改变产生顺风向和横风向响应的抖振力、自激力和涡旋脱落力等，如通过在外表面附加不同形式的肋条以改变建筑表面粗糙度［图 5-6(c)］，从而改善气流的扰流分离形态。许振东[31]测试了不同尺寸参数的扰流板对方形截面建筑气动力的影响，指出当扰流板的尺寸合适时，可降低 20% 左右的横风向气动力。Hui 等[32]研究了超高层建筑物立面上不同间距和长度的分隔板对气动性能的影响，发现分隔板能有效降低楼角区域的负风压数值，但会导致顺风向下结构的倾覆力矩增大，且使得功率谱峰值比基本模型的数值更大，带宽更窄。

广州塔在塔身安装了外部钢结构网格（类似扰流板），这一设计不仅具有美学功能，同时能有效破坏风流的周期性脱落，降低横风向振动。风洞试验和数值模拟研究发现，该扰流结构可以使风荷载减小约 20%～30%，有效降低塔身风振影响；结合调谐液柱阻尼器（TLCD）进一步减少风振，提高人体舒适度。东京晴空塔在塔身特定高度安装了多个环状导流板（Guide Vanes），这些结构类似风洞中的导流装置，用于控制绕流气动特性，降低了结构横风向涡激共振风险，使得塔身的风振响应降低约 25%。

　　然而，气动优化方法可能需要在建筑方案的设计之初介入，因而可能会与建筑师的设计理念和表现形态产生较大冲突，因此在实际应用中可能遇到不小的困难。此外，以整体气动力为优化目标的气动措施可能会造成局部风压增大，对幕墙等局部围护结构设计不利。因此，有时需要综合应用不同的气动力优化方法，以达到高层建筑最优的气动力优化效果。

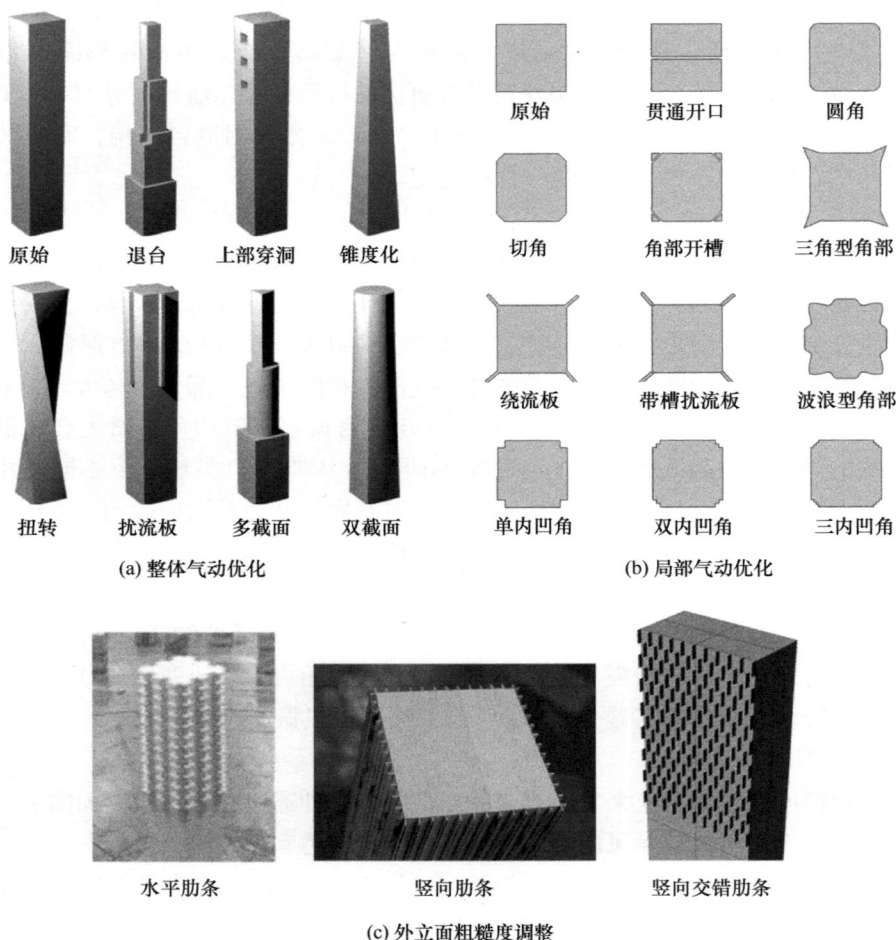

原始　　退台　　上部穿洞　　锥度化

扭转　　扰流板　　多截面　　双截面

(a) 整体气动优化

原始　　贯通开口　　圆角

切角　　角部开槽　　三角型角部

绕流板　　带槽扰流板　　波浪型角部

单内凹角　　双内凹角　　三内凹角

(b) 局部气动优化

水平肋条　　　竖向肋条　　　竖向交错肋条

(c) 外立面粗糙度调整

图 5-6　三种气动优化方法的代表性做法

5.5.2　调谐质量阻尼器

　　调谐质量阻尼器（Tuned Mass Damper，TMD）主要由质量块、弹簧以及阻尼器组成，其固有振动频率通过技术手段与主结构所控振型频率谐振，安装在结构的特定位置；当结构发生振动时，TMD 的惯性质量与主结构受控振型谐振，吸收主结构受控振型的振动能量，从而达到抑制受控结构振动的效果。该装置首先由 Frahm 在 1909 年提出，并在机械和土木工程中得到广泛应用。近十年来，可调质量阻尼器越来越多地用于对风敏感的结构，包括澳大利亚悉尼的中心大厦、加拿大多伦多的 CN 电视塔、我国台北的 101 大厦（图 5-7），从而满足居住舒适度的要求。以下对调谐质量阻尼器的原理做简要介绍。

以图 5-8 所示的单自由度体系为例进行讨论。将高层建筑物模拟为单自由度结构体系，其主结构质量、弹簧刚度、阻尼系数分别用 m_1、k_1 和 c_1 表示，作用于建筑物上的风荷载用 $F(t)$ 表示；安装于建筑物顶部的调谐质量阻尼器（TMD），其质量、弹簧刚度、阻尼系数分别为 m_2、k_2 和 c_2。

由于高层建筑物的风致振动一般主要由第一振型贡献，单自由度体型具有代表性。仅有主结构的运动方程可写作：

$$m_1\ddot{x}_1(t) + c_1\dot{x}_1(t) + k_1 x_1(t) = F(t) \tag{5-68}$$

当施加 TMD 后，TMD 的运动方程为：

$$m_2\ddot{x}_2(t) + c_2[\dot{x}_2(t) - \dot{x}_1(t)] + k_2[x_2(t) - x_1(t)] = 0 \tag{5-69}$$

主结构的振动方程为：

$$m_1\ddot{x}_1(t) + c_1\dot{x}_1(t) + k_1 x_1(t) - c_2[\dot{x}_2(t) - \dot{x}_1(t)] - k_2[x_2(t) - x_1(t)] = F(t) \tag{5-70}$$

式中，x_1 和 x_2 分别为主结构和 TMD 的位移。

为了使 TMD 充分发挥减振作用，TMD 的固有频率 ω_2 需调谐至主结构 ω_1 的固有频率附近：

$$\omega_1 = \sqrt{\frac{k_1}{m_1}} \ , \ \omega_2 = \sqrt{\frac{k_2}{m_2}} \tag{5-71}$$

定义质量比 $\mu = m_2/m_1$（通常 μ 在 $1\% \sim 10\%$ 范围内），则 TMD 的最优调谐比 f_{opt} 为：

$$f_{opt} = \frac{\omega_2}{\omega_1} = \frac{1}{1+\mu} \tag{5-72}$$

即 TMD 的刚度需满足：

$$k_2 = m_2\omega_1^2 \left(\frac{1}{1+\mu}\right)^2 \tag{5-73}$$

通常，最优调谐比接近 1，但为了提高减振效果，通常取略小于 1 的值。

Den Hartog[33] 以无阻尼主结构质量在简谐荷载 $[F(t) = F_0\sin(\omega t)]$ 作用下的稳态响应最小为设计目标，保持质量比和固有频率比（g）不变，改变阻尼比的值，可以获得动力放大系数与频率之间的关系曲线；通过分析该曲线可推导出 TMD 阻尼器的两个优化条件，即最优频率比和最优阻尼比。最优频率比见式（5-72）。

最优阻尼比为：

$$\xi_{opt} = \sqrt{\frac{3\mu}{8(1+\mu)}} \tag{5-74}$$

TMD 的最优质量：

$$m_{opt} = \mu M \tag{5-75}$$

式中，M 为计算振型的动力参与系数与 m_1 相乘。

TMD 的最优阻尼系数：

$$c_{\mathrm{opt}} = 2m_{\mathrm{opt}}f_{\mathrm{opt}}\omega_1\xi_{\mathrm{opt}} \tag{5-76}$$

TMD 的最优弹簧刚度：

$$k_{\mathrm{opt}} = m_{\mathrm{opt}}\xi_{\mathrm{opt}}^2\omega_1^2 \tag{5-77}$$

图 5-7　台北 101 大厦调谐质量阻尼器实拍图　　图 5-8　单自由度体系调谐质量阻尼器工作原理图

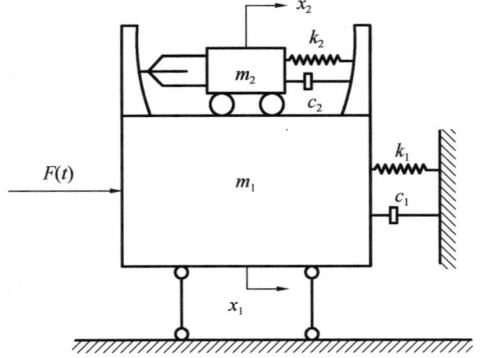

5.5.3　调谐液柱阻尼器

利用液体流动产生控制力的阻尼器通常有两种类型，一种为水箱式 TLTD（Tuned Liquid Tank Damper）；另一种为 U 形管式或 U 形管状水箱式 TLCD（Tuned Liquid Column Damper），下面以 TLCD 形式展开介绍。TLCD 由 U 形管和液体组成，如图 5-9 所示，当结构振动时，液体在管中振荡。液柱的惯性力和重力恢复力形成动力系统，通过液体流经孔口或阀门的摩擦耗能。通过调谐液柱固有频率与结构频率一致，使 TLCD 在共振下高效吸收振动能量[34]。

以图 5-9 所示的单自由度体系为例进行讨论。将高层建筑物模拟为单自由度结构体系，其主结构质量、弹簧刚度、阻尼系数分别用 m_1、k_1 和 c_1 表示，作用于建筑物上的风荷载用 $F(t)$ 表示；安装于建筑物顶部的调谐液柱阻尼器，其水箱的横截面积为 A，两竖管的中心距为 B，竖向液柱的长度为 H；液体密度为 ρ；x 为主结构位移；当 TLCD 晃动时，设液体在竖管中离开平衡位置的位移为 y。这种运动状态的简化基于一些假设：流体是不可压缩的（即流速不变）；液体表面的晃动行为可以忽略不计。

采用分析力学中的拉格朗日方程建立 TLCD 中液体的运动方程，方程如下：

$$\frac{\mathrm{d}}{\mathrm{d}t}\left[\frac{\partial(T-V)}{\partial\dot{z}}\right] - \frac{\partial(T-V)}{\partial z} = Q \tag{5-78}$$

式中，$T-V$ 为系统的拉格朗日量；T 为系统的动能；V 为系统的势能；Q 为系统的非保守力；z 为广义坐标。

TLCD 系统的动能为：

$$T = T_{\mathrm{HL}} + T_{\mathrm{B}} + T_{\mathrm{HR}} = \frac{1}{2}\rho AL(\dot{y}^2 + \dot{x}^2) + \rho AB\dot{x}\dot{y} \tag{5-79}$$

TLCD 系统的势能为：

$$V = \frac{1}{2}\rho g A (H-y)^2 + \frac{1}{2}\rho g A (H+y)^2 - 2 \cdot \frac{1}{2}\rho g A H^2 = \rho g A y^2 \tag{5-80}$$

式中，g 为重力加速度。系统的非保守力可分为垂直液柱和水平液柱弯头处的阻力、水平液柱孔口或格栅处的阻力、液体和管壁的摩擦力：

$$\delta_L = -2 \cdot \frac{1}{2}\rho A \xi_H |\dot{y}|\dot{y} - \frac{1}{2}\rho A \xi_B |\dot{y}|\dot{y} - \frac{1}{2}\rho A \frac{\lambda L}{d}|\dot{y}|\dot{y} \tag{5-81}$$

式中，ξ_H 为垂直液柱和水平液柱弯头处的局部水头损失系数；ξ_B 为水平液柱孔口或格栅处的局部水头损失系数；λ 为沿程阻力系数；d 为流体截面的直径。在这里由于三类阻力具有统一的形式，记总水头损失为 ξ，将非保守力写为：

$$Q = \frac{1}{2}\rho A \xi |\dot{y}|\dot{y} \tag{5-82}$$

由此可得 TLCD 中液体晃动的运动方程为：

$$\rho A L \ddot{y} + \frac{\rho A}{2}\xi |\dot{y}|\dot{y} + 2\rho A g y = -\rho A B \ddot{x} \tag{5-83}$$

注意到上式中的阻尼项为非线性项，这对于分析来说相对比较困难，需要将其简化为等效线性阻尼，目前常用的方法有能量守恒等效和基于统计的似然方法，分别用于不同类型的荷载。

能量守恒等效基于等效阻尼力在一周期里做的功 W_1 等于实际阻尼力在一周期内做的功 W_2，这种方法需要 y 的准确解析表达式，假设受到的外荷载为谐波荷载，则 y 也为谐波形式，假设 $y = y_0 \cos(\omega t)$，则 $\dot{y} = -\omega y_0 \sin(\omega t)$，记等效阻尼力为 C_{eq}，则 C_{eq} 为

$$C_{eq} = \frac{4}{3\pi}\rho A \xi \omega y_0 \tag{5-84}$$

采用基于统计的方法，定义等效阻尼误差 ε 为：

$$\varepsilon = \frac{1}{2}\rho A \xi |\dot{y}|\dot{y} - C_{eq}\dot{y} \tag{5-85}$$

令误差均方值的期望最小，并且误差均方值的期望对等效阻尼的偏导数为 0，假设 x 为平稳高斯随机过程，则响应为均值为 0 的平稳高斯随机过程，有：

$$C_{eq} = \sqrt{\frac{2}{\pi}}\rho A \xi \sigma_y \tag{5-86}$$

将等效阻尼带入液体运动方程，则液体的运动方程变为：

$$\rho A L \ddot{y} + C_{eq}\dot{y} + 2\rho A g y = -\rho A B \ddot{x} \tag{5-87}$$

此时运动方程的形式与经典运动方程的形式相同，则液体晃动的理论自振频率为 $\omega_T = \sqrt{2g/L}$（rad/s），试验时所施加的荷载为谐波荷载，可写为：$x(t) = x_0 e^{i\omega t}$；则稳态响应为：$y(t) = y_0 e^{i(\omega t - \theta)}$，代入液体的运动方程得：

$$-\rho A L \omega^2 y_0 e^{i(\omega t - \theta)} + i\omega C_{eq}y_0 e^{i(\omega t - \theta)} + 2\rho A g y_0 e^{i(\omega t - \theta)} = \rho A B \omega^2 x_0 e^{i\omega t} \tag{5-88}$$

由激振力、惯性力、弹性力及阻尼力矢量的平衡关系及相位关系可得：

$$y_0^2 (2\rho A g - \rho A L \omega^2)^2 + (\omega C_{eq}y_0)^2 = (\rho A B \omega^2 x_0)^2 \tag{5-89}$$

将利用能量守恒求得的谐波荷载下的等效阻尼代入上式，可求得 y_0 及 ξ 的表达式如下：

$$y_0 = \frac{\sqrt{-(1-\gamma^2)^2 + \sqrt{(1-\gamma^2)^2 + 4\gamma^8\alpha^2 x_0^2 \left(\dfrac{4\xi}{3\pi L}\right)^2}}}{\sqrt{2}\gamma^2 \left(\dfrac{4\xi}{3\pi L}\right)} \tag{5-90}$$

$$\xi = \frac{\sqrt{(\alpha\omega^2 x_0) - y_0(\omega_d^2 - \omega^2)}}{\dfrac{4}{3\pi L} y_0^2 \omega^2} \tag{5-91}$$

式中，$\gamma = \omega/\omega_d$，代表激励频率与自振频率之比，$\alpha = B/L$，表示水平液柱占总液柱长度的比值。试验测得实际液柱的位移时程后，即可由上式确定阻尼器的阻尼比。

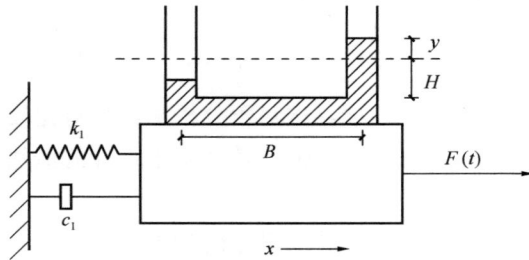

图 5-9　单自由度体系调谐液柱阻尼器工作原理图

5.6　高层建筑风荷载的干扰效应

城市化发展进程中，密集型高层建筑群成为现代都市的重要标志之一。在密集的城市中心，由于相邻高层建筑之间的流场相互干扰，建筑的风荷载和风致响应与其单独存在时相比有较大变化，气动效应更加复杂。因此，在实际设计中，当拟建高层建筑附近存在多个体量相当的建筑物时，宜考虑群体相互干扰下的风效应。实际设计中常通过将单独建筑物的风荷载体型系数乘以相互干扰系数，来描述群体干扰下的风荷载。干扰系数 IF[35] 可定义为

$$\text{IF} = R_G/R_S \tag{5-92}$$

式中，R_G 为受扰后的结构风荷载或响应参数；R_S 为受扰前的结构风荷载或响应参数。

5.6.1　高层建筑干扰研究

《荷载规范》[1]根据大量风洞试验研究结果，提出了基于基底弯矩的相互干扰系数，其建议如下：

（1）对于矩形平面高层建筑，当单个施扰建筑与受扰建筑高度相近时，根据施扰建筑的位置，对顺风向风荷载可在 1.00～1.10 范围内选取，对横风向风荷载可在 1.00～1.20 范围内选取；

（2）其他情况可参考类似条件的风洞试验资料确定，必要时宜通过风洞试验确定。

图 5-10 和图 5-11 分别给出了两相同方形截面高层建筑的顺风向和横风向风荷载相互干扰系数研究结果。图中假定风向是由左向右吹，b 为受扰建筑的迎风面宽度，x 和 y 分别为施扰建筑离受扰建筑的纵向和横向距离。

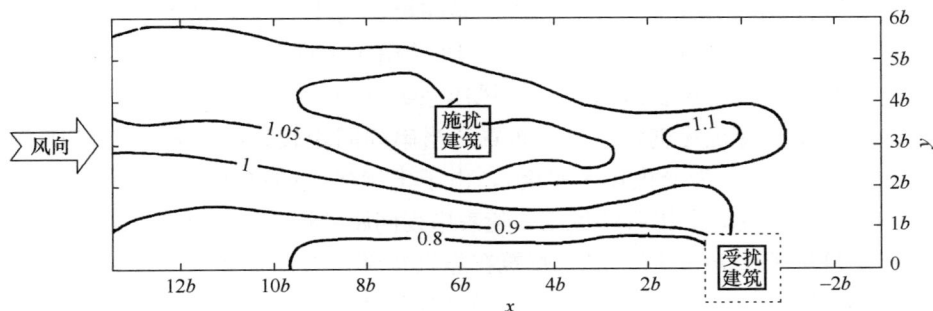

图 5-10　单个施扰建筑作用的顺风向风荷载相互干扰系数

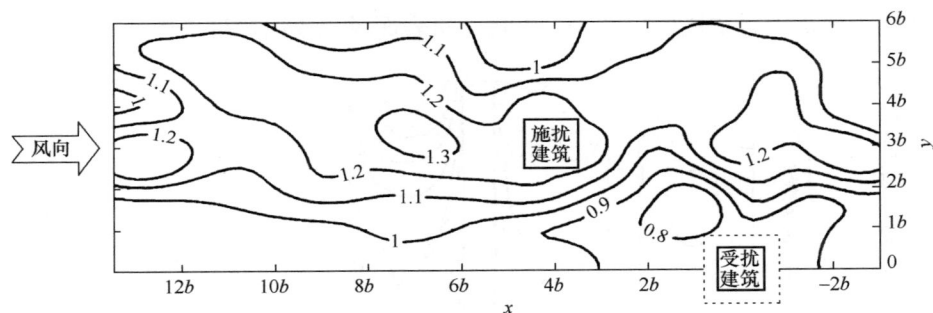

图 5-11　单个施扰建筑作用的横风向风荷载相互干扰系数

当施绕建筑位于受扰建筑物的正前方时（即串列位置情况），由于上游建筑的屏蔽效应，串列间距越近，受扰建筑的顺风向和横风向风荷载减小越明显。在并列位置如 (x,y) $=(0 \sim 1b, 3b)$ 时，由于两建筑物之间的渠道效应，受扰建筑的顺风向和横风向风荷载有所增大；针对斜向位置，如 $(x,y)=(6b \sim 8b, 2b \sim 4b)$ 时，受到上游建筑侧向震荡的尾流影响，受扰建筑的涡流发展增强，从而使顺风向和横风向风荷载增大；当施扰建筑位于较远处 $(x,y)=(12b, 2b \sim 4b)$ 时，受扰建筑的横风向风荷载有明显增大。

当为单个施扰建筑且施扰建筑和受扰建筑的高度不同时，可用下式计算考虑施扰建筑相对高度影响后的相互干扰系数[36]：

$$\eta_{\mathrm{H}} = \begin{cases} 0.93 + 0.11\eta_0 & (H_{\mathrm{u}}/H_{\mathrm{d}} = 0.6) \\ 0.51 + 0.53\eta_0 & (H_{\mathrm{u}}/H_{\mathrm{d}} = 0.8) \\ 1.08\eta_0 & (H_{\mathrm{u}}/H_{\mathrm{d}} = 1.2) \\ 1.12\eta_0 & (H_{\mathrm{u}}/H_{\mathrm{d}} \geqslant 1.4) \end{cases} \tag{5-93}$$

式中，H_{u} 和 H_{d} 分别为施挠建筑和受扰建筑的高度；η_0 为 $H_{\mathrm{u}}/H_{\mathrm{d}}=1$ 时的干扰系数。值得说明的是，当 $H_{\mathrm{u}}/H_{\mathrm{d}} \leqslant 1$ 时可不考虑风致干扰效应。

5.6.2 高层建筑干扰效应实例

下面给出两相同方形截面高层建筑的风荷载干扰实例。受扰建筑尺寸为 $30m \times 30m \times 183m$，施扰建筑和受扰建筑完全相同风洞试验缩尺比为 $1:300$，选取我国规范下 B 类地面粗糙度类别进行风洞试验。图 5-12 和图 5-13 给出了风向角为 $0°$ 和 $90°$ 时，施扰建筑位于 x 轴不同位置下受扰建筑表面 A 的平均风压系数分布图。从图 5-12 可以看出，风向角为 $0°$ 时，施扰建筑和受扰建筑处于串列布置。当串列间距较近时（$x/b=2$，其中 x 为施扰建筑所在的横坐标，b 为受扰建筑宽度），由于干扰建筑的遮挡效应使得受扰建筑的迎风面由单体时的正压变为受扰后的负压。随着串列间距的增大，施扰体的遮挡效应逐渐减弱，当施扰建筑位于 $x/b=6$ 时，受扰建筑在靠近顶部位置出现较大正压，这是由于越过干扰建筑顶部的气流剪切层作用在受扰建筑的顶部区域。图 5-13 展示了风向角为 $90°$ 的工况，此时施扰建筑和受扰建筑处于并列布置。当并列间距较近时（$x/b=2$），由于狭道效应，受扰建筑表面 A 在迎风端（如图 5-13 框线位置）会出现较大的负压，大于单体情况。随着并列间距的增大，狭道效应减弱，受扰建筑表面风压逐渐接近单体情况。

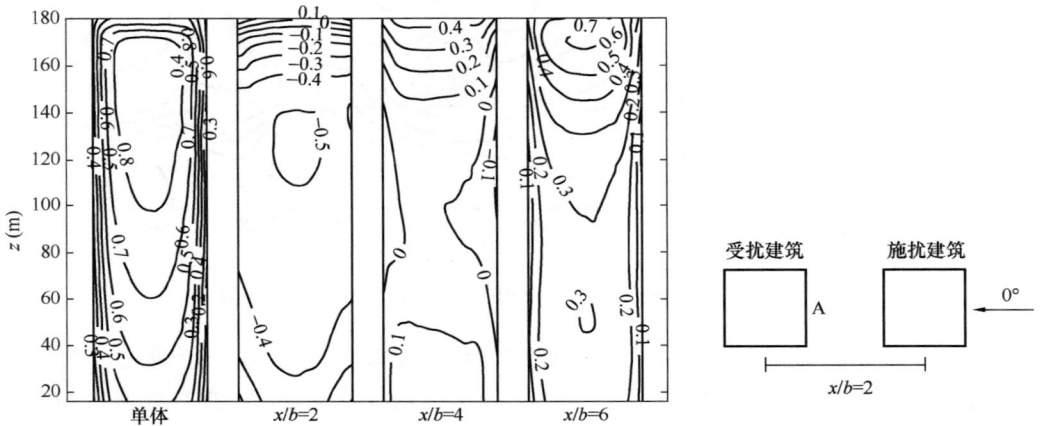

图 5-12 风向角为 $0°$ 时，不同串列间距下受扰建筑表面 A 的风压系数分布图

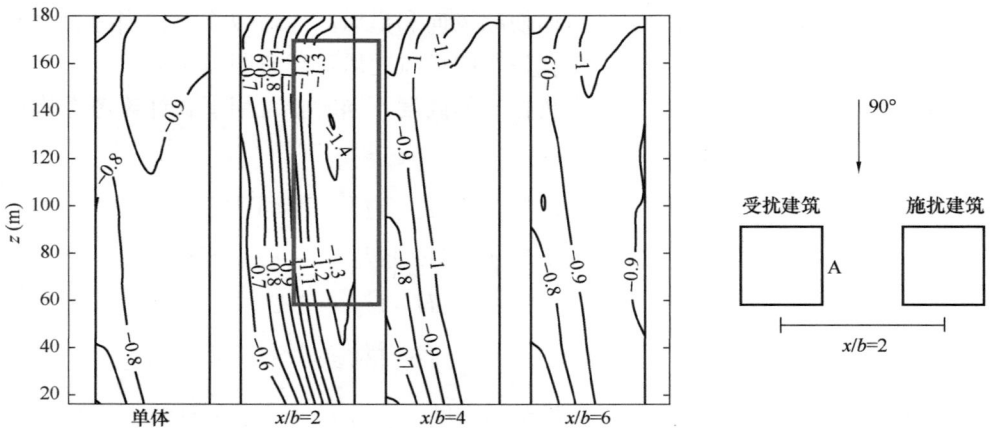

图 5-13 风向角为 $90°$ 时，不同串列间距下受扰建筑表面 A 的风压系数分布图

5.7　从高层建筑的风洞试验到结构设计

目前常用的结构设计软件（如 PKPM、SATWE 等）中，结构的风荷载主要是通过基本风压和一个整体的体型系数来控制。虽然可以对不同的结构层输入不同的体型系数，但是在同一结构层上不能分面或者分区域输入体型系数。风洞试验虽然可以很好地给出各个风向下高层建筑的风荷载分布，但是由于其风场的复杂性，甚至会出现在某一侧面上同一高度处正负风压交替出现的情形，因此很难直接把风洞试验的结果输入到现有的设计软件中。

为此，首先利用风洞试验得到塔楼的风压分布，再将风压沿截面进行积分求出沿结构柱网方向的合力，然后反算出沿柱网方向的整体体型系数，实现了把风洞试验结果换算为工程设计软件直接可用的数据，以利于工程设计应用。

高层建筑结构，一般都由两向正交的柱网构成，通常把水平荷载在这两个特征方向上进行分解，以便于内力计算。对于风荷载，迎风面和背风面的合力 F_w 为

$$F_w = \mu_{sw}\mu_z w_0 - \mu_{sl}\mu_z w_0 = \mu_{sr}\mu_z w_0 \tag{5-94}$$

式中，μ_{sw}、μ_{sl} 为迎风面和背风面的体型系数；μ_{sr} 为迎风方向上的整体体型系数。

在一些工程设计软件中（如 PKPM、SATWE 等）中，计算采用的体型系数就是上式定义的整体体型系数 μ_{sr}。如对于矩形截面，迎风面体型系数取 0.8，背风面体型系数取 -0.5，那么整体体型系数就为 1.3。实际上式（5-91）中的风荷载合力相当于顺风方向上的风荷载合力，所以如果在风洞试验中求出某个方向的合力，反过来就可以推算出该方向上的整体体型系数。在风洞试验中，考虑在同一高度截面上布置的所有测点，其所测得的风压按面积积分并沿纵向和横向分解，求得这两个方向上的合力，可以由式（5-91）反算出纵向和横向的整体体型系数。

根据风洞试验原理，可得某测点 i 的风压计算公式为

$$W_i = C_{pi}W_r = C_{pi}\mu_{zr}w_0 \tag{5-95}$$

式中，C_{pi} 为风洞试验所得的 i 点的风压系数；W_r 为参考点风压；μ_{zr} 为试验参考点高度 z 所对应风压高度系数。

对于某个 z 高度的塔楼截面，沿外轮廓布置 n 个测点，若测点分布密度适当，对某一测点，可以认为在其控制的面积上风压大小和方向不变，则单位高度上沿纵向和横向的合力为

$$F_a = \sum_{i=1}^{n}(C_{pi}W_r\cos\alpha_i L_i),\ F_c = \sum_{i=1}^{n}(C_{pi}W_r\sin\alpha_i L_i) \tag{5-96}$$

式中，F_a、F_c 分别为塔楼建筑纵向和横向的风荷载合力；α_i 为测点法向与纵向的夹角；L_i 为测点 i 控制的水平方向长度。对比式（5-92）和式（5-93），有：

$$\mu_{sa} = \frac{F_a}{\mu_z w_0 L_a} = \frac{\sum_{i=1}^{n}(C_{pi}\cos\alpha_i L_i)\mu_{zr}}{\mu_z L_a},\ \mu_{sc} = \frac{F_c}{\mu_z w_0 L_c} = \frac{\sum_{i=1}^{n}(C_{pi}\sin\alpha_i L_i)\mu_{zr}}{\mu_z L_c} \tag{5-97}$$

式中，μ_{sa}、μ_{sc} 分别为纵向和横向的整体体型系数；L_a、L_c 分别为纵向和横向的参考长度；

可取塔楼建筑在纵向和横向上的迎风面宽度。

某 28 层对称双塔楼建筑，总高度为 113.4m，结构层最高处为 99.9m。该建筑地貌粗糙度指数取 $\alpha=0.16$，50 年一遇的基本风压为 $w_0=0.44\text{kN/m}^2$。由于该双塔楼建筑的对称性，取其中的一个塔楼布置测点，分别在 23m、43m、63m、80m、95m 等高度处布置相同的测点层，在图 5-14 中给出测点的编号和试验风向角的定义。

通常，高层建筑表面风压采用无量纲的体型系数来反映。对该大楼，根据刚性模型风洞试验结果，可按式（5-94）计算整体体型系数，结果如图 5-15 和图 5-16 所示。

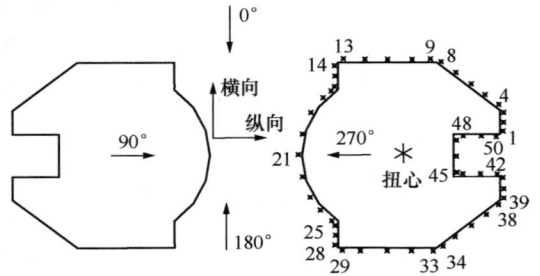

图 5-14　高层建筑测点及风向角示意图

对各风向角下各高度的纵横向体型系数取算术平均值，得到如图 5-17 所示的平均整体体型系数。可以很清楚地看出，纵向体型系数的最大值出现在 225°和 315°风向角，横向体型系数的最大值出现在 0°和 180°风向角。《荷载规范》给出的矩形截面高层建筑的体型系数，是取整个面上的平均值。对照图 5-17 可以发现，由风洞试验结果反算的平均整体体型系数略小于规范数据，因为规范主要面向典型的单体矩形截面建筑，且未考虑双体建筑之间的气动干扰效应，因而略偏保守。

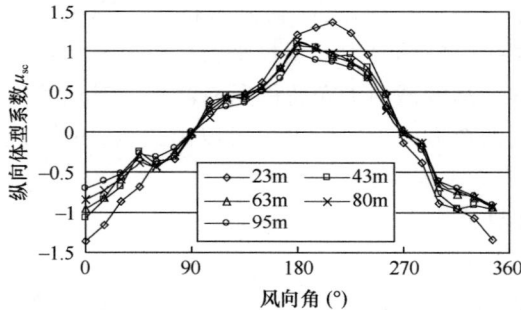

图 5-15　纵向体型系数 μ_{sa} 沿风向角分布

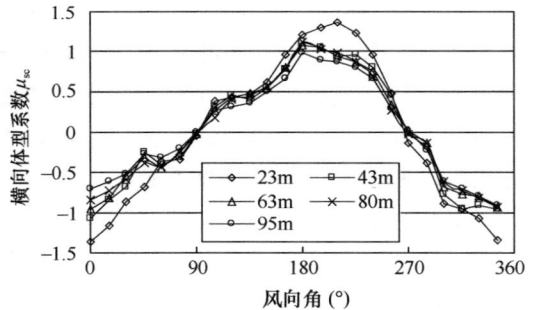

图 5-16　横向体型系数 μ_{sc} 沿风向角分布

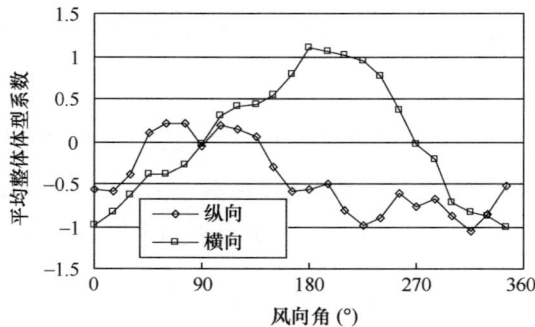

图 5-17　平均整体体型系数沿风向角分布

参考文献

[1]　中华人民共和国住房和城乡建设部. 建筑结构荷载规范：GB 50009—2012[S]. 北京：中国建筑工业出版社，2012.

[2]　浙江省住房和城乡建设厅. 高层建筑结构设计标准：DBJ33/T 1088-2024 [S]. 北京：中国建筑工业出版社，2024.

[3]　Xu Y L, Kwok K C S. Mode shape corrections for wind tunnel tests of tall buildings[J]. Engineering Structures，1993，15(5)：387-392.

[4]　Kasperski M, Niemann H J. The LRC (load-response-correlation)-method a general method of estimating unfavourable wind load distributions for linear and non-linear structural behaviour[J]. Journal of Wind Engineering and Industrial Aerodynamics，1992，43(1-3)：1753-1763.

[5]　Holmes J D. Wind loading of structures [M]. 3rd ed. Boca Raton, FL：CRC Press，2015.

[6]　Holmes J D. Effective static load distributions in wind engineering[J]. Journal of wind engineering and industrial aerodynamics，2002，90(2)：91-109.

[7]　Recommendations for loads on buildings：AIJ-2004 [S]. Tokyo：Architectural Institute of Japan，2004.

[8]　Quan Y, Gu M. Across-Wind Equivalent Static Wind Loads and Responses of Super-High-Rise Buildings[J]. Advances in Structural Engineering，2012，15(12)：2145-2155.

[9]　韩康辉，沈国辉，杨学林，等. 大深宽比矩形高层建筑的横风向基底弯矩谱模型[J]. 建筑结构学报，2024，45(11)：173-188.

[10]　梁枢果，瞿伟廉，李桂青. 高层建筑横风向与扭转风振力计算[J]. 土木工程学报，1991，24(4)：9.

[11]　Liang S, Li Q S, Liu S, et al. Torsional dynamic wind loads on rectangular tall buildings[J]. Engineering Structures，2004，26(1)：129-137.

[12]　李寿英，陈政清. 超高层建筑风致响应及等效静力风荷载研究[J]. 建筑结构学报，2010，31(3)：32-37.

[13]　Gong K, Chen X Z. Estimating extremes of combined two Gaussian and non-Gaussian response processes[J]. International Journal of Structural Stability & Dynamics，2014，14(03)：1350076.

[14]　American Society of Civil Engineers. Minimum design loads for buildings and other structures：ASCE 7-22[S]. Washington，2022.

[15]　Solari G, Pagnini L C. Gust buffeting and aeroelastic behaviour of poles and monotubular towers[J]. Journal of Fluids and Structures，1999，13(7-8)：877-905.

[16]　Melbourne W. Probability distributions of response of BHP house to wind action and model comparisons [J]. Journal of Wind Engineering and Industrial Aerodynamics，1975，1：167-175.

[17]　Asami Y. characteristics of wind loads of high-rise building and assessment of wind loads for design [D]. Tokyo：Tokyo Polytechnic University，2006.

[18]　张万. 超高层建筑的极值风效应组合方法研究[D]. 北京：北京交通大学，2020.

[19]　黄本才. 高层民用建筑钢结构人体舒适度验算[J]. 建筑结构，1998，6(3)：47-49.

[20]　中华人民共和国住房和城乡建设部. 高层建筑混凝土结构技术规程：JGJ 3—2010[S]. 北京：中国建筑工业出版社，2010.

[21]　广东省住房和城乡建设厅. 高层建筑风振舒适度评价标准及控制技术规程：DBJ/T 15-216—2021

［S］. 北京：中国城市出版社，2021.

［22］ 中华人民共和国住房和城乡建设部. 高层民用建筑钢结构技术规程：JGJ 99—2015［S］. 北京：中国建筑工业出版社，2015.

［23］ International Organization for Standard. Bases for design of structures-Serviceability of buildings and walkways against vibrations：ISO 10137-2007［S］. 2007.

［24］ National Building Code of Canada. User′s guide-NBC 2010，Structural commentaries（part 4 of division B）［S］. 2010.

［25］ Davenport A G. The response of six building shapes to turbulent wind［J］. Philosophical Transactions of the Royal Society of London. Series A，Mathematical and Physical Sciences，1971，269（1199）：385-394.

［26］ Kim Y M，You K P，Ko N H. Across-wind responses of an aeroelastic tapered tall building［J］. Journal of Wind Engineering and Industrial Aerodynamics，2008，96(8-9)：1307-1319.

［27］ 曹会兰，全涌，顾明. 一类准方形截面超高层建筑顺风向气动阻尼［J］. 振动与冲击，2012，31（22）：84-89.

［28］ 谢壮宁，李佳. 强风作用下楔形外形超高层建筑横风效应试验研究［J］. 建筑结构学报，2011，32（12）：118-126.

［29］ Kawai H. Effect of corner modifications on aeroelastic instabilities of tall buildings［J］. Journal of Wind Engineering and Industrial Aerodynamics，1998，74：719-729.

［30］ 张正维，全涌，顾明，等. 斜切角与圆角对方形截面高层建筑气动力系数的影响研究［J］. 土木工程学报，2013，46(9)：12-20.

［31］ 许振东. 导流板在超高层建筑气动优化中的应用［D］. 杭州：浙江大学，2017.

［32］ Hui Y，Yuan K，Chen Z，et al. Characteristics of aerodynamic forces on high-rise buildings with various façade appurtenances［J］. Journal of Wind Engineering and Industrial Aerodynamics，2019，191：76-90.

［33］ Den Hartog J P. Mechanical Vibration［M］. 4th ed. New York：Mc Graw-Hill，1956.

［34］ 李乐. 调谐液柱阻尼器力学性能的研究与应用［D］. 哈尔滨：哈尔滨工业大学，2023.

［35］ Khanduri A C，Stathopoulos T，Bédard C. Wind-induced interference effects on buildings—a review of the state-of-the-art［J］. Engineering structures，1998，20(7)：617-630.

［36］ 武岳. 风工程与结构抗风设计［M］. 2 版. 哈尔滨：哈尔滨工业大学出版社，2019.

第 6 章　大跨度屋盖结构的风荷载

风流经大跨度屋盖结构后会产生气流分离，并形成漩涡，再加上三维流效应，致使风场非常复杂。大跨度屋盖结构，就屋面的内表面是否直接受到风作用而言，可以分为四周封闭体型和整体敞开体型。封闭体型只需考虑外表面的风压作用，而敞开体型由于建筑内外表面均受到风作用，须考虑风荷载的合力作为设计荷载。

6.1　封闭体型大跨度屋盖结构的风荷载特征

6.1.1　平屋面的风荷载

平屋盖是最为常见的屋盖形式。当风遇到平屋面的边缘时，会形成流动分离，然后在屋面迎风边缘处形成柱状分离旋涡（图 6-1），并随着流态发展脱落于屋面背风侧的尾流中。由于旋涡中存在很大的逆压梯度，气流分离处出现极大负风压。对于大尺度屋盖，尾流区可能会出现气流再附着现象，因而在尾部可能出现部分正压区。类似地，当来流沿着屋角方向来袭时，风向与分离线倾斜，会形成两个锥形涡[1]（图 6-2）。

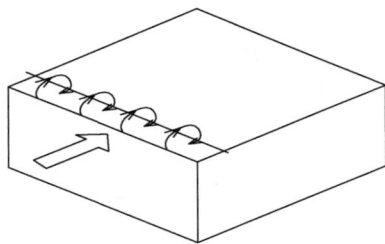

图 6-1　平屋面上柱状涡的示意图　　　　图 6-2　平屋面上锥形涡的示意图

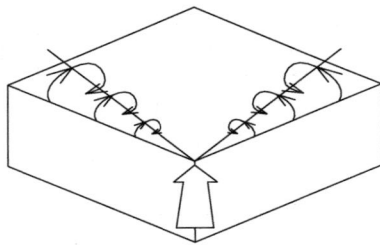

对某方形平面平屋面模型[2]，在 B 类地貌的大气边界层风洞中进行试验。图 6-3 和图 6-4 给出了平屋面在柱状涡（0°风向）和锥形涡（45°风向）作用下的风压系数分布。其风压分布特征为：在迎风边缘由于受柱状涡和锥形涡作用而产生极大的负风压；在其他区域由于尾流作用风压较小。

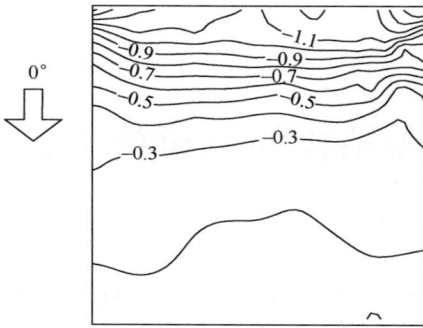

图 6-3　柱状涡作用下平屋面的风压系数　　图 6-4　锥形涡作用下平屋面的风压系数

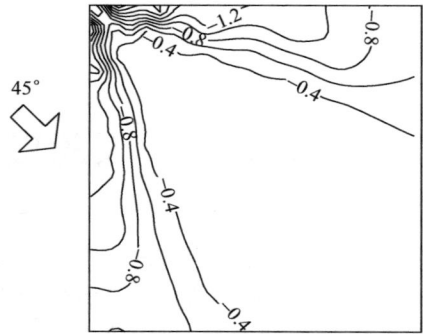

6.1.2　球形屋面的风荷载

对于圆柱形和球形屋面结构，其风压分布可以分为迎风面的正压区和顶部及背风面的负压区。如图 6-5 所示，球形屋面的迎风面和背风面风压基本呈对称分布，靠近屋盖底部为风压力，从底部往屋顶逐渐过渡为风吸力，顶部风吸力最大，背风面出现正压区，说明流场在结构尾部出现明显的再附现象。

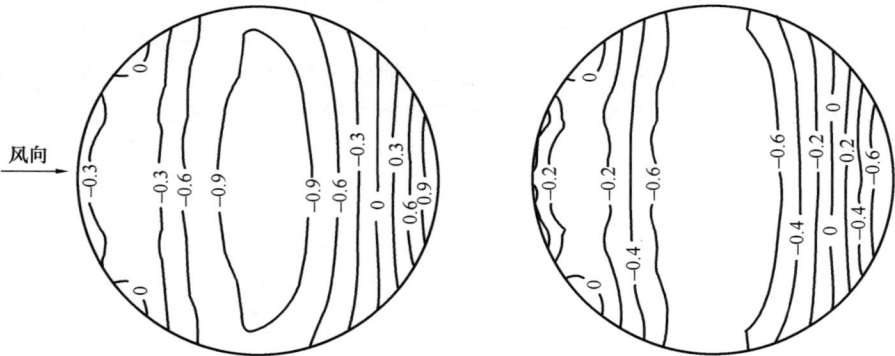

图 6-5　Ⅱ类地貌（$\alpha=0.16$）和Ⅲ类地貌（$\alpha=0.2$）下，球屋面平均风压系数[6]

区域划分取决于矢跨比 f/D、高跨比 H/D、地貌类型。Uematsu 等[3]研究了直径与高度比 H/D 为 1/8～1 的圆形平屋面，指出平均压力系数绝对值随着 H/D 值的增大而增大；这是由于随着 H/D 的增大，迎风边缘分离流的再附线向下风向移动，分离面变得更宽，其变化规律与降低湍流度是一致的。而脉动风压系数的规律就相对复杂，它对于 H/D 的变化不如平均压力系数敏感。Uematsu 等[4-5]研究了单层球壳风压分布特性，其分布形式受参数 f/D 及 H/D 的影响，其中 f/D 的影响要更显著。对 f/D 较小的情况，来流在迎风面分离，因而在迎风区产生很大的风吸力；反之，对 f/D 较大情况，屋面的气流分离发生在背风区，在迎风面可能受风压力。李元齐等[6]发现Ⅱ类地貌（$\alpha=0.16$）的球屋面风压系数绝对值要明显大于Ⅲ类地貌（$\alpha=0.2$），均匀流场下的风压系数约为Ⅱ类地貌（$\alpha=0.16$）下的 2～3 倍。

6.1.3　复杂体型屋面的风荷载

为满足现代建筑对于新颖独特造型的追求，越来越多非典型体型的大屋盖在大型公建中得到应用，这无疑会产生更为复杂的屋盖风效应。因此，对于体型复杂跨度较大的大型屋面结构，我国规范建议采用风洞试验的方法来确定其设计风荷载值。本节对某航站楼波浪形起伏屋面（图 6-6）[7] 的风荷载分布介绍。该屋盖纵向长约 190m，进深约 120m，高约 32m。航站楼为左右对称结构，屋面连绵起伏，其屋面高度如图 6-7 所示，图中正三角表示屋面凸起，倒三角表示屋盖下凹。

采用刚性模型的风洞试验获得该航站楼屋面的风压分布情况。考虑到结构的对称性，选取二分之一的屋面进行测试。风压系数以屋面的最高点处为参考点。

图 6-6　某航站楼的风洞试验模型

图 6-7　屋面高度示意图
（单位：m）

图 6-8 和图 6-9 给出了典型的 0°（垂直）和 45°（倾斜）风向下的屋盖分布结果。可以发现：

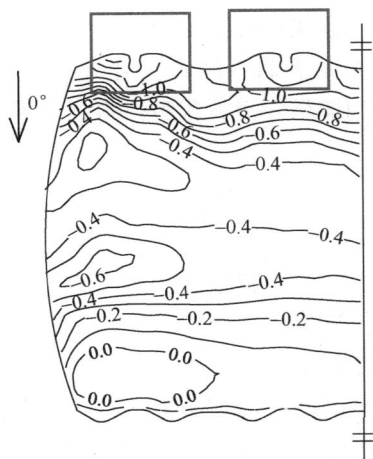

图 6-8　航站楼上表面在 0°风向下的
风压系数

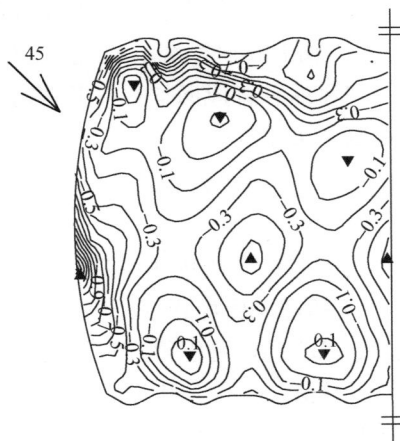

图 6-9　航站楼上表面在 45°风向下的
风压系数

（1）起伏屋盖的风压分布与平屋盖差异明显。例如 0°风向下的迎风区域，尤其在两个缺口附近，如图 6-8 中框线所示，其负风压等值线的形状与屋面轮廓线的形状基本相似，表明风沿着屋面的轮廓线发生气流分离。在背风区出现零甚至正的风压，说明风从迎风位置分离后再附于该区域，形成部分正压。

（2）在 45°斜风向下的迎风角区，从等压线的形状判断两个锥形涡基本形成，但受屋面起伏的影响不如平屋面明显。在屋盖两侧的锥形涡影响区域内，风吸力值明显较大。在其他区域，对照图 6-7 的屋面高度图，可以发现凸出的屋面区域对应于负风压极大值的位置，凹进的屋面对应于负风压极小值（乃至正风压）的位置。其对应的流动状态可能为：当风流经凸出的屋面，气流从凸出区域周围快速流走，在凸起位置底部产生局部分离，使该区域出现很大的负风压；当风流经凹进的屋面，凹陷的区域空气流动相对缓慢，上方的气流对这个其影响并不显著，因此凹陷区域的负风压较小，甚至会出现正压。

6.2 大跨度开洞结构的风致内压

在台风等风灾破坏中，当风致碎片冲击并损坏建筑的围护结构后，原本处于封闭状态的建筑将会产生开孔，从而导致建筑内部风压突然增大，对开孔建筑的安全性造成巨大的威胁[7-8]。大量房屋的破坏表明，建筑开洞后的内外压协同作用是造成围护结构严重破坏乃至屋盖倒塌的主要原因。因此，在开孔建筑的抗风设计中，合理确定内部风压的取值是确保建筑抗风安全的重要环节。开孔建筑的风致内压响应是一个复杂的问题，受到多种因素的影响，例如建筑周边地貌环境、开孔的位置和大小、建筑背景孔隙率和结构的柔度等[9-10]。

6.2.1 迎风面单一开洞风致内压响应

单个迎风面开口的情况通常发生在飓风或台风等强风暴雨中，建筑门窗因强风压或者飞散的碎片而破裂。在开洞形成的瞬间，建筑内部压力可能会出现骤增，但在短时间内衰减，在稳态流动的情况下，内部压力基本保持到与迎风墙开口附近的外部压力相等。

Euteneuer[11]和 Liu[12]等最早研究了建筑存在开洞时，洞口尺寸和位置对内压的影响。当建筑的迎风面和背风面均存在开洞时，应用流量守恒方程可以得到，平均外压和平均内压间满足以下关系：

$$\bar{C}_{pi} = \frac{A_W^2}{A_W^2 + A_L^2}\bar{C}_{peW} + \frac{A_L^2}{A_W^2 + A_L^2}\bar{C}_{peL} \qquad (6\text{-}1)$$

式中，$\bar{C}_{pi}$ 为建筑的平均内压系数、$\bar{C}_{peW}$ 和 $\bar{C}_{peL}$ 分别为建筑的迎风面和背风面平均外压系数；A_W 为建筑的迎风面面积（m²）；A_L 为背风面开洞面积（m²）。当建筑仅存在单一迎风面开洞时，令 $A_L = 0$，可以得到建筑的平均内压等于迎风面平均外压的结论。

建筑物处于湍流边界层风中时，外部压力剧烈波动；内部压力将以某种方式响应这些波动；由于只有一个开口，外部压力增加将导致气流流入建筑物，使内部空气密度增加，进而导致内部压力增加[1]。相比于稳态内压，考虑脉动的内压响应预测更为复杂，但却是评估极值内压的重要手段。在建筑风致脉动内压的响应机理及预测方法上，Holmes[13]提出单开孔建筑内压振荡可以借鉴 Helmholtz 谐振器理论，并采用单一自由度的非线性振动模型（图 6-10）来描述，从而得到二阶非线性的内外压传递微分方程：

$$\frac{\rho_a l_e V_0}{\gamma A_r P_a}\ddot{C}_{pi} + \frac{\rho_a V_0^2 q}{2\gamma^2 k^2 A^2 P_a^2}\dot{C}_{pi}|\dot{C}_{pi}| + C_{pi} = C_{pe}$$

（6-2）

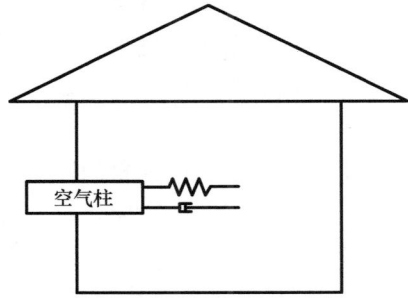

图 6-10　单一开孔计算模型

式中，γ、ρ_a 和 P_a 分别为开孔周围空气的比热容比、密度和压强；A、V_0 为结构的开孔面积和内部容积；C_{pe}、C_{pi}、q 分别为外压系数、内压系数和参考点风压；k 和 l_e（Holmes 认为 $l_e = C_1\sqrt{A}$）分别为孔口流量系数和孔口处空气柱的有效长度；C_1 为惯性系数，通常可取为 0.8～1.5[14-15]。Xu 等[15]对于各参数取值进行了系统回顾。

在此基础上，许多学者也从不同角度对该内压传递方程进行了修正。Liu 和 Saathoff[16]认为孔口存在气流的收缩现象，导致孔口振荡气流的质量有所减小，故应在惯性项引入收缩系数 c。而 Vickery[17]则认为孔口气流的收缩现象在稳定振动状态下会消失，并提出采用损失系数来代替孔口总的能量损失。Sharma 和 Richards[18]、Oh 等[19]和徐海巍等[20]认为对于深长开孔，方程中非线性阻尼项过小，应该再添加一项线性阻尼项。这些改进的方法都在一定程度上提升了脉动内压的预测精度。

6.2.2　开洞建筑风致内压和大跨度屋盖的耦合作用

Vickery 和 Georgiou[21]研究了风致内压对大跨度柔性屋盖系统的动力特性的影响，指出内压对屋盖系统动力特性的影响主要表现为内部气体对屋盖的气承刚度和气动阻尼作用，建立了屋盖和内压的耦合振动简化模型，研究了开孔建筑屋盖的振动响应，结果表明影响大跨度屋盖动力响应的主要因素是气承刚度与屋盖的结构刚度之比以及开孔面积与屋盖等效面积之比。当开孔面积很大时，屋盖的振动类似于悬挑屋盖的振动，刚度即为原屋盖的结构刚度，但阻尼较屋盖在真空中的振动有所增加，这个增加是开孔处的黏滞阻尼赋予的，不计屋盖上表面的气动阻尼；而当开孔面积很小时，屋盖的振动类似于定音鼓的振动，刚度随激励频率的增加由静载时的结构刚度增加到结构刚度与气承刚度之和。研究同时还指出，当开孔面积减小时，屋面振动会显著减弱，这是由于此时的开孔处的黏滞阻尼会显著增加；而当开孔面积继续减小时，这个基本振动模态会出现过阻尼状态，即模态消失，系统的阻尼被高阶模态的阻尼所代替；此时继续减小开孔面积，对系统的刚度和自振频率影响不大，但会减小系统的阻尼，尽管能增加共振响应，但阻尼减小同时导致的临界频率降低会使低频响应大幅降低，因而屋面总响应依然是降低的。Pearce 和 Sykes[22]进行了一系列风洞试验，测试了具有单一开孔的柔性屋盖建筑的压力波动，试验模型测试了五种不同屋盖张力、三种内部容积、两种风速和五种开孔方位角。计算 Helmholtz 频率时，用空气和建筑物的体积模数之比来定义建筑物的有效容积。试验结果表明，屋盖柔度增大时，Helmholtz 频率降低，气流阻尼增大。气流进入开孔时，内部空气和屋盖发生共振的触发器试验结果表明，背风面的单一开孔会引发共振，并对建筑物的疲劳荷载产生影响。通常刚性民用建筑不会发生共振响应，因为刚性屋盖的 Helmholtz 频率高于风的紊态能量区；但在暴风雨中，建筑物屋盖的第一次破坏可能导致屋盖柔度增大，使 Helmholtz 频率降低，由于紊态气流的涌入，结构存在产生更大破坏的潜在危险。

综上所述，大跨度建筑的屋盖通常质量轻且刚度柔，因而容易在风荷载作用下产生振动。当建筑存在开孔时，屋盖就会与孔口处内压空气柱产生耦合振动，形成一个双自由度的振动体系。计算模型见图 6-11。

Sharma 和 Richards[23] 推导了瞬态和共振响应情况下开洞柔性低矮建筑和大型轻质厂房的内压-屋盖联合振动理论模型。假定内压和屋盖符合线性振动系统的要求，建立两者耦合振动的方程组如下：

$$\ddot{X}_j + \frac{C_j}{\rho_a c A l_e}\dot{X}_j + \frac{\gamma c A P_a}{\rho_a l_e V_0}X_j = \frac{q}{\rho_a l_e}C_{pe} + \frac{\gamma A_r P_a}{\rho_a l_e V_0}X_r$$

$$\ddot{X}_r + 2\xi_r\omega_r\dot{X}_r + (\omega_r^2 + \frac{\gamma A_r^2 P_a}{m_r V_0})X_r = \frac{\gamma c A_0 A_r P_a}{m_r V_0}X_j$$

(6-3)

式中，X_j 和 X_r 分别表示气柱和屋盖的位移；A_r 和 m_r 分别表示屋盖的面积和质量；ω_r 和 ξ_r 则分别代表屋盖结构的自振频率以及阻尼比。研究结果表明结构的柔性会降低内压的 Helmholtz 频率，增加额外的气动阻尼，但是对增益函数峰值的降低并不明显。对带有柔性屋盖的建筑，内压表现出双共振的特点。图 6-12 给出了迎风面开孔率为 5‰ 屋盖的振动幅频特性图[24]，屋盖风压为激励的屋盖振动的无量纲频响函数幅值 $|H_e(\omega)|$ 和孔口风压激励的屋盖振动的无量纲频响函数幅值 $|H_w(\omega)|$ 都出现双共振现象，且 $|H_w(\omega)|$ 的两个共振峰值均超过 $|H_e(\omega)|$。在热带风暴中，柔性屋盖建筑产生的新 Helmholtz 频率下的湍动能比平常季风下刚性建筑内压共振频率所对应的能量大 60 倍以上，这也解释了为什么风暴中屋盖掀翻前会产生激烈的振动。

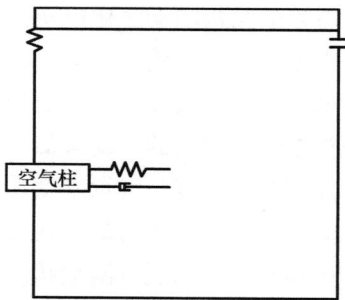

图 6-11　内压和屋盖耦合振动
计算模型

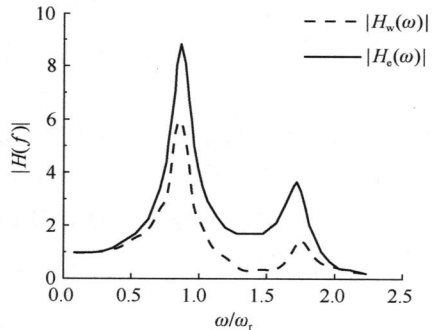

图 6-12　开孔结构屋盖振动的
幅频特性

6.2.3　各国风荷载规范对开孔建筑风致内压取值规定

1. 我国《荷载规范》[25]

建筑物内部压力的局部体型系数可按下列规定采用：

（1）封闭式建筑物：按其外表面风压的正负情况取 -0.2 或 0.2。

（2）仅一面墙有主导洞口的建筑物：当 $0.02 < \delta \leqslant 0.10$ 时，取 $0.4\mu_{sl}$；当 $0.10 < \delta \leqslant 0.30$ 时，取 $0.6\mu_{sl}$；当 $\delta > 0.30$ 时，取 $0.8\mu_{sl}$。

（3）其他情况。按开放式建筑物的 μ_{sl} 取值。

其中，δ 为开洞率，主导洞口的开洞率是指单个主导洞口面积与该墙面全部面积之比；μ_{sl} 为外部风压局部体型系数，取主导洞口对应位置的值。

2. 美国规范 ASCE 7-22[26]

美国规范 ASCE 7-22 将建筑物分为 4 类：全封闭式、部分封闭式、开敞式和部分开敞式。

（1）全封闭式建筑：外部风压为正压的墙面上的开孔总面积 A_0 不超过 $0.37\mathrm{m}^2$ 或该墙面总面积 A_g 的 1% 中的较小值。

（2）部分封闭式建筑：外部风压为正压的墙面上的开孔总面积 A_0 大于建筑其他围护结构（墙面和屋面）上的开孔总面积 A_{0i} 的 1.1 倍，并且外部风压为正压的墙面上的开孔总面积 A_0 大于 $0.37\mathrm{m}^2$ 或该墙面总面积 A_g 的 1% 中的较小值，且建筑其他围护结构（墙面和屋面）的开孔率不超过 20%。

（3）开敞式建筑：建筑每个墙面上的开孔率都不小于 80%。

（4）部分开敞式建筑：不符合全封闭式、部分封闭式或开敞式建筑物要求的建筑物。ASCE 7-16 给出了以上各类建筑的内部风压系数的取值，如表 6-1 所示。

ASCE 7-22 内压系数取值　　　　　　　　　　　　　　　　　　表 6-1

建筑类型	内压系数
全封闭式	± 0.18
部分封闭式	± 0.55
部分开敞式	± 0.18
开敞式	0

3. 澳大利亚/新西兰规范：AS/NZS 1170.2:2021[27]

澳大利亚/新西兰规范 AS/NZS 1170.2:2021 对开孔建筑内压系数的取值定义最为详细，不仅给出了开孔位于迎风面时的内压系数，还给出了开孔位于侧风面、背风面和屋面时的内压系数。具体取值方法如表 6-2 和表 6-3 所示。

内压系数取值（墙体开孔不大于墙体面积的 0.5% 且屋顶密封的情况）　　表 6-2

类型		内压系数	图示
只有一面墙透风，其他墙不透风	迎风墙面	与迎风面外压系数相同	
	除迎风墙面其他墙	-0.3	

续表

类型		内压系数	图示
两面或三面墙透风，其他墙不透风	含有迎风墙面	−0.1，0.2	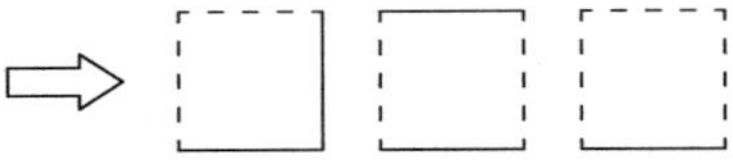
	不含有迎风墙面	−0.3	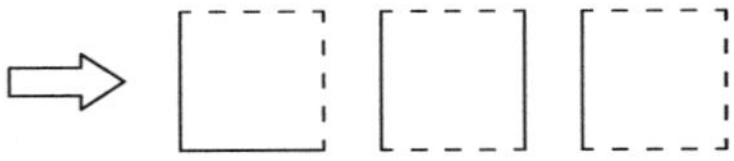
所有墙透风		−0.3 或 0.0，取更不利组合情况	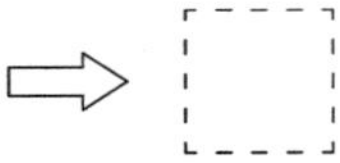
密封良好并且不开窗		−0.2 或 0.0，取更不利组合情况	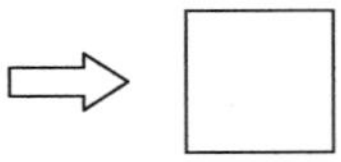

注：当显示两个值时，被视为单独的荷载工况。

表 6-2 中，不开洞墙面是指总开孔面积与总表面积之比小于 0.1% 的表面。透风表面是指包括泄漏在内的总开孔面积与总表面积之比在 0.1%～0.5% 之间的表面。其他开孔面积大于 0.5% 的表面被视为具有大开孔，其内部压力应从表 6-3 中获取。

内压系数取值（开孔面积大于墙体或屋顶面积的 0.5% 的情况）　　　　表 6-3

ε	最大开孔位于迎风墙面上	最大开孔位于背风墙面上	最大开孔位于侧风墙面上	最大开孔位于屋面上
≤0.5	−0.3，0.0	−0.3，0.0	−0.3，0.0	−0.3，0.0
1	−0.1，0.2	−0.3，0.0	−0.3，0.0	−0.3，0.0
2	$0.7K_aK_lC_{p,e}$	$K_aK_lC_{p,e}$	$K_aK_lC_{p,e}$	$K_aK_lC_{p,e}$
3	$0.85K_aK_lC_{p,e}$	$K_aK_lC_{p,e}$	$K_aK_lC_{p,e}$	$K_aK_lC_{p,e}$
≥6	$K_aK_lC_{p,e}$	$K_aK_lC_{p,e}$	$K_aK_lC_{p,e}$	$K_aK_lC_{p,e}$
图示	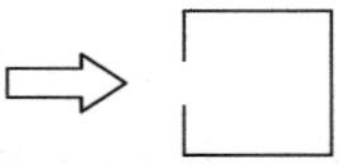	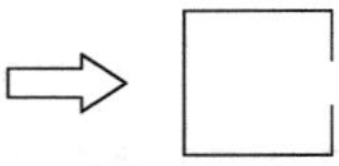	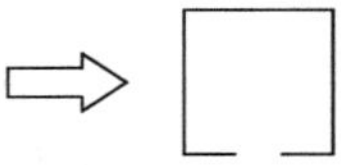	

表中：$C_{p,e}$ 为最大开孔所在位置处对应的外压系数；ε 为某一表面开口面积与其他墙面和屋顶表面开口总面积（包括透风性）之和的比值；K_a 是与所考虑表面开孔总面积 A 相关的面积缩减系数，其中"分担面积"被视为开口面积；K_l 是局部压力系数，对于主体结构取 1.0，对于围护结构则需按照规范取值。

对于封闭建筑物的屋顶和墙体，面积缩减系数 K_a 应按照表 6-4 中的规定取值。对于其他所有情况，K_a 应取 1.0。分担面积 A 是指对所考虑的力产生贡献的面积。对于 A 的中间值，应采用线性插值计算。

面积缩减系数 K_a　　　　　　　　　　　　　　　　　　　表 6-4

分担面积 A（m²）	屋顶和侧风墙	迎风墙墙高 h<25m	背风墙墙高 h<25m
≤10	1.0	1.0	1.0
25	0.9	0.95	1.0
≥100	0.8	0.9	0.95

6.3　开敞体型大跨度屋盖结构的风荷载特征

开敞体型大跨度屋盖结构主要为体育场的看台挑篷、大型的储煤篷、加油站等，这些建筑屋面的上下表面均受到风荷载的作用。

6.3.1　平看台挑篷的风荷载

下面以某体育场平看台挑篷为例[28]给出其风荷载分布特征。该挑篷长 78m，宽为 15m，高为 18m，图 6-13 给出了挑篷的具体尺寸和风向角定义。图 6-14 给出了看台挑篷在 0°风向下的风压系数分布。挑篷的上表面呈现出柱状涡作用下典型的风压分布，下表

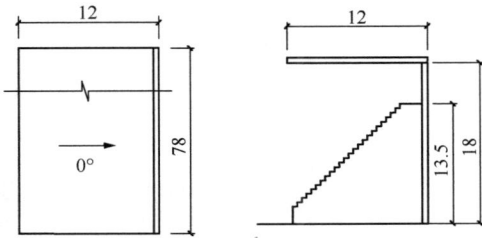

图 6-13　看台挑篷的尺寸（m）和风向

面由于气流受阻产生兜风效应呈现正风压，因此将产生"上吸下顶"的叠加风吸力，相比单纯的上表面吸力增加约 80%。对于迎风方向的其他角度（例如 0°），风压合力仍为"上吸下顶"的叠加组合。然而，对于背风向（例如 180°），上下表面均受负压作用，风压合力为"上吸下吸"的抵消组合。

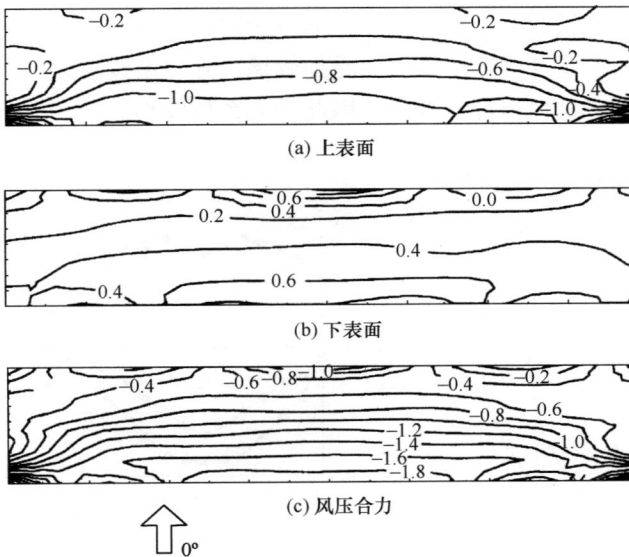

（a）上表面

（b）下表面

（c）风压合力

图 6-14　看台挑篷在 0°风向的风压系数

6.3.2 复杂体型挑篷的风荷载

以某大型体育场屋盖[29]为例，介绍复杂体型的看台挑篷的风荷载分布特征。所研究的

图 6-15 某体育场的风洞试验模型

体育场为对称布置，其形状如图 6-15 所示，挑篷的最高处为 26.8m。考虑到结构的对称性，选取一侧的挑篷布置测点，取 R 挑篷（右侧挑篷），如图 6-16 所示。风压系数以挑篷的最高处即 26.8m 为参考点归一化。

为了评价各个风向角下屋盖所受的整体风荷载，引入总体升力系数 C_F，以确定不同风向下单侧挑篷所受的升力值：

$$C_F = \int \overline{C}_{pi} \cdot \overline{S}_i / S \, d\overline{S}_i \tag{6-4}$$

式中，S 为挑篷的整体面积，$\overline{C}_{pi}$ 和 $\overline{S}_i$ 分别为测点的平均风压系数和控制面积。

根据式（6-4）对 R 挑篷分别进行上表面、下表面及风压合力的升力系数计算，结果如图 6-17 所示。由此，可以发现体育场挑篷风压分布的一些特点：

（1）上表面的升力系数全为负值，风向角在 0° 和 180° 附近时达到最小值（即吸力最小）；在 90° 和 270° 即屋盖短边垂直迎风时达到最大值。

（2）下表面的升力系数在屋盖迎风时基本为正值（如 0°～180°），即受到上顶力。而在背风侧时（如 195°～345°），下表面受到负风压（即下吸力）作用。这一受风作用规律与看台挑篷类似。

（3）同样，对于风压合力，整体表现为向上的升力作用。在 0°～180°，上表面受负压，下表面受正压，产生"上吸下顶"的叠加效果，升力系数较大。在 195°～345°，上下表面均受到负压作用，其风压部分抵消，因此升力系数较小。

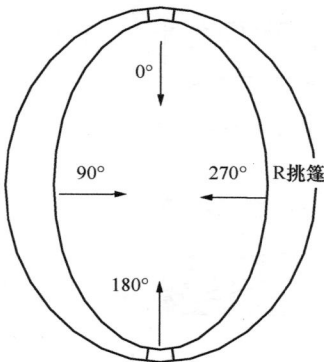

图 6-16 体育场风向角的示意图

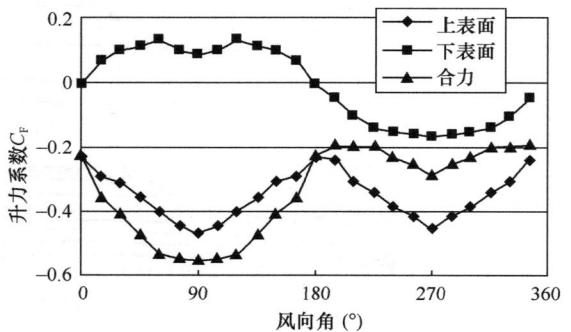

图 6-17 各风向角下 R 挑篷的升力系数

6.4　大跨度屋盖结构的风荷载优化措施

对于空间大而高度低的大跨度屋盖结构，其屋面围护结构与主体结构相比更易发生风致破坏。对于封闭体型的大跨度屋盖结构，最直接的方法就是干扰和破坏柱状涡和锥形涡的形成，减小上表面的负风压。Surry[30]曾提出了四种方案来减小平屋面角区的风压，即：

（1）方案 1：去除产生漩涡的直角边（如采用圆形或弧形的屋面棱角边等）；

（2）方案 2：抑制漩涡的形成（如采用局部性的女儿墙和透风性女儿墙等）；

（3）方案 3：干扰漩涡（如在屋面角区安装气流分隔器和锯齿形棱角边）；

（4）方案 4：转移漩涡（如绕屋面一周全部布置女儿墙等）。

在经过多组对比试验后，Surry 发现上述的各项措施均有一定的效果，其中以多孔性女儿墙（方案 2）的效果最好，其极值风压的吸力最多能减少 70%。

对于敞开体型的悬挑屋面，其最不利的风荷载是迎风风向下由于"上吸下顶"而产生的危险掀力。如何进行屋盖风荷载的优化是抗风设计中值得探索的方面。下面以某客运大楼为例介绍一些实用气动优化措施。某客运大楼整体布局为工字形，原型尺寸长 156m，进深 139m，高 21m。图 6-18 为其风洞试验模型的照片，试验的风向角如图 6-19 所示。风压系数以屋面的最高点处为参考点归一化。

大楼的 A、B 屋面具有相同的几何尺寸，但是 B 屋面悬挑的长度比 A 屋面大一些，并增设了两个通风天井，如图 6-18 框线所示。为了分析开孔对屋面风压的影响，对 A、B 屋面受风较不利的两个位置即 A1、A2、B1 和 B2 处的风压系数进行比较，如图 6-20 所示。从图中可以发现，B 屋面测点的风荷载比 A 屋面小很多，其原因可以归结如下：B 屋面的开孔使得下表面的风能在开孔处形成风通道。这样悬挑屋面就不会在迎风时形成"上吸下顶"的最不利风压。由此可见，在悬挑屋面进行开孔处理可以起到减小屋面风荷载的作用。图 6-21 给出了的 A 屋面的悬挑区域 L1（图 6-19）和对应 B 屋面的悬挑位置区域 L2 的平均风压系数，来反映整个悬挑区域所受的风荷载差异。可以发现，L2 上的平均风压比 L1 小得多，同理也可以反映出开孔的处理对悬挑屋面的抑风作用。

开孔和开槽的处理思想，本质上也是通过修改结构的外形以达到削减结构风荷载的目的。在大跨度悬挑屋面工程应用上，既能达到减小屋面风荷载的目的，又不破坏建筑的优美造型，因此是一种非常实用的气动抑风措施。

图 6-18　某客运大楼的风洞试验模型

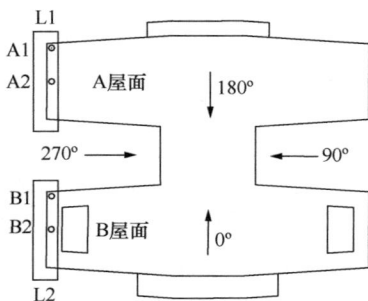

图 6-19　客运大楼的风向角及测点位置示意图

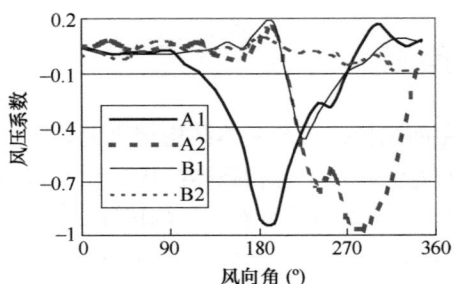

图 6-20 各测点的风压系数随风向角分布   图 6-21 两个区域的平均风压系数随风向角分布

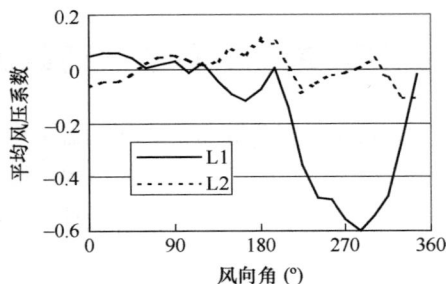

参考文献

[1] Holmes J D. Wind loading of structures [M]. 3rd ed. Boca Raton，FL：CRC Press，2015.

[2] 陆锋，楼文娟，孙炳楠. 大跨度平屋面结构风洞试验研究[J]. 建筑结构学报，2001，22(6)：87-94.

[3] Uematsu Y，Watanabe K，Sasaki A，et al. Wind-induced dynamic response and resultant load estima-tion of a circular flat roof[J]. Journal of Wind Engineering and Industrial Aerodynamics，1999，83(1-3)：251-261.

[4] Uematsu Y，Yamada M，Inoue A，et al. Wind loads and wind-induced dynamic behavior of a single-layer latticed dome[J]. Journal of wind engineering and industrial aerodynamics，1997，66(3)：227-248.

[5] Uematsu Y，Kuribara O，Yamada M，et al. Wind-induced dynamic behavior and its load estimation of a single-layer latticed dome with a long span[J]. Journal of Wind Engineering and Industrial Aerody-namics，2001，89(14-15)：1671-1687.

[6] 李元齐，田村幸雄，沈祖炎. 球面壳体表面风压分布特性风洞试验研究[J]. 建筑结构学报，2005，26(5)：104-111.

[7] Shanmugasundaram J，Arunachalam S，Gomathinayagam S，et al. Cyclone damage to buildings and structures：A case study[J]. Journal of Wind Engineering and Industrial Aerodynamics，2000，84(3)：369-380.

[8] Lee B E，Wills J. Vulnerability of fully glazed high-rise buildings in tropical cyclones[J]. Journal of Architectural Engineering，2002，8(2)：42-48.

[9] 顾明，余先锋，全涌. 建筑结构风致内压的研究进展[J]. 同济大学学报：自然科学版，2011，39(10)：1434-1440.

[10] Kopp G A，Oh J H，Inculet D R. Wind-induced internal pressures in houses[J]. Journal of Struc-tural Engineering，2008，134(7)：1129-1138.

[11] Euteneuer G A. Einfluss des Windeinfalls auf Innendruck und Zugluft-Erscheinung in teilweise of-fenen Bauwerken[J]. Der Bauingenieur，1971，46：355-360.

[12] Liu H. Wind pressure inside building[C]// Proceedings of the 2nd US National Conference on Wind Engineering Research，Fort Collins：Colorado State University，1975.

[13] Holmes J D. Mean and fluctuating pressures induced by wind[C]// Proceedings of 5th international conference on wind engineering. Fort Collins：ICWE，1979.

[14] Vickery B J，Bloxham C. Internal pressure dynamics with a dominant opening[J]. Journal of Wind

Engineering and Industrial Aerodynamics，1992，41(1-3)：193-204.

[15]　Xu H W，Yu S C，Lou W I. Estimation method of loss coefficient for wind-induced internal pressure fluctuations[J]. Journal of Engineering Mechanics，2016，142(7)：1-10.

[16]　Liu H，Saathoff P J. Building internal pressure：sudden change[J]. Journal of the Engineering Mechanics Division，1981，107(2)：309-321.

[17]　Vickery B J. Comments on "the propagation of internal pressures in buildings" by RI Harris[J]. Journal of Wind Engineering and Industrial Aerodynamics，1991，37(2)：209-212.

[18]　Sharma R N，Richards P J. Computational modeling of the transient response of building internal pressure to a sudden opening[J]. Journal of Wind Engineering and Industrial Aerodynamics，1997，72：149-161.

[19]　Oh J H，Kopp G A，Inculet D R. The UWO contribution to the NIST aerodynamic database for wind loads on low buildings：Part 3. Internal pressures[J]. Journal of wind engineering and industrial aerodynamics，2007，95(8)：755-779.

[20]　徐海巍，余世策，楼文娟. 开孔结构内压传递方程的适用性分析[J]. 浙江大学学报：工学版，2012，46(5)：811-817.

[21]　Vickery B J，Georgiou P N. A simplified approach to the determination of the influence of internal pressure on the dynamics of large span roofs[J]. Journal of Wind Engineering and Industrial Aerodynamics，1991，38(2-3)：357-369.

[22]　Pearce W，Sykes D M. Wind tunnel measurements of cavity pressure dynamics in a low-rise flexible roofed building[J]. Journal of Wind Engineering and Industrial Aerodynamics，1999，82(1-3)：27-48.

[23]　Sharma R N，Richards P J. The effect of roof flexibility on internal pressure fluctuations[J]. Journal of Wind Engineering and Industrial Aerodynamics，1997，72：175-186.

[24]　余世策. 开孔结构风致内压及其与柔性屋盖的耦合作用[D]. 杭州：浙江大学，2006.

[25]　中华人民共和国住房和城乡建设部. 建筑结构荷载规范：GB 50009－2012[S]. 北京：中国建筑工业出版社，2012.

[26]　The American Society of Civil Engineers. Minimum design loads for buildings and other structures：ASCE 7-22[S]. Reston：American Society of Civil Engineers，2022.

[27]　Standards Australia Limited. Australian/New Zealand standard structural design actions Part 2：Wind actions：AS/NZS 1170. 2：2011[S]. Sydney：Standards Australia International Ltd. ，2011.

[28]　Zhao J G，Lam K M. Characteristics of wind pressures on large cantilevered roofs：effect of roof inclination[J]. Journal of Wind Engineering and Industrial Aerodynamics，2002，90(12-15)：1867-1880.

[29]　沈国辉. 大跨度屋盖结构的抗风研究[D]. 杭州：浙江大学，2004.

[30]　Surry D. Pressure measurements on the Texas Tech building：wind tunnel measurements and comparisons with full scale[J]. Journal of Wind Engineering and Industrial Aerodynamics，1991，38(2-3)：235-247.

第7章 大跨度桥梁的风振响应分析

7.1 引言

　　大跨度桥梁作为现代交通基础设施网络中的关键组成部分，在促进区域经济发展、提高交通运输效率以及加强区域间联通性方面发挥了重要作用。随着城市化进程的加快以及海洋强国战略的推进，桥梁的建设不断向大跨度、多形式的趋势发展，给桥梁的设计和建设带来了众多挑战。例如苏通长江大桥（斜拉桥，主跨1088m）是中国首座主跨超千米的斜拉桥；明石海峡大桥（悬索桥，主跨1991m）是目前世界上跨距最大的悬索桥。其中风振效应是桥梁设计中关注的重点，大跨度桥梁的风振现象不仅对结构本身的稳定性与耐久性构成威胁，还可能影响过桥车辆的驾驶体验，极端情况下甚至可能危及人员与财产安全。桥梁的风振灾变事故也时有发生，后果较为严重。1940年，美国华盛顿州的塔科马悬索桥在风速接近19m/s时，发生以一阶反对称扭转振型为主的扭转振动并迅速加剧，之后振动幅度持续扩大，最终导致吊索发生疲劳断裂，大部分加劲梁坠入河中。

　　近年来，虽然桥梁的抗风理论和设计方法得到了快速发展，但风灾风险依然存在。例如，2020年广州虎门大桥的桥面出现持续约3小时的异常竖向波动，振幅峰值达0.5m，振动频率约0.25Hz，呈现周期性起伏但未造成结构破坏。其直接原因是桥面养护设置的临时挡水墙（水马）破坏了原有气动外形，导致气流分离并形成卡门涡街，涡脱频率与桥梁竖向固有频率耦合引发共振。由此可见，对于大跨度桥梁而言，充分考虑并解决风振效应问题不容忽视。为此，必须对桥梁进行抗风分析和设计，以保证桥梁的安全施工和运营。特别要指出的是，不仅要对全桥考虑风的作用，还要关注施工过程中的桥梁风效应。一般说来，对施工状态所采用的分析和试验方法与成桥状态分析是类似的。

　　桥梁结构在近地面紊流风作用下的振动响应是多种因素共同作用的结果。表7-1列出了桥梁风振的主要效应，接下来将对这些振动效应进行详细阐述。

桥梁的风效应　　　　　　　　　　　　　　　　　　　　　　　　　　　表7-1

分类	振动类型	现象	作用机理
静力作用	扭转发散	静变形与静力失稳	静（扭转）力矩作用
	横向屈曲		静阻力作用
动力作用	驰振	垂直风向的弯曲振动，振幅有限但随风速的增大而急剧增加	自激力的气动阻尼驱动
	颤振	扭转振动或弯曲与扭转的耦合振动，振幅突然急剧增加	自激力的气动阻尼或气动刚度驱动
	抖振	扭转振动、竖向弯曲振动或者水平风向弯曲振动，幅值一般随风速平方而增加	紊流风作用
	涡激振动	垂直风向的弯曲振动或扭转振动，振幅有限，在共振以外即消失	漩涡脱落引起的涡激力作用

7.2　静力效应

静力风荷载是指平均风速作用下产生的静态荷载。风速的平均作用会导致风场中的结构发生一定的静力变形，因此，气流的作用可以视为静荷载。对于处于风场中的桥梁断面，若忽略其自身的振动效应，可以将其看作风场中固定不动的刚体。当气流经过这一刚体时，必然会产生绕流现象，从而改变流线的分布。根据伯努利方程，在任意一条流线上：

$$\frac{1}{2}\rho U^2 + P = 常数 \tag{7-1}$$

式中，U 为来流速度；ρ 为空气密度；P 为压强。

在桥梁断面的表面，风速较快的区域，其压强会低于风速较慢的区域。静风荷载通常通过升力、阻力和力矩三分力进行描述。对于桥梁断面上下表面的压强差，可以通过面积积分求得升力荷载，这一荷载也可通过节段模型风洞试验直接测得。同样，桥梁断面前后表面的压强差的面积积分，代表了桥梁所受的风阻力荷载。此外，由于升力和阻力的合力作用点与桥梁断面的形心往往不

图 7-1　静力风荷载

一致，因此会产生扭矩作用。综合起来，桥梁断面的风荷载包括升力、阻力和力矩三个分量，如图 7-1 所示。在其他条件相同的情况下，形状相似的两个截面的静力风荷载应当与它们的特征尺寸成比例。因此，可以引入无量纲的静力三分力系数，用于描述具有相同形状的截面在静力风荷载方面的共同特征，单位长度的静力风荷载可在体轴坐标系下表示为：

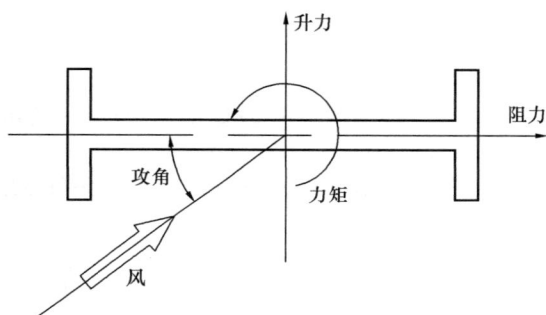

横向风荷载（阻力）：

$$F_D = \frac{1}{2}\rho U^2 C_D D \tag{7-2}$$

竖向风荷载（升力）：

$$F_L = \frac{1}{2}\rho U^2 C_L B \tag{7-3}$$

扭转力矩：

$$M_F = \frac{1}{2}\rho U^2 C_M B^2 \tag{7-4}$$

式中，C_D、C_L、C_M 分别为阻力、升力、扭矩系数，D、B 为桥梁主梁的侧向投影高度和宽度。

7.2.1 静力扭转发散

对于流线型机翼，当飞行速度达到某一临界值时，可能会发生机翼扭毁的事故。这是由于空气产生的静扭转力矩作用于机翼，导致机翼产生扭转角；随着扭转角的增大，有效攻角也随之增加，从而进一步加大了扭转力矩。在临界速度下，空气力矩的增量超过了结构所能提供的抵抗力矩，最终引发了扭转发散现象。类似地，对于跨度较大的流线型桥梁断面，也可能出现类似的现象，即风速增大导致的扭转发散。

首先，将扭转力矩系数 $C_M(\alpha)$ 在攻角 $\alpha=0$ 处进行一阶泰勒展开，得到：

$$C_M(\alpha) = C_{M0} + \alpha \frac{dC_M}{d\alpha} \mid_{\alpha=0} \tag{7-5}$$

式中，C_{M0} 是 $\alpha=0$ 时的扭转力矩系数。

因此，在平均风的作用下，单位长度桥面的气动力矩为：

$$M_a = \frac{1}{2}\rho U^2 B^2 C_M(\alpha) = \frac{1}{2}\rho U^2 B^2 \left(C_{M0} + \alpha \frac{dC_M}{d\alpha} \mid_{\alpha=0} \right) \tag{7-6}$$

而由气动力矩和结构抵抗矩相等的条件 $M_a = K_t \alpha$（K_t 为结构的抗扭刚度）可以得到：

$$\begin{cases} (K_t - \lambda C'_M)\alpha = \lambda C_{M0} \\ \lambda = \frac{1}{2}\rho U^2 B^2, C'_M = \frac{dC_M}{d\alpha} \mid_{\alpha=0} \end{cases} \tag{7-7}$$

式中，C'_M 为断面的扭转力矩系数斜率。当 $\lambda = K_t/C'_M$ 时，α 将趋于无穷大，于是得到扭转发散的临界风速：

$$v_{sd} = \sqrt{\frac{2K_t}{\rho B^2 C'_M}} \tag{7-8}$$

由上式可见，结构的抗扭刚度 K_t 越小，断面的空气力矩系数斜率 C'_M 越大，则扭转发散的临界风速越低。

引入结构抗扭刚度 K_t 和扭转频率 f_t 的关系式：$\omega_t = \sqrt{K_t/I_m} = 2\pi f_t$，注意到 $I_m = m_b r^2$（m_b 是桥面系及主缆单位长度质量，r 是桥梁的惯性半径），则：

$$v_{sd} = f_t B \sqrt{\frac{\pi^3}{2}\mu \left(\frac{r}{b}\right)^2 \frac{1}{C'_M}} = K_{sd} f_t B \tag{7-9}$$

式中，

$$b = B/2 (b \text{ 为桥梁半宽}), \mu = \frac{m_b}{\pi \rho b^2}, K_{sd} = \sqrt{\frac{\pi^3}{2}\mu \left(\frac{r}{b}\right)^2 \frac{1}{C'_M}}$$

7.2.2 静力横向屈曲

在静力风荷载作用下，当悬索桥主缆拉力提供的几何刚度，以及加劲梁的侧向和抗扭刚度不足以有效抵抗气动扭矩时，可能会发生类似于梁侧倾的静力失稳现象。对单跨悬索桥，其侧向失稳形态常为反对称形式，根据《公路桥梁抗风设计规范》JTG/T 3360—01—2018[1]，可得到临界均匀水平风荷载 q_{tb} 的计算公式为：

$$q_{tb} = \frac{8\pi^3 \sqrt{\overline{EI} \cdot \overline{GJ_d}}}{L^3 \sqrt{3.54} \sqrt{4.54 + \dfrac{C_L' B_c}{C_D D}}} \tag{7-10}$$

其中:

$$\overline{EI} = EI + \frac{l}{2\pi^2} H_g \tag{7-11}$$

$$\overline{GJ_d} = GJ_d + EI_\omega \frac{4\pi^2}{L^2} + \frac{B_c^2}{2} H_g \tag{7-12}$$

式中, EI 为主梁的抗弯刚度, GJ_d 为主梁的自由抗扭刚度, EI_ω 为主梁的约束抗扭刚度, B_c 为主缆中心距, H_g 为恒荷载作用下单根索的水平拉力, L 为主梁跨径。

静力风荷载 q_{tb} 与临界风速 v_{tb} 的关系为:

$$q_{tb} = \frac{1}{2} \rho v_{tb}^2 C_D D \tag{7-13}$$

将式 (7-10) 代入式 (7-13) 得到:

$$v_{tb} = \frac{4\pi^{3/2} \sqrt[4]{\overline{EI} \cdot \overline{GJ_d}}}{3.54^{1/4} L^{3/2} \sqrt{\rho C_D D} \sqrt[4]{4.54 + \dfrac{C_L' B_c}{C_D D}}} \tag{7-14}$$

由刚度-质量关系得:

$$2\pi f_b = \left(\frac{2\pi}{L}\right)^2 \sqrt{\frac{EI}{m_b}} \tag{7-15}$$

式中, f_b 是竖向弯曲基频。

抗扭刚度与转动惯量 I_m 的关系为:

$$2\pi f_t = \frac{2\pi}{L} \sqrt{\frac{GJ_d}{I_m}} \tag{7-16}$$

式中, f_t 是扭转基频。

将式 (7-15) 和式 (7-16) 代入式 (7-11) 和式 (7-12), 对 $\overline{EI}$ 和 $\overline{GJ_d}$ 进行化简, 再将结果代入式 (7-14), 得到横向屈曲临界风速 v_{tb}:

$$v_{tb} = f_t B \sqrt{\frac{\pi^3 \dfrac{B}{D} \mu \dfrac{r}{b}}{C_D \varepsilon \sqrt{3.54} \sqrt{4.54 + \dfrac{C_L' B_c}{C_D D}}}} = K_{tb} f_t B \tag{7-17}$$

式中, ε 为扭弯频率比, $\varepsilon = \dfrac{f_t}{f_b}$; $K_{tb} = \sqrt{\dfrac{\pi^3 \dfrac{B}{D} \mu \dfrac{r}{b}}{C_D \varepsilon \sqrt{3.54} \sqrt{4.54 + \dfrac{C_L' B_c}{C_D D}}}}$

7.3 动力效应

风对桥梁的动力效应主要表现为驰振、颤振、抖振和涡激振动等。虽然这四种振动的机理和影响因素不同, 但它们的基本运动方程在形式上展现出一定的相似性, 即都可以归纳为经典动力学方程形式（$m\ddot{y}+c\dot{y}+ky=F$）。然而，尽管基本方程相似，但它们所含的外力项特性、计算方法以及影响因素存在显著差异。例如，驰振的外力与结构的几何形状和迎风角度有关，显示出非线性特征；颤振力依赖于结构的气动弹性特性，通常采用线性化的方法；涡振由流体中的涡脱频率引起，与流体动力学的涡街现象相关；抖振则是由脉动风速所导致的随机振动，需要用随机振动理论来描述。这些差异反映了桥梁不同风致振动现象的独特性，需要根据物理机理选择合适的分析方法。

7.3.1　驰振

驰振是指具有特殊截面（如矩形或 D 形）的细长结构物在风速超过临界值时产生的横风向不稳定振动现象。其特点是振动频率低、振幅大，对结构的危害较为严重。驰振最早在覆冰电线中被发现，振动激发的波动在电杆间迅速传播，振幅可达到电线直径的 10 倍以上，因此被称为驰振，这是一种典型的发散性自激振动。

1. 驰振运动方程

在结构驰振中，平均风起很大的作用，因此对驰振现象的分析通常基于准静态假设，即假定作用在运动物体上的升力系数和阻力系数与结构静止时一致，相当于认为驰振力是准定常的，只与风对结构的相对速度和相对攻角有关。当旋涡脱落频率远远大于结构固有频率时，准静态假设才是正确的。

图 7-2 所示为一单自由度系统，假定其在均匀来流速度 U 作用下产生 y 方向的振动，振动速度为 $\dot{y}$，则来流与结构之间的相对风速 U_r 可表示为：

$$U_r = U/\cos\alpha \tag{7-18}$$

式中，α 是风对结构的相对攻角，可表示为：

$$\alpha = \arctan\left(\frac{\dot{y}}{U}\right) \tag{7-19}$$

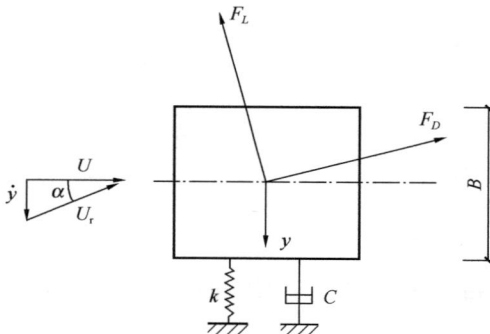

图 7-2　单自由度驰振模型

为方便描述，统一用一个特征长度即桥宽 B 来定义三分力系数[2]，则由相对风速 U_r 在结构上引起的平均升力 $F_L(\alpha)$ 和阻力 $F_D(\alpha)$ 为：

$$F_L(\alpha) = \frac{1}{2}\rho U_r^2 B C_L(\alpha)$$

$$F_D(\alpha) = \frac{1}{2}\rho U_r^2 B C_D(\alpha) \tag{7-20}$$

根据图 7-2 的投影关系可得驰振力 $F_y(\alpha)$ 的表达式为：

$$\begin{aligned}
F_y(\alpha) &= -F_L(\alpha)\cos\alpha - F_D(\alpha)\sin\alpha \\
&= \frac{1}{2}\rho U_r^2 B\left[-C_D(\alpha)\sin\alpha - C_L(\alpha)\cos\alpha\right] \\
&= \frac{1}{2}\rho U^2 B C_{F_y}(\alpha)
\end{aligned} \tag{7-21}$$

式中，驰振力系数 $C_{F_y}(\alpha)$ 可表示为：

$$C_{F_y}(\alpha) = -\frac{U_r^2}{U^2}\left[C_D(\alpha)\sin\alpha + C_L(\alpha)\cos\alpha\right]$$
$$= -\left[C_D(\alpha)\tan\alpha + C_L(\alpha)\right]\sec^3\alpha \tag{7-22}$$

设运动速度 $\dot{y}$ 和 α 角都很小，可近似认为 $\alpha = \dot{y}/U$。将 $C_{F_y}(\alpha)$ 在 $\alpha = 0$ 处按泰勒级数展开，并取线性项得：

$$C_{F_y}(\alpha) \approx C_{F_y}(0) + C'_{F_y}(0)\alpha = -C_L(0) + C'_{F_y}(0)\frac{\dot{y}}{U} \tag{7-23}$$

求导可得：

$$C'_{F_y}(0) = \frac{\mathrm{d}C_{F_y}(\alpha)}{\mathrm{d}\alpha}\Big|_{\alpha=0} = \left\{ \begin{array}{l} -\sec^3\alpha\left[\dfrac{\mathrm{d}C_L(\alpha)}{\mathrm{d}\alpha} + \dfrac{\mathrm{d}C_D(\alpha)}{\mathrm{d}\alpha}\tan\alpha + C_D(\alpha)\sec^2\alpha\right] \\ -3\sec^3\alpha\tan\alpha\left[C_L(\alpha) + C_D(\alpha)\tan\alpha\right] \end{array} \right\}_{\alpha=0}$$
$$= -\left[\frac{\mathrm{d}C_L(\alpha)}{\mathrm{d}\alpha} + C_D(\alpha)\right]_{\alpha=0} \tag{7-24}$$

系统在驰振力 $F_y(\alpha)$ 作用下的运动方程为：

$$m\ddot{y}(t) + C\dot{y}(t) + ky(t) = F_y(\alpha) \tag{7-25}$$

式中，m、C、k 分别为结构的质量、阻尼及刚度。

将式 (7-21)、式 (7-23) 和式 (7-24) 代入式 (7-25) 可得：

$$m\ddot{y} + \left\{C + \frac{1}{2}\rho UB\left[\frac{\mathrm{d}C_L(\alpha)}{\mathrm{d}\alpha} + C_D(\alpha)\right]_{\alpha=0}\right\}\dot{y} + ky = \frac{1}{2}\rho U^2 BC_{F_y}(0) \tag{7-26}$$

可以看到，系统的总阻尼除结构自身的阻尼 C 外，还包含了一项与气动力相关的附加阻尼，这里称之为气动阻尼 C_a，其表达式为：

$$C_a = \frac{1}{2}\rho UB\left[\frac{\mathrm{d}C_L(\alpha)}{\mathrm{d}\alpha} + C_D(\alpha)\right]_{\alpha=0} \tag{7-27}$$

考虑到工程中一般采用阻尼比的形式表示阻尼项，则气动阻尼比 ξ_a 为：

$$\xi_a = \frac{\rho UB}{4m\omega}\left[\frac{\mathrm{d}C_L(\alpha)}{\mathrm{d}\alpha} + C_D(\alpha)\right]_{\alpha=0} \tag{7-28}$$

系统总阻尼比 ξ_T 为：

$$\xi_T = \xi + \frac{\rho UB}{4m\omega}\left[\frac{\mathrm{d}C_L(\alpha)}{\mathrm{d}\alpha} + C_D(\alpha)\right]_{\alpha=0} \tag{7-29}$$

式中，ξ 为结构固有阻尼比，ω 为结构圆频率。

2. 驰振临界风速

由结构动力学原理可知，对于一给定系统，当其总阻尼比 $\xi_T > 0$ 时，结构振动会衰减；当 $\xi_T < 0$ 时，结构处于负阻尼状态，会产生发散型振动；当 $\xi_T = 0$ 时，系统处于临界状态。据此，可得到结构发生驰振的必要条件为：

$$\left[\frac{\mathrm{d}C_L(\alpha)}{\mathrm{d}\alpha} + C_D(\alpha)\right]_{\alpha=0} < 0 \tag{7-30}$$

这就是著名的 Den Hartog 准则，该值主要与结构的截面形状有关。需要强调的是，由于圆柱体截面中心对称，故不会发生驰振，只有非圆柱体才可能发生驰振。在通常情况下，缆索、圆管等具有圆截面的构件不会发生驰振，但在覆冰的情况下，由于其截面形状发生了改变，具备了发生驰振的条件，因而可能会发生驰振破坏，这就是覆冰输电线驰振（或称舞动）的原因。对于可能发生驰振的结构，通常的办法是使其驰振临界风速高于结构设计风速。令式（7-29）中的 $\xi_T=0$，可得到驰振临界风速 U_{cg} 的表达式为：

$$U_{cg} = \frac{4m\omega\xi}{-\rho B\left(\dfrac{dC_L(\alpha)}{d\alpha}+C_D(\alpha)\right)_{\alpha=0}} \tag{7-31}$$

7.3.2 颤振

颤振是一种自激发散振动现象，指桥梁等结构在气流的反馈作用下，其振动幅度通过能量的不断积累而逐渐增大，最终可能导致结构的失效或破坏。其本质是气流与结构动力学之间的耦合作用。当风速达到某一临界值（称为颤振临界风速）时，结构的振动不再衰减，而是逐渐增强，最终可能引发结构失稳。这种现象不仅威胁桥梁的安全性，还广泛存在于航空器翼面、建筑物以及其他工程结构之中。桥梁颤振的发生与结构的几何形状、质量分布、刚度特性以及气动特性密切相关。在实际工程中，颤振分析通常结合理论计算、风洞试验和数值模拟等多种方法，以确保桥梁结构在风荷载作用下的稳定性和安全性[3-4]。

1. 二维颤振分析

当仅考虑桥梁的一阶竖向弯曲振型和一阶扭转振型时，桥梁二维颤振方程可写为

$$M(\ddot{h}+2\omega_h\xi_h\dot{h}+\omega_h^2 h)=L_h \tag{7-32}$$

$$I(\ddot{\alpha}+2\omega_\alpha\xi_\alpha\dot{\alpha}+\omega_\alpha^2\alpha)=M_\alpha \tag{7-33}$$

式中，h、α 分别是桥梁竖向位移和扭转位移；M、I 分别是桥段单位长度的等效质量和等效质量矩；ω_h、ξ_h 分别是一阶竖向弯曲频率与阻尼比；ω_α、ξ_α 是分别是一阶扭转频率与阻尼比；L_h、M_α 是桥面单位长度上风荷载作用的气动力和气动扭矩。

在 R. H. Scanlan 的分离流颤振理论中[5-6]，二维颤振分析的自激气动力模型表达为

$$L_h = \frac{1}{2}\rho U^2(2B)\left(KH_1^*\frac{\dot{h}}{U}+KH_2^*\frac{B\dot{\alpha}}{U}+K^2 H_3^*\alpha+K^2 H_4^*\frac{h}{B}\right) \tag{7-34}$$

$$M_\alpha = \frac{1}{2}\rho U^2(2B^2)\left(KA_1^*\frac{\dot{h}}{U}+KA_2^*\frac{B\dot{\alpha}}{U}+K^2 A_3^*\alpha+K^2 A_4^*\frac{h}{B}\right) \tag{7-35}$$

式中，$K=B\omega/U$ 为折减频率；ω 为颤振的圆频率；H_i^* 和 A_i^*（$i=1$，2，3，4）是颤振导数，需要通过风洞试验识别。

将式（7-34）和式（7-35）代入式（7-32）和式（7-33），并引入无量纲时间坐标，则得无量纲化的颤振方程

$$\frac{\ddot{h}}{B}+2\xi_h K_h\frac{\dot{h}}{B}+K_h^2\frac{h}{B}=\frac{\rho B^2}{m}\left(KH_1^*\frac{\dot{h}}{B}+KH_2^*\dot{\alpha}+K^2 H_3^*\alpha+K^2 H_4^*\frac{h}{B}\right) \tag{7-36}$$

$$\ddot{\alpha}+2\xi_\alpha K_\alpha\dot{\alpha}+K_\alpha^2\alpha=\frac{\rho B^2}{I}\left(KA_1^*\frac{\dot{h}}{B}+KA_2^*\dot{\alpha}+K^2 A_3^*\alpha+K^2 A_4^*\frac{h}{B}\right) \tag{7-37}$$

式中，$K_h=\dfrac{B\omega_h}{U}$，$K_\alpha=\dfrac{B\omega_\alpha}{U}$。

设方程的解为 $h=h_0 e^{i\omega t}$，$\alpha=\alpha_0 e^{i\omega t}$，并令 $X=\omega/\omega_h$，则由式（7-36）和式（7-37）可

得到方程组：

$$\begin{cases} \left(-X^2 - 2\mathrm{i}\xi_h X + 1 - \dfrac{\rho B^2}{m}X^2 H_4^* - \mathrm{i}\dfrac{\rho B^2}{m}X^2 H_1^*\right)\dfrac{h_0}{B} + \left(-\mathrm{i}\dfrac{\rho B^2}{m}X^2 H_2^* - \dfrac{\rho B^2}{m}X^2 H_3^*\right)\alpha_0 = 0 \\[2mm] \left(-\dfrac{\rho B^2}{I}X^2 A_4^* - \mathrm{i}\dfrac{\rho B^4}{I}X^2 A_1^*\right)\dfrac{h_0}{B} + \left[-X^2 - 2\mathrm{i}\xi_\alpha\dfrac{\omega_\alpha}{\omega_h}X - \mathrm{i}\dfrac{\rho B^4}{I}X^2 A_2^* - \dfrac{\rho B^4}{I}X^2 A_3^* + \left(\dfrac{\omega_\alpha}{\omega_h}\right)^2\right]\alpha_0 = 0 \end{cases}$$

$$(7\text{-}38)$$

方程组（7-38）有非零解的唯一条件是系数行列式等于零，由此可得到一个关于 X 的四次方程，该方程成立的条件是方程的实部与虚部同时为零，即

实部方程：

$$C_{r1}X^4 + C_{r2}X^3 + C_{r3}X^2 + C_{r4} = 0 \tag{7-39}$$

虚部方程：

$$C_{i1}X^3 + C_{i2}X^2 + C_{i3}X + C_{i4} = 0 \tag{7-40}$$

式中，各系数分别为：

$$\begin{cases} C_{r1} = 1 + \dfrac{\rho B^2}{M}H_4^* + \dfrac{\rho B^4}{I}A_3^* + \dfrac{\rho^2 B^6}{MI}(A_3^* H_4^* - A_2^* H_1^* - A_4^* H_3^* + A_1^* H_2^*) \\[2mm] C_{r2} = 2\xi_\alpha\dfrac{\omega_\alpha}{\omega_h}\dfrac{\rho B^2}{M}H_1^* + 2\xi_h\dfrac{\rho B^4}{I}A_2^* \\[2mm] C_{r3} = -\left(\dfrac{\omega_\alpha}{\omega_h}\right)^2 - 4\xi_\alpha\xi_h\dfrac{\omega_\alpha}{\omega_h} - \dfrac{\rho B^2}{M}\left(\dfrac{\omega_\alpha}{\omega_h}\right)^2 H_4^* - \dfrac{\rho B^4}{I}A_3^* - 1 \\[2mm] C_{r4} = \left(\dfrac{\omega_\alpha}{\omega_h}\right)^2 \end{cases} \tag{7-41}$$

以及

$$\begin{cases} C_{i1} = \dfrac{\rho B^2}{M}H_1^* + \dfrac{\rho B^4}{I}A_2^* + \dfrac{\rho^2 B^4}{MI}(A_2^* H_4^* + A_3^* H_1^* - A_1^* H_3^* - A_4^* H_2^*) \\[2mm] C_{i2} = -2\xi_\alpha\dfrac{\omega_\alpha}{\omega_h} - 2\xi_h - 2\xi_\alpha\dfrac{\rho B^2}{M}H_4^* - 2\xi_h\dfrac{\rho B^4}{I}A_3^* \\[2mm] C_{i3} = -\dfrac{\rho B^2}{M}\left(\dfrac{\omega_\alpha}{\omega_h}\right)^2 H_1^* - \dfrac{\rho B^4}{I}A_2^* \\[2mm] C_{i4} = 2\xi_h\left(\dfrac{\omega_\alpha}{\omega_h}\right)^2 + 2\xi_\alpha\dfrac{\omega_\alpha}{\omega_h} \end{cases} \tag{7-42}$$

对于不同的折减风速循环，将系数式（7-41）和式（7-42）代入式（7-39）和式（7-40），分别计算出两个方程的根 X_r 和 X_i，两根曲线的交点 X_{fr} 即为发生颤振的临界点，此时对应的折减频率为 K_{fr}，由此可以计算出：

颤振频率：

$$\omega_f = X_{fr} \cdot \omega_h \tag{7-43}$$

颤振临界风速：

$$U_f = \dfrac{B\omega_f}{K_{fr}} \tag{7-44}$$

2. 三维颤振分析

在二维颤振分析中，仅考虑了桥梁的两个基本振型，并假定在两个基本振型完全相似的条件下，以节段模型的运动方程来表征系统运动方程，这种方法是航空学中"弯扭二自

由度耦合颤振"思想在桥梁气动弹性力学中的延伸[7]。这种方法适用于固有振型较为单一的桥梁颤振分析，但对于固有振型复杂的桥梁，仅依赖二维颤振分析可能无法得到合理的结果。在这种情况下，进行多模态耦合或多模态参与的三维颤振分析显得尤为必要。

根据结构振动理论，桥梁颤振的一般方程可表示为

$$m\ddot{X} + C\dot{X} + kX = F_{se}$$ (7-45)

式中，X、$\dot{X}$、$\ddot{X}$ 分别为结构的节点位移、速度及加速度向量；F_{se} 为等效节点气动自激力。

根据 Scanlan 的颤振理论，在均匀流场中，桥梁结构所受到的气动自激力 L_{se}、D_{se} 和 M_{se} 可用 18 个气动导数表示为：

$$\begin{cases} L_{se} = \dfrac{1}{2}\rho U^2 (2B)\left(KH_1^* \dfrac{\dot{h}}{U} + KH_2^* \dfrac{B\dot{\alpha}}{U} + K^2 H_3^* \alpha + K^2 H_4^* \dfrac{h}{B} + KH_5^* \dfrac{\dot{p}}{U} + K^2 H_6^* \dfrac{p}{B} \right) \\[2mm] D_{se} = \dfrac{1}{2}\rho U^2 (2B)\left(KP_1^* \dfrac{\dot{p}}{U} + KP_2^* \dfrac{B\dot{\alpha}}{U} + K^2 P_3^* \alpha + K^2 P_4^* \dfrac{p}{B} + KP_5^* \dfrac{\dot{h}}{U} + K^2 P_6^* \dfrac{h}{B} \right) \\[2mm] M_{se} = \dfrac{1}{2}\rho U^2 (2B^2)\left(KA_1^* \dfrac{\dot{h}}{U} + KA_2^* \dfrac{B\dot{\alpha}}{U} + K^2 A_3^* \alpha + K^2 A_4^* \dfrac{h}{B} + KA_5^* \dfrac{\dot{p}}{U} + K^2 A_6^* \dfrac{p}{B} \right) \end{cases}$$

(7-46)

式中，h、p、α 分别为主梁的竖向、横向和扭转位移；K 为折减频率；H_i^*、P_i^* 和 A_i^*（$i = 1, 2, 3, 4, 5, 6$）是颤振导数。

从机翼颤振理论可知，气动自激力的复数形式可表达为：

$$\begin{cases} L_{se} = \omega^2 \rho B^2 (C_{Lh} h + C_{Lp} p + B C_{L\alpha} \alpha) \\ D_{se} = \omega^2 \rho B^2 (C_{Dh} h + C_{Dp} p + B C_{D\alpha} \alpha) \\ M_{se} = \omega^2 \rho B^2 (B C_{Mh} h + B C_{Mp} p + B^2 C_{M\alpha} \alpha) \end{cases}$$ (7-47)

式中，C_{Lh}、C_{Lp}、$C_{L\alpha}$、C_{Dh}、C_{Dp}、$C_{D\alpha}$、C_{Mh}、C_{Mp}、$C_{M\alpha}$ 均为复自激力系数，对比桥梁断面自激力的实数表达式（7-46）和复数表达式（7-47）的相应部分得：

$$\begin{cases} C_{Lh} = H_4^* + iH_1^* ,\; C_{Lp} = H_6^* + iH_5^* ,\; C_{L\alpha} = H_3^* + iH_2^* \\ C_{Dh} = P_6^* + iP_5^* ,\; C_{Dp} = P_4^* + iP_1^* ,\; C_{D\alpha} = P_3^* + iP_2^* \\ C_{Mh} = A_4^* + iA_1^* ,\; C_{Mp} = A_6^* + iA_5^* ,\; C_{M\alpha} = A_3^* + iA_2^* \end{cases}$$ (7-48)

将沿主梁分布的气动自激力转换为主梁单元的节点等效荷载，可表示为：

$$F_{se}^e = \omega^2 A_{se}^e X^e$$ (7-49)

式中，A_{se}^e 为 12×12 阶的单元气动力矩阵，长度为 L 的主梁单元气动力矩阵 A_{se}^e 为：

$$A_{se}^e = \begin{bmatrix} A_1 & 0 \\ 0 & A_1 \end{bmatrix}$$ (7-50)

$$A_1 = \frac{1}{2}\rho B^2 L \begin{bmatrix} 0 & 0 & 0 & 0 & 0 & 0 \\ 0 & C_{Lh} & C_{Lp} & B C_{L\alpha} & 0 & 0 \\ 0 & C_{Dh} & C_{Dp} & B C_{D\alpha} & 0 & 0 \\ 0 & B C_{Mh} & B C_{Mp} & B^2 C_{M\alpha} & 0 & 0 \\ 0 & 0 & 0 & 0 & 0 & 0 \\ 0 & 0 & 0 & 0 & 0 & 0 \end{bmatrix}$$ (7-51)

此外，式（7-49）中，上标表示在单元局部坐标系中，X^e 为单元的节点位置向量，其正方向见图 7-3。

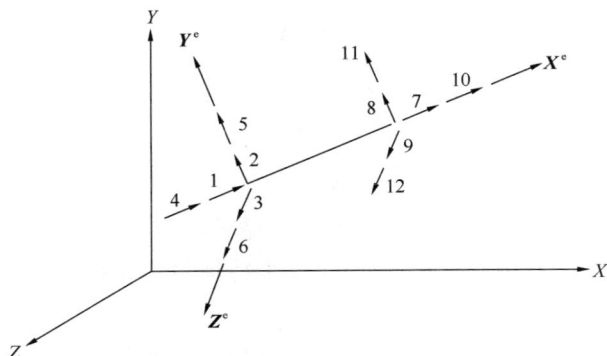

图 7-3 主梁单元的节点荷载

将单元气动自激力矩阵从单元局部坐标系转换到结构整体坐标系，即可得到如下结构总体气动自激力矩阵：

$$\boldsymbol{F}_{se} = \omega^2 \boldsymbol{A}_{se} \boldsymbol{X} \tag{7-52}$$

总体气动自激力矩阵为一个复数矩阵。将式（7-52）代入式（7-45），可得到桥梁颤振方程：

$$m\ddot{\boldsymbol{X}} + \boldsymbol{C}\dot{\boldsymbol{X}} + k\boldsymbol{X} = \omega^2 \boldsymbol{A}_{se} \boldsymbol{X} \tag{7-53}$$

设方程（7-53）解的形式为 $\boldsymbol{X} = \boldsymbol{R}e^{st}$，其中，$\boldsymbol{R}$ 是系统的复模态响应，s 为对应复频率且 $s = (-\xi + i)\omega$，ω 和 ξ 分别为复模态的圆频率和阻尼比，将 $\boldsymbol{X} = \boldsymbol{R}e^{st}$ 代入式（7-53），可得：

$$(s^2 \boldsymbol{m} + s\boldsymbol{C} + \boldsymbol{k} - \omega^2 \boldsymbol{A}_{se})\boldsymbol{R}e^{st} = 0 \tag{7-54}$$

将桥梁的复模态响应近似表示为：

$$\boldsymbol{R} = \boldsymbol{\Phi}\boldsymbol{q} \tag{7-55}$$

式中，$\boldsymbol{\Phi}$ 为 $n \times m$ 阶结构固有模态矩阵，n 为结构总自由度数；$\boldsymbol{q}$ 为 m 行广义坐标向量，将 $\boldsymbol{\Phi}$ 处理为关于质量矩阵正交。把式（7-54）代入式（7-53），并左乘 $\boldsymbol{\Phi}^T$，可得广义的系统特征方程：

$$(s^2 \boldsymbol{E} - \omega^2 \bar{\boldsymbol{A}}_{se} + s\bar{\boldsymbol{C}}_{se} + \boldsymbol{\Lambda})\boldsymbol{q}e^{st} = 0 \tag{7-56}$$

式中，$\boldsymbol{\Lambda}$ 为结构自振特征值矩阵；$\boldsymbol{E}$ 为单位矩阵；$\bar{\boldsymbol{A}}_{se} = \boldsymbol{\Phi}^T \boldsymbol{A}_{se} \boldsymbol{\Phi}$，$\bar{\boldsymbol{C}}_{se} = \boldsymbol{\Phi}^T \boldsymbol{C} \boldsymbol{\Phi}$。由于系统的阻尼比一般不大，复模态的圆频率可以近似取为 $\omega = -si$，将 ω 代入式（7-56），系统特征方程转换为：

$$[s^2(\boldsymbol{E} + \bar{\boldsymbol{A}}_{se}) + s\bar{\boldsymbol{C}} + \boldsymbol{\Lambda}]\boldsymbol{q}e^{st} = 0 \tag{7-57}$$

当仅考虑颤振临界状态时，系统的复模态阻尼比为零，此时 $\omega = -si$，因此以上近似对颤振临界风速并无影响。

引入状态变量 $\boldsymbol{Y} = \begin{Bmatrix} \boldsymbol{q} \\ s\boldsymbol{q} \end{Bmatrix}$，将系统特征方程［式（7-57）］转化到状态空间中，可得

$$(\boldsymbol{A} - s\boldsymbol{E})\boldsymbol{Y}\mathrm{e}^{st} = 0 \tag{7-58}$$

式中

$$\boldsymbol{A} = \begin{bmatrix} \boldsymbol{0} & \boldsymbol{E} \\ -\bar{\boldsymbol{M}}\boldsymbol{\Lambda} & \bar{\boldsymbol{M}}\boldsymbol{C} \end{bmatrix}, \quad \bar{\boldsymbol{M}} = (\boldsymbol{E} + \bar{\boldsymbol{A}}_{\mathrm{se}}) - 1 \tag{7-59}$$

由于式（7-58）有非零解的唯一条件是系数矩阵的行列式为零，系统复模态特性分析问题则转换为如下标准特征值问题：

$$\boldsymbol{A}\boldsymbol{Y} = s\boldsymbol{Y} \tag{7-60}$$

式中，$\boldsymbol{A}$ 为 $2m \times 2m$ 阶的复数矩阵，对折减风速循环，即可求出对应于各风速下的 $2m$ 个特征值 s 和特征向量 $\boldsymbol{Y}$，其中，虚部为正的 m 个特征值是系统的复频率，虚部为负的 m 个特征值并无物理意义。

在系统虚部为正的 m 个特征值中，若系统复模态的阻尼比大于零，则系统为稳定状态。若复模态的阻尼比为零（即模态的实部为零），则系统处于颤振临界状态。若系统复模态的阻尼比小于零，则系统为不稳定状态。根据这一准则可以确定出桥梁的颤振临界风速。

3. 算例分析

根据本节桥梁颤振分析理论，以某一理想简支梁[8]为典型算例，进行了二维和三维颤振分析。简支梁跨度 $L = 300\mathrm{m}$，桥宽 $B = 40\mathrm{m}$，平板截面竖向和横向弯曲刚度分别为 $EI_z = 2.1 \times 10^6 \mathrm{MPa \cdot m^4}$、$EI_y = 1.8 \times 10^7 \mathrm{MPa \cdot m^4}$，抗扭刚度 $GI_t = 4.1 \times 10^5 \mathrm{MPa \cdot m^4}$。梁每延米长度质量 $m_b = 20000\mathrm{kg/m}$，质量惯矩 $I_m = 4.5 \times 10^6 \mathrm{kg \cdot m^2/m}$，空气密度 $\rho = 1.225\mathrm{kg/m^3}$，结构各阶模态阻尼比均假定为 0。

通过结构自振特性分析，得到该简支梁的前 10 阶固有模态如表 7-2 所示。

简支梁自振特性　　　　　　　　　　　表 7-2

模态	1	2	3	4	5	6	7	8	9	10
频率（Hz）	0.179	0.405	0.503	0.715	1.004	1.118	1.503	1.610	1.998	2.191

二维颤振分析和三维颤振分析结果如表 7-3 所示。

简支梁颤振特性分析　　　　　　　　　　表 7-3

分析方法	颤振临界风速（m/s）	颤振频率（Hz）
二维颤振分析	139.63	0.38
三维颤振分析	140.36	0.38
精确解	139.90	0.38

7.3.3　抖振

抖振是由于气流的速度脉动在结构上施加一个非定常荷载而引起的限幅强迫振动。由于自然风的风速、风向和风攻角在随机地改变，脉动风在桥面上会引起一个随机的脉动力。某个脉动风速的风谱分布可能选择性地激励桥梁某一振型的振动，产生较大的振幅。抖振是一种在所有风速下均可能发生的限幅振动现象，其响应特性与结构的质量、阻尼、刚度以及气动外形密切相关。尽管抖振不会立即引发结构破坏，但其较低的风速和较高的振动频率可能导致构件较大变形，并引发构件疲劳、行车安全和舒适度等一系列问题。因此，抖振分析已经成为桥梁抗风设计中的一个重要研究方向。

自 20 世纪 50 年代以来，关于悬索桥在自然湍流风作用下抖振的理论与试验研究不断涌现。根据抖振的脉动风源不同，可以将其分为三类：①桥梁自身尾流引起的抖振；②其他结构尾流引起的抖振；③大气湍流引起的抖振。在实际应用中，由于桥梁自身尾流的影响较小，两座桥梁之间的距离较近的情况较为罕见，因此，大气湍流引起的抖振现象是最为常见的，大部分相关研究也集中在这一方面。

1. Davenport 抖振分析理论

Davenport 最早开始进行桥梁抖振研究[9]，他基于片条理论和准定常空气动力理论，将概率统计的方法首次应用于求解柔性细长结构的阵风响应。该理论认为，风速的脉动特性决定了风荷载的统计特性，柔性细长结构的阵风响应则可以通过模态叠加法进行求解。

在准定常的假设下，脉动风不影响桥梁断面的静力三分力系数。如图 7-4 所示，假设某一时刻结构平衡状态下的平均风攻角为 α_0，脉动风引起的附加攻角为 $\Delta\alpha$，此外，$u(t)$、$w(t)$ 分别为水平向及垂直向的脉动风速，桥梁断面在脉动风作用下所受三分力按瞬时风轴坐标可以表示为：

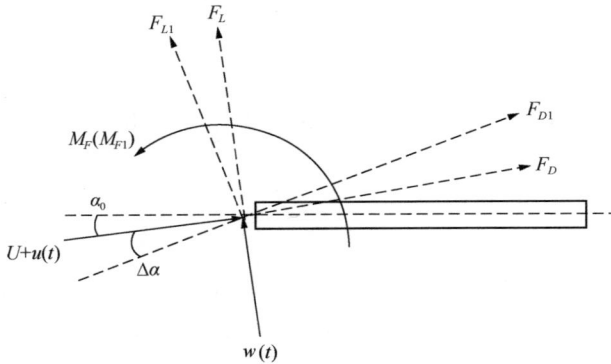

图 7-4　风轴坐标

$$
\begin{cases}
F_{D1}(t) = \dfrac{1}{2}\rho U^2(t)C_D(\alpha_0 + \Delta\alpha)B \\[2mm]
F_{L1}(t) = \dfrac{1}{2}\rho U^2(t)C_L(\alpha_0 + \Delta\alpha)B \\[2mm]
M_{F1}(t) = \dfrac{1}{2}\rho U^2(t)C_M(\alpha_0 + \Delta\alpha)B^2
\end{cases}
\tag{7-61}
$$

桥梁断面在平衡位置做小幅振动时，升力系数、阻力系数及扭矩系数可以按泰勒公式展开并取线性项得：

$$
\begin{cases}
C_L(\alpha_0 + \Delta\alpha) = C_L'(\alpha_0)\Delta\alpha + C_L(\alpha_0) \\[2mm]
C_D(\alpha_0 + \Delta\alpha) = C_D'(\alpha_0)\Delta\alpha + C_D(\alpha_0) \\[2mm]
C_M(\alpha_0 + \Delta\alpha) = C_M'(\alpha_0)\Delta\alpha + C_M(\alpha_0)
\end{cases}
\tag{7-62}
$$

式中，$C_L(\alpha_0)$、$C_D(\alpha_0)$、$C_M(\alpha_0)$ 分别为攻角为 α_0 时的升力系数、阻力系数与力矩系数。对于某一断面形式已知的桥梁，$C'_L(\alpha_0)$、$C'_D(\alpha_0)$、$C'_M(\alpha_0)$ 为确定的函数。

将瞬时风轴坐标表示的力 $F_{D1}(t)$、$F_{L1}(t)$ 和 $M_{F1}(t)$ 转化到平均风轴坐标可得：

$$\begin{cases} F_D(t) = F_{D1}(t)\cos(\Delta\alpha) - F_{L1}(t)\sin(\Delta\alpha) \\ F_L(t) = F_{L1}(t)\cos(\Delta\alpha) + F_{D1}(t)\sin(\Delta\alpha) \\ M_F(t) = M_{F1}(t) \end{cases} \tag{7-63}$$

如果竖向脉动风相对平均风速很小，则：

$$\begin{cases} \sin(\Delta\alpha) \approx \tan(\Delta\alpha) = \dfrac{w(t)}{U + u(t)} \approx \dfrac{w(t)}{U} \approx \Delta\alpha \\ \cos(\Delta\alpha) \approx 1 - \dfrac{\Delta\alpha^2}{2} \end{cases} \tag{7-64}$$

将式（7-62）和式（7-64）代入式（7-63），并忽略高阶项则可得

$$\begin{cases} \begin{aligned} D(t) &= D_b(t) + D_{st} = \frac{1}{2}\rho U^2 B \left\{ C_D(\alpha_0) \left[2\frac{u(t)}{U} \right] + C'_D(\alpha_0)\frac{w(t)}{U} \right\} \\ &\quad + \frac{1}{2}\rho U^2 B C_D(\alpha_0) \end{aligned} \\ \\ \begin{aligned} L(t) &= L_b(t) + L_{st} = \frac{1}{2}\rho U^2 B \left\{ C_L(\alpha_0) \left[2\frac{u(t)}{U} \right] + \left[C'_L(\alpha_0) + C_D(\alpha_0) \right]\frac{w(t)}{U} \right\} \\ &\quad + \frac{1}{2}\rho U^2 B C_L(\alpha_0) \end{aligned} \\ \\ \begin{aligned} M(t) &= M_b(t) + M_{st} = \frac{1}{2}\rho U^2 B^2 \left\{ C_M(\alpha_0) \left[2\frac{u(t)}{U} \right] + C'_M(\alpha_0)\frac{w(t)}{U} \right\} \\ &\quad + \frac{1}{2}\rho U^2 B^2 C_M(\alpha_0) \end{aligned} \end{cases} \tag{7-65}$$

式中，每式的第一项为抖振力，即 $D_b(t)$、$L_b(t)$ 和 $M_b(t)$；第二项是平均风引起的静力三分力，即 D_{st}、L_{st} 和 M_{st}。从式（7-65）可得 Davenport 抖振力模型：

$$\begin{cases} D_b(t) = \frac{1}{2}\rho U^2 B \left[2C_D(\alpha_0)\frac{u(t)}{U} + C'_D\frac{w(t)}{U} \right] \\ L_b(t) = \frac{1}{2}\rho U^2 B \left\{ 2C_L(\alpha_0)\frac{u(t)}{U} + \left[C'_L(\alpha_0) + C_D(\alpha_0) \right]\frac{w(t)}{U} \right\} \\ M_b(t) = \frac{1}{2}\rho U^2 B^2 \left[2C_M(\alpha_0)\frac{u(t)}{U} + C'_M\frac{w(t)}{U} \right] \end{cases} \tag{7-66}$$

Davenport 抖振力模型的特点在于将结构假设为刚性体，忽略了结构与气流之间的相互作用以及特征湍流对结构抖振的影响，此外，脉动风的高阶项也未被考虑。

2. Scanlan 抖振分析理论

Davenport 抖振力表达式的基本假定是刚性模型假定，即假定结构的振动对风荷载无影响，二者不存在反馈关系。然而，实际中，结构振动与风场之间存在耦合效应，振动会改变风场，进而影响风荷载分布，这种耦合振动可能导致结构的动力失稳，如前面提到的驰振与颤振现象。结构与风场的耦合通常表现为结构刚度和阻尼特性的变化，这些效应被称为气动阻尼与气动刚度。在桥梁结构的抖振响应分析中，通常采用 Scanlan 自激力表达

式[9]引入气动刚度与气动阻尼。在较低风速下，气动阻尼通常能有效抑制振动，即表现为气动正阻尼，此时若忽略自激力的影响，可能导致对抖振响应的过高估计。因此，针对大跨度桥梁的抖振响应分析，结合 Scanlan 自激力模型修正 Davenport 模型是十分必要的。

修正后桥梁结构所受的阻力、升力以及升力矩可以表示为[2]：

$$\begin{cases} D = D_b + D_{ae} \\ L = I_b + L_{ae} \\ M = M_b + M_{ae} \end{cases} \tag{7-67}$$

式中，每式的第一项为 Davenport 抖振力，即 D_b、I_b 和 M_b；第二项是气动自激力，即 D_{ae}、L_{ae} 和 M_{ae}。当忽略模态与模态之间的气动力耦合时，均匀来流 U 的作用下的自激力表达式为：

$$\begin{cases} D_{ae} = \dfrac{1}{2}\rho U^2 B\left[KP_1^* \dfrac{\dot{p}}{U} + KP_2^* \dfrac{B\dot{\alpha}}{U} + K^2 P_3^* \alpha \right] \\[2mm] L_{ae} = \dfrac{1}{2}\rho U^2 B\left[KH_1^* \dfrac{\dot{h}}{U} + KH_2^* \dfrac{B\dot{\alpha}}{U} + K^2 H_3^* \alpha \right] \\[2mm] M_{ae} = \dfrac{1}{2}\rho U^2 B^2\left[KA_1^* \dfrac{\dot{h}}{U} + KA_2^* \dfrac{B\dot{\alpha}}{U} + K^2 A_3^* \alpha \right] \end{cases} \tag{7-68}$$

式中各符号含义同式（7-46）。

7.3.4　涡激振动

涡激振动是指气流流经钝体桥梁结构断面时，因周期性交替脱落的涡旋而引发的自激振动现象，这种振动通常在承受低风速作用的大跨度桥梁上较为常见。涡激振动过程中，结构的振动反过来影响涡旋的脱落，形成反馈效应，从而限制了振动的幅度。因此，涡激振动被归类为限幅振动。当气流吹过钝体结构时，物体的背面出现涡流的交替脱离，如图 7-5 所示，这种涡流的生成与流体的物理形状有关，即与流体中的黏性力和惯性力的相互作用有关，还受物体截面几何形状的影响，是雷诺数 Re 的函数。

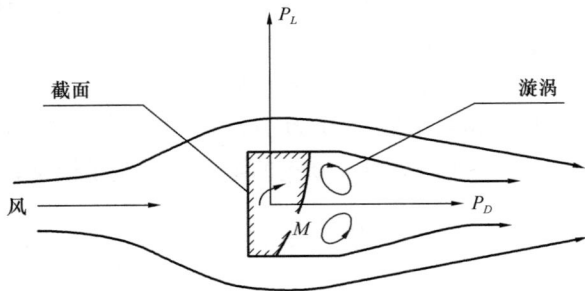

图 7-5　流经物体而产生的力

在亚临界雷诺数范围内（$300 < Re < 3 \times 10^5$），涡流的交替脱落频率是由斯托罗哈数 St 所控制：

$$St = \frac{f_s D}{U} \tag{7-69}$$

式中，f_s 是漩涡脱落频率；斯托罗哈数 St 几乎是一个常数，主要决定于物体的几何形状。例如对于圆截面 $St \approx 0.2$；对于各种钝体，斯托罗哈数 St 在 $0.1 \sim 0.3$ 范围内变化；对于接近流线型的钢箱梁，$St = 0.08 \sim 0.15$；而对于其他任何特殊的桥面形状，应通过试验来测定。桥梁结构也会出现"锁定"现象，原理与第 4.3.2 节类似。

在桥梁风工程中，涡流脱落现象出现在较低的风速下，会使大跨度桥梁出现振动，这种振动会使行人感到不适，甚至引起结构的疲劳破坏。在工程应用中，涡振振幅是人们比较关心的问题，因此有必要先对涡激力进行准确评价。下面对涡激力的几种经典解析表达式作相关介绍。

1. 尾流振子模型

（1）Hartlen 和 Currie 尾流振子模型

Bishop 和 Hassan[11]最早采用尾流振子模型来描述涡激共振，并被后来许多研究者所采用。该模型中钝体的升力系数满足范德波尔（van der Pol）振子方程，并假定涡激力完全相关，因此适用于大振幅涡激共振的情况。Hartlen 和 Currie[12]采用范德波尔振子方程来描述作用于弹性支承刚性柱体上的升力，该模型具有线性阻尼，即：

$$x_r'' + 2c_m x_r' + x_r = a\omega_0^2 C_L \tag{7-70}$$

$$C_L'' - \alpha\omega_0 C_L' + \frac{\gamma}{\omega_0}(C_L')^3 + \omega_0^2 C_L = bC_L' \tag{7-71}$$

式中，x_r 是柱体的无量纲振动位移；上标 ' 表示对无量纲时间 $\tau = \omega_n t$ 的导数，ω_n 是弹性支撑系统无阻尼自振圆频率；ω_0 是结构漩涡脱落频率与结构自振频率比；c_m 为材料阻尼系数；参数 a 为已知的无量纲常数；未知参数 α、γ、b 可以通过试验数据拟合得到，且满足如下关系：$C_{L0} = (4\alpha/3\gamma)^{1/2}$，$C_{L0}$ 为柱体固定时升力系数 C_L 的脉动幅值。

该模型的关键在于升力系数的振动方程，这部分有效反映了涡激共振的自激特性。升力系数的变化是描述涡激共振，尤其是大幅度涡激共振的关键因素，因为在大幅度涡激共振过程中，升力系数的显著变化是其主要表现，但该模型所采用的参数如 α、γ 和 b 缺乏具体的物理意义。

（2）Skop 和 Griffin 尾流振子模型

Skop 和 Griffin[13]认为 Hartlen 和 Currie 模型中的参数与系统的物理参数缺乏明确的联系，于是他们提出了修正的范德波尔振子模型，即：

$$\frac{\ddot{X}_r}{D} + 2c_t\omega_n \frac{\dot{X}_r}{D} + \omega_n^2 \frac{X_r}{D} = (\rho U^2 L/2m)C_L - \mu_r\omega_s^2 C_L \tag{7-72}$$

$$\ddot{C}_L - \omega_s G\Big[C_{L0}^2 - \frac{4}{3}\Big(\frac{\dot{C}_L}{\omega_s}\Big)^2\Big]\dot{C}_L + \omega_s^2\Big[1 - \frac{4}{3}H\dot{C}_L^2\Big]C_L = \omega_s F\Big(\frac{\dot{X}_r}{D}\Big) \tag{7-73}$$

式中，X_r 是柱体的实际振动位移；ω_s 是旋涡脱落圆频率；c_t 是系统总的阻尼（包括结构阻尼、流体阻尼及附加阻尼）；μ_r 是随柱体振动部分的流体质量与柱体质量之比，即 $\mu_r = \rho L D^2/8\pi^2 St^2 m$，$St = \omega_s D/(2\pi U)$；参数 G、H、F 则通过试验来确定。

2. Scanlan 经验线性涡激力模型

结构涡激振动的尾流振子模型考虑了结构与尾流之间的相互作用，能够直观地反映涡激振动的流固耦合特性。然而，由于每种模型均包含两个相互耦合的方程，其在实际工程中的应用较为复杂。相比之下，非耦合单自由度涡激力模型形式简洁，更适合工程实践。这类模型摒弃了尾流振子的概念，直接将作用于结构的涡激力表示为来流风速 U、结构振动位移 y、速度 $\dot{y}$、加速度 $\ddot{y}$ 和时间 t 的函数，即：

$$m(\ddot{y} + 2\xi_\mathrm{m}\omega_\mathrm{n}\dot{y} + \omega_\mathrm{n}^2 y) = F(y, \dot{y}, \ddot{y}, U, t) \tag{7-74}$$

式中，ξ_m 是单自由度振动系统固有阻尼比；$F(y, \dot{y}, \ddot{y}, U, t)$ 是作用在结构上的涡激力。

Simiu 和 Scanlan 于 1986 年提出了一种经验线性模型，假定用一个线性机械振子来描述气动激励力、气动阻尼及气动刚度[14]。

$$m(\ddot{y} + 2\xi_\mathrm{m}\omega_\mathrm{n}\dot{y} + \omega_\mathrm{n}^2 y) = \frac{1}{2}\rho U^2 D\left[Y_1(K_f)\frac{\dot{y}}{U} + Y_2(K_f)\frac{y}{D} + C_L(K_f)\sin(\omega_s t + \phi)\right] \tag{7-75}$$

式中，K_f 是漩涡脱落折减频率（$K_f = \omega_s D/U$）；$Y_1(K_f)$、$Y_2(K_f)$、$C_L(K_f)$ 是待拟合的气动参数。

为将式（7-75）无量纲化，引入符号 $\eta = y/D$, $s = Ut/D$, $\eta' = \mathrm{d}\eta/\mathrm{d}s$，则：

$$\dot{y} = U\eta' \tag{7-76}$$

$$y = \frac{U^2}{D}\eta'' \tag{7-77}$$

将式（7-76）和式（7-77）代入式（7-75）得到：

$$m\left(\frac{U^2}{D}\eta'' + 2\xi_\mathrm{m}\omega_\mathrm{n}U\eta' + \omega_\mathrm{n}^2 D\eta\right) = \frac{\rho U^2 D}{2}\left[Y_1(K_f)\eta' + Y_2(K_f)\eta + C_L(K_f)\sin(K_f s + \phi)\right] \tag{7-78}$$

注意到当结构处于锁定区时，结构的旋涡脱落频率 ω_s 与结构自振频率 ω_n 近似相等，将式（7-78）化简可得：

$$\eta'' + \left(2\xi_\mathrm{m}K_f - \frac{\rho D^2}{2m}Y_1\right)\eta' + \left(K_f^2 - \frac{\rho D^2}{2m}Y_2\right)\eta = \frac{\rho D^2}{2m}C_L(K_f)\sin(K_f s + \phi) \tag{7-79}$$

令

$$K_0^2 = K_f^2 - \frac{\rho D^2}{2m}Y_2(K_f) \tag{7-80}$$

$$2K_0\gamma_0 = 2\xi_\mathrm{m}K_f - \frac{\rho D^2}{2m}Y_1(K_f) \tag{7-81}$$

则式（7-79）进一步简化为：

$$\eta'' + 2K_0\gamma_0\eta' + K_0^2\eta = \frac{\rho D^2}{2m}C_L(K_f)\sin(K_f s + \phi) \tag{7-82}$$

式（7-82）描述了一个振子，其无量纲固有振动频率为 K_0，阻尼比为 γ_0，其定常解为：

$$\eta = \frac{\rho D^2 C_L(K_f)}{2m\sqrt{(K_0^2 - K_f^2)^2 + (2\gamma_0 K_0 K_f)^2}}\sin(K_f s - \theta) \tag{7-83}$$

式中

$$\theta = \arctan\frac{2\gamma_0 K_0 K_f}{K_0^2 - K_f^2} \tag{7-84}$$

3. Scanlan 经验非线性涡激力模型

Scanlan 经验非线性涡激力模型是在经验线性模型的基础上增加了一个非线性的气动力，其表达式如下：

$$m_\mathrm{b}(\ddot{y} + 2\xi_\mathrm{m}\omega_\mathrm{n}\dot{y} + \omega_\mathrm{n}^2 y) = \frac{1}{2}\rho U^2 D\left[Y_1(K_f)\left(1 - \varepsilon_f\frac{y^2}{D^2}\right)\frac{\dot{y}}{U} + Y_2(K_f)\frac{y}{D} + C_L(K_f)\sin(\omega_s t + \phi)\right] \tag{7-85}$$

式中，m_b 是结构单位长度质量；ε_f 是待拟合的气动参数。

将式（7-85）无量纲化，即把式（7-76）和式（7-77）代入式（7-85）得到：

$$m_{\mathrm{b}}\left(\frac{U^2}{D}\eta'' + 2\xi_{\mathrm{m}}\omega_{\mathrm{n}}U\eta' + \omega_{\mathrm{n}}^2 D\eta\right) = \frac{\rho U^2 D}{2}\left[Y_1(K_f)(1-\varepsilon_f\eta^2)\eta' + Y_2(K_f)\eta + C_L(K_f)\sin(K_f s + \phi)\right]$$

(7-86)

由式（7-86）化简可得：

$$\eta'' + 2\xi_{\mathrm{m}}\omega_{\mathrm{n}}\frac{D}{U}\eta' + \omega_{\mathrm{n}}^2\frac{D^2}{U^2}\eta = \frac{\rho D^2}{2m_{\mathrm{b}}}\left[Y_1(K_f)(1-\varepsilon\eta^2)\eta' + Y_2(K_f)\eta + C_L(K_f)\sin(K_f s + \phi)\right]$$

(7-87)

而当结构处于锁定区，即结构的旋涡脱落频率 ω_{s} 与结构自振频率 ω_{n} 近似相等时，有 $K_f = \omega_{\mathrm{s}}D/U \approx \omega_{\mathrm{n}}D/U$，且令 $M_{\mathrm{m}} = \frac{\rho D^2}{2m_{\mathrm{b}}}$，式（7-87）可写成如下形式：

$$\eta'' + K_f{}^2\eta = (M_{\mathrm{m}}Y_1 - 2\xi_{\mathrm{m}}K_f)\eta' - M_{\mathrm{m}}Y_1\varepsilon_f\eta^2\eta' + M_{\mathrm{m}}Y_2\eta + M_{\mathrm{m}}C_L(K_f)\sin(K_f s + \phi)$$

(7-88)

令

$$M_{\mathrm{m}}Y_1 - 2\xi_{\mathrm{m}}K_f = \gamma X_1, \quad M_{\mathrm{m}}Y_1\varepsilon_f = \gamma X_2, \quad M_{\mathrm{m}}Y_2 = \gamma X_3, \quad M_{\mathrm{m}}C_L(K_f) = \gamma X_4 \quad (7\text{-}89)$$

将式（7-89）代入式（7-88），即：

$$\eta'' + K_f{}^2\eta = \gamma X_1\eta' - \gamma X_2\eta^2\eta' + \gamma X_3\eta + \gamma X_4\sin(K_f s + \phi) \tag{7-90}$$

可将式（7-90）转化为 $\eta'' + K_f{}^2\eta = \gamma f(\eta, \eta')$ 形式，式中

$$f(\eta, \eta') = X_1\eta' - X_2\eta^2\eta' + X_3\eta + X_4\sin(K_f s + \phi) \tag{7-91}$$

引入 $\hat{K}_f{}^2 = K_f{}^2 - \gamma\sigma$，则式（7-91）可简化为：

$$\eta'' + \hat{K}_f{}^2\eta = \gamma\left[f(\eta, \eta') - \sigma\eta\right] \tag{7-92}$$

式（7-92）为弱非线性二阶微分方程，可以采用 Krylov-Bogoliubov-Mitropolsky 方法（简称 KBM 法）进行求解。当 γ 很小时，系统的解中除了包含频率 $\hat{K}_f$ 的主谐波外，还含有微小的高次谐波，且振幅与频率均与小参数 γ 有关而缓慢变化，因此可令其解为以下形式：

$$\eta = A\cos(\hat{K}_f s - \phi) + \gamma\eta_1(\hat{K}_f s, \eta, \eta') + \gamma^2\eta_2(\hat{K}_f s, \eta, \eta') + \cdots \tag{7-93}$$

式中，$\eta_1(\hat{K}_f s, \eta, \eta')$、$\eta_2(\hat{K}_f s, \eta, \eta')$ 均为周期函数。

对于涡激振动，这里只考虑一次近似解，即：

$$\eta = A\cos(\hat{K}_f s - \phi) \tag{7-94}$$

对于弱非线性问题，即当 γ 充分小时，非线性系统的运动非常接近周期运动，此时根据非线性理论，认为非线性系统的运动速度具有与线性系统相同的解析解形式，即：

$$\eta' = -A\hat{K}_f\sin(\hat{K}_f s - \phi) \tag{7-95}$$

把 A 和 ϕ 看作是时间的函数，对式（7-94）关于 s 求一次导，并代入式（7-95）化简，得到

$$A'\cos(\hat{K}_f s - \phi) + A\sin(\hat{K}_f s - \phi)\phi' = 0 \tag{7-96}$$

对式（7-95）关于 s 求一次导，并联合式（7-94）代入式（7-92），得：

$$-A'\hat{K}_f \sin(\hat{K}_f s - \phi) + A\hat{K}_f \phi'\cos(\hat{K}_f s - \phi) - f(\eta, \eta', \hat{K}_f s) = 0 \tag{7-97}$$

式中

$$f(\eta, \eta', \hat{K}_f s) = \gamma[X_1\eta' - X_2\eta^2\eta' + X_3\eta + X_4\sin(\hat{K}_f s + \phi) - \sigma\eta] \tag{7-98}$$

根据 Scanlan 在文献中的讨论，在涡激振动的锁定区间，若大振幅振动时周期激励项与自激力项相比很小，在进行涡激力参数识别时可以近似忽略周期激励项，而对结果影响不大[14]。由式（7-89）知，当 $C_L=0$ 时，$X_4=0$，则式（7-98）可化简为：

$$f(\eta, \eta', \hat{K}_f s) = \gamma(X_1\eta' - X_2\eta^2\eta' + X_3\eta - \sigma\eta) \tag{7-99}$$

联立式（7-96）和式（7-97）可得：

$$\begin{cases} A' = -f(\eta, \eta', \hat{K}_f s)\sin(\hat{K}_f s - \phi)/\hat{K}_f \\ \phi' = f(\eta, \eta', \hat{K}_f s)\cos(\hat{K}_f s - \phi)/A\hat{K}_f \end{cases} \tag{7-100}$$

引入缓变函数的概念，即在相位从 $0 \sim 2\pi$ 的一个周期内，A、ϕ 的变化甚微，故在周期 2π 内用平均值来表示 A' 和 ϕ' 的变化是可行的（即平均法）。令 $\theta = \hat{K}_f s - \phi$，对式（7-100）右端函数值取平均值，则有：

$$\begin{cases} A' = \dfrac{-1}{2\pi\hat{K}_f}\int_0^{2\pi} f(\eta, \eta', \hat{K}_f s)\sin\theta d\theta \\ \phi' = \dfrac{1}{2\pi\hat{K}_f A}\int_0^{2\pi} f(\eta, \eta', \hat{K}_f s)\cos\theta d\theta \end{cases} \tag{7-101}$$

将式（7-94）和（7-95）代入式（7-99）得到：

$$\begin{aligned} f(\eta, \eta', \hat{K}_f s) &= \gamma(X_1\eta' - X_2\eta^2\eta' + X_3\eta - \sigma\eta) \\ &= \gamma X_1(-A\hat{K}_f \sin\theta) - \gamma X_2(A\cos\theta)^2(-A\hat{K}_f \sin\theta) \\ &\quad + \gamma X_3 A\cos\theta - \gamma\sigma A\cos\theta \end{aligned} \tag{7-102}$$

将式（7-102）代入到式（7-101）得到：

$$\begin{cases} A' = \dfrac{\gamma}{2}\left(AX_1 - \dfrac{1}{4}X_2 A^3\right) \\ \phi' = \dfrac{\gamma}{2\hat{K}_f}(X_3 - \sigma) \end{cases} \tag{7-103}$$

对式（7-103）中的两个一阶常微分方程分别积分得到：

$$\begin{cases} A = \dfrac{2\sqrt{X_1/X_2}}{\sqrt{1 - \dfrac{A_0^2 - 4X_1/X_2}{A_0^2}\exp(-\gamma X_1 s)}} \\ \phi = \dfrac{\gamma}{2\hat{K}_f}(X_3 - \sigma)s + \phi_0 \end{cases} \tag{7-104}$$

式中，A_0 是结构振动的初始位移；ϕ_0 为结构振动的初始相位。则锁定状态下涡激振动的一次近似解可写成如下形式：

$$\eta = \frac{2\sqrt{X_1/X_2}}{\sqrt{1 - \dfrac{A_0^2 - 4X_1/X_2}{A_0^2}\exp(-\gamma X_1 s)}}\cos\left[\hat{K}_f s + \frac{\gamma}{2\hat{K}_f}(X_3 - \sigma)s + \phi_0\right] \quad (7\text{-}105)$$

7.4 大跨度桥梁风振响应的控制措施

鉴于风荷载对桥梁结构产生的复杂影响，以及风与结构间相互作用导致响应的复杂性，大跨度桥梁面临的风振问题日益凸显。特别是近些年，随着桥梁设计趋向更长的跨度、更柔的结构以及更低的阻尼，风荷载引起的振动问题引起广泛关注。自 1940 年塔科马桥因风振作用而倒塌以来，研究并实施有效的风振控制措施，以确保大跨度桥梁在长期运营中的安全性、功能性和耐久性，已成为至关重要的研究方向。在桥梁的设计阶段就应全面考虑风引起的振动问题，并制定出相应的预防措施。因此，深入研究大跨桥梁的风致振动控制措施，是确保桥梁长期稳定运行的重要方面。

大跨度桥梁的常见控制措施可分为三大类：结构措施、机械措施和气动措施。结构措施通过调整桥梁结构体系，以相对被动的方式实现抑振；机械措施则通过巧妙设计的机械装置增加结构阻尼，以达到抑振效果；气动措施则通过优化气动外形来减小风荷载，从源头上消除风振诱因。与其他两种措施相比，气动抑振方案更加主动，控制效果显著，且具有较低的成本和实施难度。

7.4.1 结构措施

结构措施通过优化桥梁的结构体系，如增大结构刚度、增加结构质量、提高抗扭刚度或提高结构的扭转频率与竖向弯曲频率比值等，旨在提升桥梁的抗风安全性。具体而言：

（1）提高结构刚度：增加结构刚度可提高固有频率，从而提高临界风速并减小风振振幅。然而，对于大跨度桥梁，增加主梁刚度往往成本较高，且可能会对气动外形产生不利影响。

（2）增加结构质量：增加结构质量有助于减小风振振幅，但会导致固有频率的降低，从而可能带来不利的影响。

（3）提高抗扭刚度：对于非流线型截面的主梁，如斜拉桥中的 A 形桥塔或悬索桥中的斜吊杆，通过增强截面的抗扭刚度可以提高扭转频率，进而提升抗风稳定性。此外，通过梁塔固结约束扭转变形，也能有效提高桥梁的抗风能力。

7.4.2 机械措施

机械措施是通过附加阻尼减小桥梁结构整体或部分构件的振动响应的减振措施。安装各类阻尼器是提高桥梁气动稳定性或降低风振响应的有效方法，包括调谐式阻尼器［如：调谐质量阻尼器（TMD）、调谐液体阻尼器（TLD）、调谐液柱阻尼器（TLCD）］和非调谐式阻尼器（如：黏性剪切型阻尼器、油阻尼器、高阻尼橡胶阻尼器、磁流变阻尼器）两大类，实际应用工程如图 7-6 所示。

<table>
<tr><td>(a) 苏通长江大桥
（阻尼器安装在斜拉索的锚固段附近）</td><td>(b) 江阴大桥
（阻尼器安装在主梁底部结构位置处）</td></tr>
</table>

图 7-6　机械措施的应用

阻尼器的选择和安装位置需经过精确计算和风洞试验验证，尽可能安装在受控振型最大区域。以调谐式阻尼器为例，频率及阻尼比可按下列公式计算[15]：

$$\begin{cases} \dfrac{\omega_0}{\omega_a} = 1 - \dfrac{\mu_q}{2} \\ \xi_0 = \dfrac{1}{2}\sqrt{\mu_q} \end{cases} \tag{7-106}$$

式中，ω_0 和 ξ_0 分别为阻尼器圆频率和阻尼比；ω_a 为桥梁受控振型圆频率；μ_q 为阻尼器与结构受控振型的广义质量比，按下式计算：

$$\mu_q = \frac{m_0 \Phi_i^2(x_0)}{\displaystyle\int_0^L m_b(x)\Phi_i^2(x_0)\,\mathrm{d}x} \tag{7-107}$$

式中，L 为桥梁跨长；m_0 为阻尼器质量；$m_b(x)$ 为桥梁单位长度质量；$\Phi_i(x)$ 为受控振型值；x_0 为阻尼器安装位置；$\Phi_i(x_0)$ 为阻尼器安装位置相应于 $\Phi_i(x)$ 的振型值。

7.4.3　气动措施

桥梁风致振动的气动力源于空气绕过桥梁时与结构的相互作用，因此气动力与桥梁外形密切相关。大量风洞试验和工程实践研究表明，在不影响桥梁结构和使用性能的前提下，适当改变桥梁外形或增加导流装置是减轻风致振动的有效措施。气动措施的基本原理是通过改变桥梁的几何形状或在其表面添加附属构件，改变结构的气流特性，从而减小激振力的输入。在大跨度桥梁的设计与施工过程中，采用有效的气动减振措施对控制风振响应至关重要。通常，通过在桥梁主要构件表面增加小规格气动控制装置（如凹坑、螺旋线等，见图 7-7）来实现简便、稳定且易用的风振控制策略。目前，在大跨度桥梁的施工和运营中，除了长大柔性索结构利用气动措施与机械措施并重的风振控制方法外，大多数桥梁构件单独采用气动措施来应对风振问题。

气动措施可根据其是否相对于主梁运动分为三类：固定气动措施、可动气动措施和主动气动措施。

（1）固定气动措施：此类措施主要包括稳定板、风嘴和翼板类措施（如导流板、分离

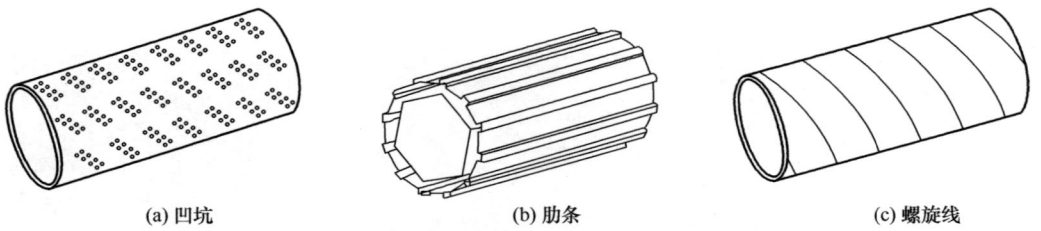

| (a) 凹坑 | (b) 肋条 | (c) 螺旋线 |

图 7-7　应用于桥梁拉索的常见气动控制措施

板、抑流板等），如图 7-8 所示。此类措施在工作状态下无需额外的能量输入，具有较高的可靠性，并且日常维护需求较低。因此，固定气动措施是大跨度桥梁风振控制中最广泛应用的控制手段。固定气动措施的典型应用参见表 7-4。

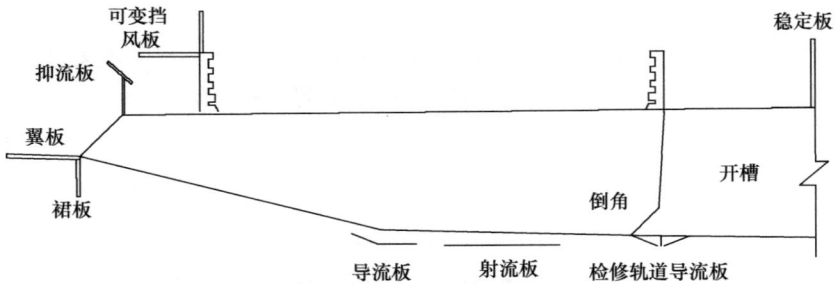

图 7-8　应用于主梁断面的常见气动控制措施

国内外大跨度桥梁气动措施应用情况[16]　　　　　　　　　　表 7-4

桥型	国家	桥名	主跨	建成时间	主梁形式	风振问题	减振措施
大跨度悬索桥	日本	明石海峡大桥	1991m	1998	桁架	颤振	中央稳定板
	中国	舟山西堠门大桥	1650m	2009	分体钢箱	涡振、颤振	中央开槽、梁底倒角、水平翼板、可变挡风板
	丹麦	大海带东桥	1624m	1998	扁平钢箱	涡振	导流板
	中国	润扬长江大桥	1490m	2005	扁平钢箱	颤振	中央稳定板
	英国	亨伯大桥	1410m	1981	扁平钢箱	颤振	水平翼板
	中国	香港青马大桥	1377m	1997	扁平钢箱	颤振	开槽
大跨度斜拉桥	中国	苏通长江大桥	1088m	2008	扁平钢箱	拉索振动	凹槽、阻尼器
	中国	香港昂船洲大桥	1018m	2009	分体钢箱	颤振、拉索振动	中央开槽、凹槽、阻尼器
	中国	鄂东长江大桥	926m	2010	扁平钢箱	涡振、拉索振动	调整检修车轨道、螺旋线、阻尼器
	日本	多多罗大桥	890m	1999	扁平钢箱	拉索振动	凹槽、阻尼器
	法国	诺曼底大桥	856m	1995	扁平钢箱	拉索振动	螺旋线、阻尼器

（2）可动气动措施：该措施的显著特点是按照预设模式进行运动，可利用主梁或主缆的运动，通过专门的传动装置驱动安装在主梁上的气动结构。以舟山西堠门大桥为例，该

桥巧妙地采用了可调节为水平或竖向形态的风障（如图 7-8 中的可变挡风板）。这种设计不仅改善了桥面行车的风环境，还能够在强台风登陆时提升主梁结构的静风稳定性，同时对低风速条件下的涡振效应提供安全保障。

（3）主动气动措施：这类措施配备了自适应反馈机制，属于主动控制手段。目前该技术仍处于试验研究和初步探索阶段，仅能针对特定形式的风致振动进行控制，尚未实现对多种风振形式的全面适应性调节。如何真正实现具有"智能化"特征的自适应调控是当前研究的瓶颈，也是推动该技术向桥梁工程实际应用转化亟需解决的关键难题。

参考文献

[1]　中华人民共和国交通运输部 . 公路桥梁抗风设计规范：JTG/T 3360—01—2018[S]. 北京：人民交通出版社，2018.

[2]　陈政清 . 桥梁风工程[M]. 北京：人民交通出版社，2005.

[3]　Selberg A. Oscillation and aerodynamic stability of suspension bridges[J]. Acte Polytechnien Scandinavien, 1961，13.

[4]　项海帆，林志兴，陈艾荣 . 大跨度悬索桥的抗风稳定性，结构风工程进展[C]. 第七届全国结构风效应学术会议论文集，重庆大学出版社，1995.

[5]　Scanlan R H, Tomko J J. Airfoil and bridge deck flutter derivatives[J]. Journal of the engineering mechanics division, 1971，97(6)：1717-1737.

[6]　Simiu E, Scanlan R H. Wind effects on structures：an introduction to wind engineering[J]. New York：Wiley, 1978.

[7]　丁泉顺 . 大跨度桥梁耦合颤抖振响应的精细化分析[D]. 上海：同济大学，2001.

[8]　喻梅 . 大跨度桥梁颤振及涡激振动主动控制[D]. 成都：西南交通大学，2013.

[9]　Davenport A G. Buffetting of a suspension bridge by storm winds[J]. Journal of the Structural Division, 1962，88(3)：233-270.

[10]　Scanlan R H, Gade R H. Motion of suspended bridge spans under gusty wind[J]. Journal of the Structural Division, 1977，103(9)：1867-1883.

[11]　Bishop R E D, Hassan A Y. The lift and drag forces on a circular cylinder oscillating in a flowing fluid[J]. Proceedings of the Royal Society of London. Series A. Mathematical and Physical Sciences, 1964，277(1368)：51-75.

[12]　Hartlen R T, Currie I G. Lift-oscillator model of vortex-induced vibration[J]. Journal of the Engineering Mechanics Division, 1970，96(5)：577-591.

[13]　Skop R A, Griffin O M. Amodel for the vortex-excited resonant response of bluff cylinders[J]. Journal of Sound and Vibration, 1973，27(2)：225-233.

[14]　埃米尔·希缪 . 风对结构的作用：风工程导论[M]. 刘尚培，译 . 2 版 . 上海：同济大学出版社，1992.

[15]　吴瑾，夏逸鸣，张丽芳 . 土木工程结构抗风设计[M]. 北京：科学出版社，2007.

[16]　赵林，葛耀君，郭增伟，等 . 大跨度缆索承重桥梁风振控制回顾与思考：主梁被动控制效果与主动控制策略[J]. 土木工程学报，2015，48(12)：91-100.

第8章 CFD 数值模拟方法

8.1 引言

计算风工程是一门较新的交叉学科，它的发展得益于计算流体力学和计算机技术的进步。计算风工程（Computing Wind Engineering，CWE）的核心内容就是计算流体动力学（Computational Fluid Dynamics，CFD）。CFD 是通过计算机数值计算和图像显示，对包含有流体流动和热传导等相关物理现象的系统做出分析。经过四十多年的发展，CFD 已成为流体力学研究领域中可与理论流体力学和实验流体力学相提并论的研究方法，广泛用于工程流场数值计算。20 世纪 60 年代，CFD 首先应用于航空飞行器和喷气发动机的开发研究和设计，而今已经广泛应用于汽轮机叶片的设计和交通工具气动力外形优化设计等方面。在建筑工程实践活动中，CFD 已开始用于风对结构的效应、城市规划、建筑火灾与灭火、建筑供暖与通风等领域的研究，并取得了显著的成果，也就形成了计算风工程这一崭新的研究领域。

8.1.1 计算风工程的特点

大多数土木工程结构对风的流动表现为钝体，因此计算风工程解决的重点是边界层风场作用下的钝体空气动力学问题。结构物与来流相互作用，将产生气流撞击、分离、再附着和环流等复杂物理现象，是一个非常复杂的流体动力学仿真问题。目前为止，常见的 CFD 技术能够有效地预测建筑物上的平均风压，但由于湍流模型的精度限制，其对于脉动压力和峰值压力的预测还不够准确。此外，CFD 仿真所依托的控制方程为一组偏微分方程，依赖于具体流场特性，难以获得解析解，因而只能通过数值方法得到实际工程问题的解答。选择求解问题的方法必须考虑具体的求解对象，没有统一标准。

8.1.2 计算风工程的发展

最早的风荷载数值计算是从简单体型的单个棱柱体或圆柱体开始的，国内外许多学者对此进行了大量的研究工作。目前简单体型钝体的绕流问题积累了大量的试验和计算数据结果，其中绕立方体的流动问题作为数值计算中的经典问题，已经成为检验各种计算模型和计算方法的标准。与此同时，用于 CFD 计算的商业软件的不断出现和更新更是极大地推动了基于工程实际的数值计算。自从 1981 年 CHAM 公司首先推出求解流动与热传导问题的商业软件 PHOENICS 以来，国际上 CFD 仿真软件产业迅速发展。目前主要的商业软件有 CFX、FIDNAP、FLUENT、PHOENICS、STAR-CD，这些软件都包含有较多的算例、友好的用户界面和方便的前处理系统，以及完善的后处理系统；它们一般都是基于有限体积法计算，并且都可以处理结构网格与非结构网格，并提供了多种成熟的湍流模型、丰富的近壁面处理方法，以及各种速度压力耦合算法等。

8.1.3　计算风工程的优势与应用范围

计算风工程与传统的风洞试验相比具有自己的优势：

（1）成本低，速度快。风洞试验需要完成大量复杂的前期工作，如制作模型，产生边界层流动等。时间和费用的成本较高，而且受到测量仪器的灵敏度和测量手段的限制。计算风工程主要在计算机平台上进行，速度较快，而且参数调整方便，能进行多种结构方案在不同风况条件下的分析和比较，多工况和重复性分析时经济性凸显。

（2）具有模拟真实和理想条件的能力。计算风工程中可以很方便地模拟真实情况和理想的条件，比如无论实际建筑的尺寸如何，都可以很方便地按照实际尺寸建立模型，不受缩尺模型试验中参数相似性等问题的困扰，可以方便、精准地实现来流的风速和湍流场模拟，而无需像风洞试验一样借助复杂的粗糙元和尖劈组合，且实际效果难以控制。

（3）成果资料详细。计算风工程不受到测点数目多少和布置方式的限制，可以得到整个计算流域内所有变量的值，而且结果呈现详细直观。例如，试验手段很难得到的流场流迹分布，但结构周围的湍流特征等都可以通过数值仿真方法方便地获取。因此，CFD 仿真技术又常被用做流场机理的解释。

计算流体动力学（CFD）被引入土木工程领域后就立即得到了很快的发展，已成为研究的热点。目前风工程领域的具体应用（图 8-1）包含以下几个方面：

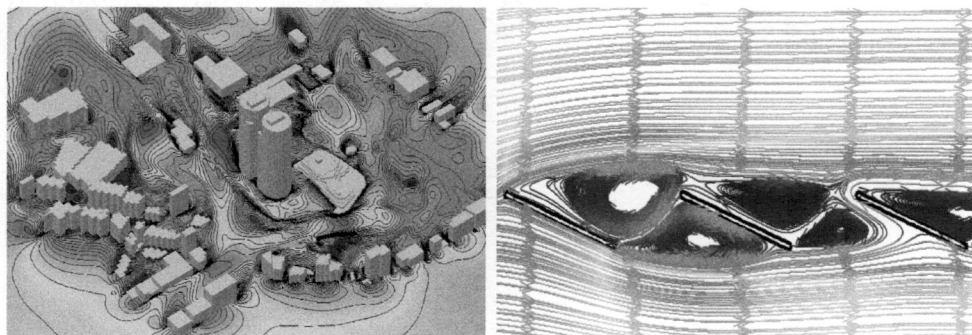

(a) 城市风场　　　　　　　　　(b) 光伏电站的风场

图 8-1　CFD 仿真的风工程应用

（1）钝体绕流的速度场和压力场的计算；
（2）建筑物近地面的风环境问题分析；
（3）城市和微地形区域的风场分析；
（4）建筑物通风或城区大气扩散分析；
（5）结构的流固耦合动态分析。

8.2　流体动力学控制方程

流体动力学遵循的基本守恒定律包括：质量守恒定律、动量守恒定律、能量守恒定律。如果处于湍流状态，系统还要遵守附加的湍流输运方程。

8.2.1 流体动力学基本方程

控制方程是上述守恒定律的数学描述。流体动力学的基本方程包括连续方程、运动方程和能量方程，对于不涉及传热的问题，可以不考虑能量方程。

1. 连续性方程

任何流动问题都必须满足质量守恒定律。该定律可表述为：单位时间内流体微元体中质量的增加，等于同一时间间隔内流入该微元体的净质量。按照这一定律，可以得出连续方程：

$$\sum_{i=1}^{3} \frac{\partial(\rho u_i)}{\partial x_i} = -\frac{\partial \rho}{\partial t} \tag{8-1}$$

式中，ρ 为密度；t 为时间；u_i（$i=1$，2，3）表示速度矢量在三个坐标轴方向的分量。对不可压缩流体，如低速流动的空气，其密度 ρ 保持不变，上式简化为：

$$\sum_{i=1}^{3} \frac{\partial u_i}{\partial x_i} = 0 \tag{8-2}$$

2. 运动方程

考虑流体中一个固定的体积元 dV，其包围的流体上受到的作用力由两部分组成：第一部分叫体力，它由某种场力（如重力场）引起，可记为 $F\rho dV$，F 是作用在流体单位质量上力的分量；第二部分是由于内部应力 σ_{ij}（i，$j=1$，2，3）对流体产生的作用力，它对体积元的作用如图 8-2 所示。

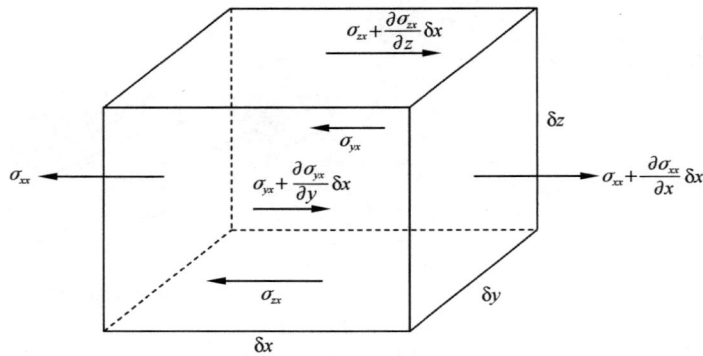

图 8-2 内部应力对单位体积元的作用

内部应力对体积元的合力可表示为：

$$\sum_{j=1}^{3} \frac{\partial \sigma_{ij}}{\partial x_j} dV \tag{8-3}$$

把 F 的各分量记作 F_i（$i=1$，2，3），根据牛顿第二定律可给出力平衡方程力：

$$\frac{Du_i}{Dt}\rho dV = F_i\rho dV + \sum_{j=1}^{3} \frac{\partial \sigma_{ij}}{\partial x_j} dV \quad (i=1,2,3) \tag{8-4}$$

式（8-4）中，算子 D/Dt 定义为：

$$\frac{D}{Dt} = \frac{\partial}{\partial t} + \sum_{j=1}^{3} u_j \frac{\partial}{\partial x_j} \tag{8-5}$$

称为实质导数或质点导数。由于上式对于任一体积元都成立，所以方程可进一步化简，得到任一流体质点的分量形式的运动方程：

$$\rho \frac{Du_i}{Dt} = \rho F_i + \sum_{j=1}^{3} \frac{\partial \sigma_{ij}}{\partial x_j} \quad (i = 1, 2, 3) \tag{8-6}$$

8.2.2　纳维-斯托克斯方程

具有剪切内应力的流体称为黏性流体或牛顿流体，风工程中研究的低速空气通常可认为是牛顿流体。牛顿流体内部的剪切应力与速度随垂直于该速度的距离的变化率成正比。因此，流体某一点处总的应力张量 σ_{ij} 可以分解为压应力 p（或简称压力，即法向应力）和偏应力 d_{ij}，并定义：

$$d_{ij} = 2\mu \left(e_{ij} - \frac{1}{3} \delta_{ij} \sum_{k=1}^{3} e_{kk} \right) \quad (i, j = 1, 2, 3) \tag{8-7}$$

式中，μ 为第一黏性系数，又称物理黏度；而

$$e_{ij} = \frac{1}{2} \left(\frac{\partial u_i}{\partial x_j} + \frac{\partial u_j}{\partial x_i} \right), \quad \delta_{ij} = \begin{cases} 1 & i = j \\ 0 & i \neq j \end{cases} \tag{8-8}$$

于是可得到如下的应力 σ_{ij} 的表达式：

$$\sigma_{ij} = -p\delta_{ij} + 2\mu \left(e_{ij} - \frac{1}{3} \delta_{ij} \sum_{k=1}^{3} e_{kk} \right) \tag{8-9}$$

该方程为牛顿流体的本构方程，将其带入运动方程［式（8-6）］，就得出了牛顿流体微元的运动方程：

$$\rho \frac{Du_i}{Dt} = \rho F_i - \frac{\partial p}{\partial x_i} + \sum_{j=1}^{3} \frac{\partial}{\partial x_j} \left\{ 2\mu \left(e_{ij} - \frac{1}{3} \delta_{ij} \sum_{k=1}^{3} e_{kk} \right) \right\} \tag{8-10}$$

式（8-10）就是著名的纳维-斯托克斯（Navier-Stokes）方程，如果认为在整个流体中黏性系数 μ 都是常数，则上式可以写为：

$$\rho \frac{Du_i}{Dt} = \rho F_i - \frac{\partial p}{\partial x_i} - \frac{\partial}{\partial x_i} \left(\frac{2}{3} \mu \frac{\partial u_j}{\partial x_j} \right) + \frac{\partial}{\partial x_j} \left[\mu \left(\frac{\partial u_i}{\partial x_j} + \frac{\partial u_j}{\partial x_i} \right) \right] \tag{8-11}$$

如果流体是不可压缩的，即 $\frac{\partial u_j}{\partial x_j} = 0$，则式（8-11）可进一步简化为：

$$\rho \frac{Du_i}{Dt} = -\frac{\partial p}{\partial x_i} + \mu \frac{\partial^2 u_i}{\partial x_j \partial x_j} + \rho F_i \tag{8-12}$$

一般认为，三维的、非稳态的 Navier-Stokes 方程对于湍流的瞬时运动仍然是适用的，因此湍流场的数值模拟也就聚焦在了三维非稳态 Navier-Stokes 方程的数值求解上。

8.3　湍流模型及数值模拟方法

湍流是一种高度非线性的复杂流动，但人们已经能够通过某些数值方法对湍流进行模拟，取得与实际比较吻合的结果。总体而言，目前的湍流数值模拟方法可以分为直接数值模拟方法和非直接数值模拟方法。所谓直接数值模拟方法是指直接求解瞬时湍流控制方

程，而非直接数值模拟法是指不直接计算湍流的脉动特性，而是设法对湍流作某种程度的近似和简化处理。根据所采用的近似和简化方法不同，非直接数值模拟方法分为大涡模拟、统计平均法和 Reynolds 平均法。湍流模拟方法的分类如图 8-3 所示。其中统计平均法是基于湍流相关函数的统计理论，主要涉及小尺度涡的运动。考虑到该方法应用不多，这里主要介绍应用较为广泛的 Reynolds 平均法和大涡模拟方法。

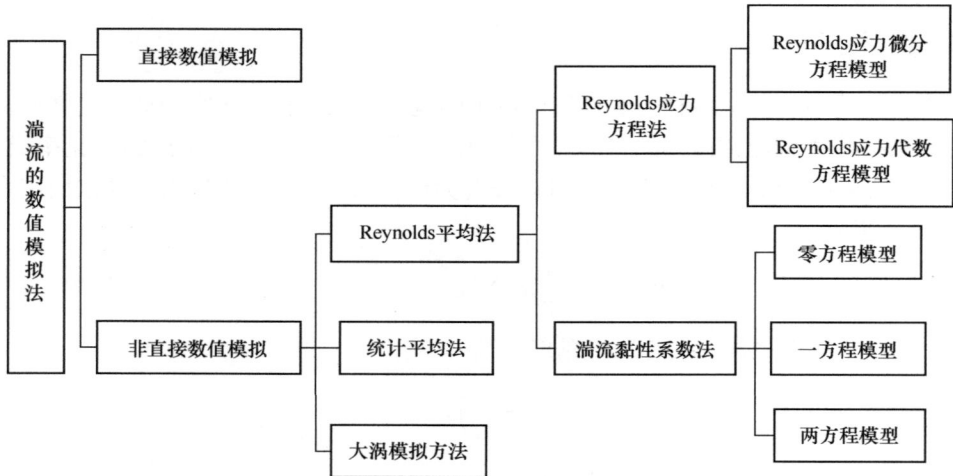

图 8-3　湍流模拟方法的分类

8.3.1　直接数值模拟

直接数值模拟（DNS）是对三维非稳的 Navier-Stokes 方程进行直接的数值计算，计算精度相对较高。然而，对复杂的湍流运动进行直接数值计算，通常需要很小的时间和空间步长，计算资源需求和耗时极大。因此，直接数值模拟现阶段还难以用于实际的工程问题计算。虽然近年来也有这方面的研究出现，但是一般只能应用于最简单的钝体绕流问题。随着计算机硬件技术和算力能力的飞速发展，在不久的将来，这种方法有可能用于实际工程计算。

8.3.2　Reynolds 平均法

土木工程中所研究的绝大多数对象处于大气边界层，也就是处在湍流的作用中。湍流是一种高度复杂的三维、非稳态不规则流动。湍流中流体的各种物理参数，如速度、压力等都随时间与空间发生变化。从物理结构上，可以把湍流看成由各种不同尺度的涡旋叠合而形成的流动，这些漩涡的大小及旋转轴的方向都是随机分布的。其中大尺度涡由边界条件决定，是引起低频脉动的原因；而小尺度涡主要由黏性力决定，是引起高频脉动的原因。在充分发展的紊流区域中，流体涡旋的尺寸可以在相当大的范围内变化。大尺度漩涡不断从主流中获得能量，通过漩涡间的作用，将能量逐渐向小尺度涡传递，最后由于黏性的作用，机械能就耗散成了热能。同时，由于边界的作用，以及扰动及速度梯度的作用，新的漩涡又不断地产生，这就构成了湍流运动。

流体内部不同尺度涡旋的随机运动，造成了湍流的一个重要特点，即物理量的脉动。在研究湍流的运动过程中，人们发现尽管湍流在空间任意一点的速度和压力都在随时间不断无规则地变化着，对给定系统的任何两次测量都不可能是相同的，但是湍流量的统计平均却有确定性规律可循，而且平均值在试验中是可测量的，如图 8-4 所示。基于上述认识，Reynold 首次提出将各瞬时值分解成平均量和脉动量之和（图 8-5）：

$$u_i = U_i + u_i' \tag{8-13}$$

$$p_i = P_i + p_i' \tag{8-14}$$

式中，u_i、p_i 为瞬时量；U_i、P_i 为平均量；u_i'、u_i 为脉动量。

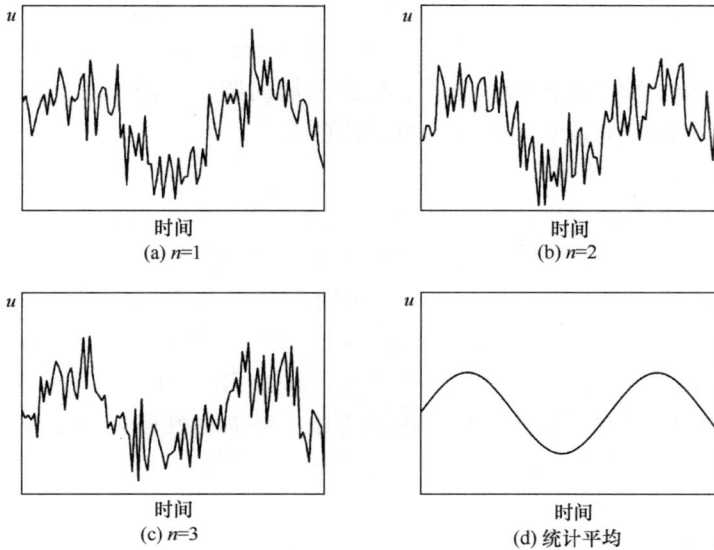

(a) $n=1$

(b) $n=2$

(c) $n=3$

(d) 统计平均

图 8-4　湍流中风速的时程曲线

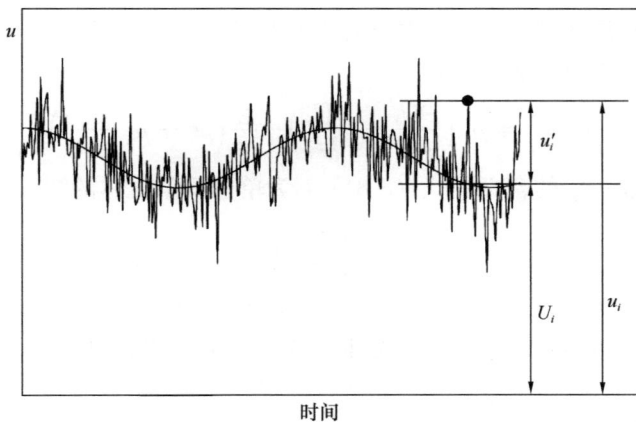

图 8-5　随机过程分解

将分解后的各瞬时值代入 Navier-Stokes 方程，可以得到时均的 Navier-Stokes 方程：

$$\frac{\partial U_i}{\partial t} + U_j \frac{\partial U_i}{\partial x_j} = -\frac{1}{\rho}\frac{\partial P}{\partial x_i} + \frac{\mu}{\rho}\frac{\partial^2 U_i}{\partial x_j \partial x_j} - \frac{\partial}{\partial x_j}\overline{u_i' u_j'} \tag{8-15}$$

$$\frac{\partial U_i}{\partial x_i} = 0 \tag{8-16}$$

时均的 Navier-Stokes 方程与一般的 Navier-Stokes 方程极其相似，只是前者多出 $-\frac{\partial}{\partial x_j}\overline{u_i' u_j'}$ 项，这一项是由动量方程中的非线性对流项所引起的，代表了脉动速度对平均流的影响，这正是导致湍流与层流速度分布大不相同的原因，该项也被称为雷诺（Reynolds）应力或湍流应力。由于这一新应力未知量的出现，方程的个数就小于未知量的个数。因此，要使方程封闭，必须补充新的模型，即需要通过一定的假定来建立相关的 Reynolds 应力表达式（或称为湍流模型），通过这些表达式使湍流脉动值和时均值联系起来，从而求解时均的 Navier-Stokes 方程。根据采用的假定不同，建立湍流模型的方法又可分为湍流黏性系数法和 Reynolds 应力方程法两大类。

1. Reynolds 应力模型

雷诺应力模型（Reynolds-Stress Model）放弃了涡黏性系数假设，直接建立雷诺应力微分方程。该方法对时均过程中形成的两个脉动量的乘积的时均值 $\overline{u_i' u_j'}$ 进行直接求解，而将三个脉动量的乘积的时均值 $\overline{u_i' u_j' u_k'}$ 采用模拟方式的计算的模型，称为二阶 Reynolds 应力模型（Second-order Reynolds Stress Model）或二阶模型（Second-order Model）。通常情况下，Reynolds 应力方程是微分形式的，称为 Reynolds 应力方程模型（RSM）。RSM 用耗散方程考虑长度尺度的变化，因此克服了将涡黏性假设用于复杂湍流条件时的一些缺陷。若将 Reynolds 应力方程的微分形式简化为代数方程的形式，则称这种模型为代数应力方程模型（ASM）。

2. 湍流黏性系数法

湍流黏性系数法把湍流应力表示成湍流黏性系数的函数，因此计算的关键在于确定湍流黏性系数。对于湍流黏性系数法，首先引入了 Boussinesq 假设[1]，仿照层流运动应力，湍流脉动所造成的附加应力也可以与时均化的切应变率关联起来，对于三维不可压缩流，湍流脉动所造成的应力可以表示为：

$$-\rho\overline{u_i' u_j'} = \mu_T\left(\frac{\partial U_i}{\partial x_j} + \frac{\partial U_j}{\partial x_i}\right) - \frac{2}{3}\left(\rho k + \mu_T \frac{\partial U_i}{\partial x_i}\right)\delta_{ij} \tag{8-17}$$

式中，μ_T 为湍动黏度；δ_{ij} 的含义同式（8-8）；k 为单位质量流体的湍流脉动动能：

$$k = \frac{1}{2}\sum_{i=1}^{3}\overline{u_i' u_i'} \tag{8-18}$$

计算湍流流动的关键就在确定湍流黏度 μ_T，它取决于流动状态，而不是物理性质。依据确定湍流黏性系数微分方程数目的多少，又有所谓的零方程模型，一方程模型和两方程模型。

1）零方程模型

零方程模型是指不使用微分方程，而是用代数关系式，把湍流黏度与时均值联系起来的模型。零方程模型方案有很多种，其中以 Prandtl 提出的混合长度模型最为经典。Prandtl 假定湍流黏性系数 μ_T 正比于时均速度 U_i 的梯度和混合长度 l_m 的乘积[2]。混合长度是一个假想的距离，它表示湍流脉动能够有效地将动量或能量从一个地方传输到另一个地方的最大距离。例如在二维问题中有：

$$\mu_{\mathrm{T}} = l_{\mathrm{m}}^2 \left| \frac{\partial U}{\partial y} \right| \tag{8-19}$$

由此湍流切应力应表示为：

$$-\rho \overline{u_i' u_j'} = \rho l_{\mathrm{m}}^2 \left| \frac{\partial U}{\partial y} \right| \frac{\partial U}{\partial y} \tag{8-20}$$

式中，混合长度 l_{m} 由经验公式或试验确定，例如在近壁面的湍流边界层中 $l_{\mathrm{m}} = \kappa y$，$\kappa$ 通常取 0.4。

混合长度理论的优点是直观简单，但只有在简单流动中才比较容易给定混合长度 l_{m}，对复杂流动则很难确定 l_{m}。零方程模型不能用于模拟带有分离及回流的流动，因此在实际工程中很少使用。

2）一方程模型

在零方程模型中，仅把 Reynolds 应力和平均速度梯度相联系，是一种局部平衡的概念，忽略了对流和扩散的影响。为了弥补混合长度模型的局限性，研究人员建议补充建立一个湍动能 k 的输运方程，并将湍流黏度 μ_{T} 表示成 k 的函数，从而可使方程组封闭[2]。湍动能 k 的输运方程可写为：

$$\frac{\partial(\rho k)}{\partial t} + \frac{\partial(\rho k u_i)}{\partial x_i} = \frac{\partial}{\partial x_i}\Big[\Big(\mu + \frac{\mu_{\mathrm{T}}}{\sigma_k}\Big)\frac{\partial k}{\partial x_j}\Big] + \mu_{\mathrm{T}}\Big(\frac{\partial u_i}{\partial x_j} + \frac{\partial u_j}{\partial x_i}\Big)\frac{\partial u_i}{\partial x_j} - \rho C_D \frac{k^{\frac{3}{2}}}{l} \tag{8-21}$$

$$\mu_{\mathrm{T}} = \rho C_\mu \sqrt{k} l \tag{8-22}$$

式（8-21）和式（8-22）构成了一方程模型，其中 σ_k、C_D、C_μ 为经验常数；l 为湍流脉动的长度比尺或湍流长度，由经验公式或试验决定。一方程模型考虑了对流和扩散输运对湍流的影响，因而相比零方程模型更为合理。但是一方程模型中如何确定湍流长度 l 仍为不易解决的问题，因此限制了其推广运用。

3）两方程模型

两方程模型是目前应用最为广泛的模型，它是在一方程的基础上，新引入一个关于湍流耗散率 ε 的方程形成的。其中 k-ε 模型应用最广。对于零方程及一方程模型，必须事先确定包含湍流黏度的混合长度 l_{m} 或湍流长度 l，与前文湍动能 k 的输送方程联立组成的方程组可以得到封闭解，即所谓的 k-l 二方程模型。但是，湍动能的输送方程式中未知变量 l 不能直接出现，由 l 得到的湍流耗散率 ε 自然也是未知数；导出 ε 的输送方程，由此得到封闭的模型化方程组为 k-ε 两方程模型。k-ε 模型主要有标准 k-ε 模型、RNG k-ε 模型与 realizable k-ε 模型。标准 k-ε 模型比零方程模型和一方程模型均有了明显改进，并在科学研究及工程实际中得到了广泛的检验和应用，但用于强旋流、弯曲壁面流动或弯曲流线流动时，会产生一定的失真。为此，后续又发展出了 RNG k-ε 与 realizable k-ε 这两种改进方案的双参数方案。

（1）标准 k-ε 模型

在湍动能 k 的方程的基础上，再引入一个关于湍流耗散率 ε 的方程，便形成了 k-ε 两方程模型，称为标准 k-ε 模型（standard k-ε model）。该模型是由 Launder 和 Spalding[3]

提出的。ε 为单位质量流体的脉动动能耗散率，即各向同性的小尺度涡的机械能转化为热能的速率，定义为：

$$\varepsilon = \frac{\mu}{\rho} \overline{\left(\frac{\partial u_i'}{\partial x_k}\right)\left(\frac{\partial u_j'}{\partial x_k}\right)} \tag{8-23}$$

再引入下面关于 ε 和 k 的关系式：

$$\varepsilon = \frac{k^{3/2}}{l} \tag{8-24}$$

由此，湍流黏度可以写为：

$$\mu_{\mathrm{T}} = \rho C_\mu k^2 / \varepsilon \tag{8-25}$$

因此，对于不可压缩流体从三维的非稳态 Navier-Stokes 方程可以推导出 k、ε 的控制方程，如下列公式所示：

$$\frac{\partial \rho k}{\partial t} + u_i \frac{\partial \rho k}{\partial x_i} = \frac{\partial}{\partial x_j}\left[\left(\mu + \frac{\mu_{\mathrm{T}}}{\sigma_k}\right)\frac{\partial k}{\partial x_j}\right] + \mu_{\mathrm{T}}\frac{\partial u_i}{\partial x_j}\left(\frac{\partial u_i}{\partial x_j} + \frac{\partial u_j}{\partial x_i}\right) - \rho\varepsilon \tag{8-26}$$

$$\frac{\partial \rho \varepsilon}{\partial t} + u_i \frac{\partial \rho \varepsilon}{\partial x_i} = \frac{\partial}{\partial x_j}\left[\left(\mu + \frac{\mu_{\mathrm{T}}}{\sigma_\varepsilon}\right)\frac{\partial \varepsilon}{\partial x_k}\right] + \mu_{\mathrm{T}}\frac{C_{1\varepsilon}\varepsilon}{k}\frac{\partial u_i}{\partial x_j}\left(\frac{\partial u_i}{\partial x_j} + \frac{\partial u_j}{\partial x_i}\right) - C_{2\varepsilon}\frac{\varepsilon^2}{k} \tag{8-27}$$

对于控制方程中的模型常数的取值，学者已经取得了比较一致的看法，如表 8-1 所示。

标准 k-ε 模型中的系数　　　　　　　　　　　　　　　　　　　　表 8-1

C_μ	σ_k	σ_ε	$C_{1\varepsilon}$	$C_{2\varepsilon}$
0.09	1.0	1.3	1.44	1.92

显然，该方程组是复杂的非线性方程组，对于一般的工程问题很难或者无法得到它的解析解；但是随着计算机技术和数值计算方法的发展，可以通过离散化数值求解的方法来获得它的数值解。值得注意的是，标准 k-ε 模型具有一定的适用性。本节所给出的 k-ε 模型是针对湍流发展非常充分的湍流流动来建立的，即是针对高 Re 的湍流计算模型；而当 Re 比较低时，例如在近壁区内的流动，湍流发展并不充分，湍流的脉动影响可能不如分子黏性的影响大，在更贴近壁面的底层内，流动可能处于层流状态。因此，对于低 Re 的流动，使用上面 k-ε 模型进行计算，就会出现问题。这时，必须采用特殊的处理方式，以解决近壁区内流动及低 Re 时的流动计算问题。常用的解决方法有两种，一种是采用壁面函数法，另一种是采用低 Re 的 k-ε 模型。

（2）RNG k-ε 模型

RNG k-ε 模型是由 Yakhot 和 Orzag[4] 提出的，RNG 是英文 renormalization group 的缩写。RNG k-ε 模型通过大尺度运动和修正后的黏度项来体现小尺度的影响，而使这些小尺度运动系地从控制方程中去除。所得到的 k 方程和 ε 方程，与标准 k-ε 模型十分相似：

$$\frac{\partial(\rho k)}{\partial t} + \frac{\partial(\rho k u_i)}{\partial x_i} = \frac{\partial}{\partial x_j}\left(\alpha_k\mu_{\mathrm{eff}}\frac{\partial k}{\partial x_j}\right) + \mu_{\mathrm{T}}\frac{\partial u_i}{\partial x_j}\left(\frac{\partial u_i}{\partial x_j} + \frac{\partial u_j}{\partial x_i}\right) + \rho\varepsilon \tag{8-28}$$

$$\frac{\partial(\rho\varepsilon)}{\partial t} + \frac{\partial(\rho\varepsilon u_i)}{\partial x_i} = \frac{\partial}{\partial x_j}\left(\alpha_\varepsilon\mu_{\mathrm{eff}}\frac{\partial \varepsilon}{\partial x_j}\right) + \mu_{\mathrm{T}}\frac{G_{1\varepsilon}^*\varepsilon}{k}\frac{\partial u_i}{\partial x_j}\left(\frac{\partial u_i}{\partial x_j} + \frac{\partial u_j}{\partial x_i}\right) - G_{2\varepsilon}\rho\frac{\varepsilon^2}{k} \tag{8-29}$$

式中：

$$\begin{cases} \mu_{\text{eff}} = \mu + \mu_{\text{T}} \\[2mm] \mu_{\text{T}} = \rho C_\mu \dfrac{k^2}{\varepsilon} \\[2mm] C_\mu = 0.0845, \alpha_k = \alpha_\varepsilon = 1.39 \\[2mm] G_{1\varepsilon}^* = G_{1\varepsilon} - \dfrac{\eta\left(1 - \dfrac{\eta}{\eta_0}\right)}{1 + \beta\eta} \\[2mm] G_{1\varepsilon} = 1.42, G_{2\varepsilon} = 1.68 \\[2mm] \eta = (2E_{ij}E_{ij})^{\frac{1}{2}} \dfrac{k}{\varepsilon} \\[2mm] E_{ij} = \dfrac{1}{2}\left(\dfrac{\partial u_i}{\partial x_j} + \dfrac{\partial u_j}{\partial x_i}\right) \\[2mm] \eta_0 = 4.377, \beta = 0.012 \end{cases} \tag{8-30}$$

与标准 k-ε 模型比较发现，RNG k-ε 模型的主要变化是：

① 通过修正湍流黏度 ε，考虑了平均流动中的旋转流动情况。

② 在 ε 方程中增加了一项，提高了对快速变形流动的准确性。

因此，RNG k-ε 模型可以更好地处理高应变率及流线弯曲程度较大的流动。但是 RNG k-ε 模型仍是针对充分发展的湍流来建立的，即是高 Re 的湍流计算模型，而对近壁区内的流动及低 Re 的流动，必须使用壁面函数法或低 Re 的 k-ε 模型来模拟。

（3）realizable k-ε 模型

标准 k-ε 模型在时均应变率特别大的情况下，有可能导致负的正应力。为使流动符合湍流的物理定律，需要对正应力进行约束。为保证这种约束的实现，湍流黏度计算式中的系数 C_μ 不应是常数，而与应变率相关。由此，提出了 realizable k-ε 模型[5]。在 realizable k-ε 模型中，关于 k 和 ε 的输运方程如下：

$$\frac{\partial(\rho k)}{\partial t} + \frac{\partial(\rho k u_i)}{\partial x_i} = \frac{\partial}{\partial x_j}\left[\left(\mu + \frac{\mu_{\text{T}}}{\sigma_k}\right)\frac{\partial k}{\partial x_j}\right] + \mu_{\text{T}}\frac{\partial u_i}{\partial x_j}\left(\frac{\partial u_i}{\partial x_j} + \frac{\partial u_j}{\partial x_i}\right) - \rho\varepsilon \tag{8-31}$$

$$\frac{\partial(\rho\varepsilon)}{\partial t} + \frac{\partial(\rho\varepsilon u_i)}{\partial x_i} = \frac{\partial}{\partial x_j}\left[\left(\mu + \frac{\mu_{\text{T}}}{\sigma_\varepsilon}\right)\frac{\partial\varepsilon}{\partial x_j}\right] + \rho C_1 E\varepsilon - \rho C_2 \frac{\varepsilon^2}{k + \sqrt{\nu\varepsilon}} \tag{8-32}$$

式中：

$$\begin{cases} \sigma_k = 1.0, \sigma_\varepsilon = 1.2, C_2 = 1.9 \\[2mm] C_1 = \max\left(0.43, \dfrac{\eta}{\eta + 5}\right) \\[2mm] \eta = (2E_{ij}E_{ij})^{\frac{1}{2}} \dfrac{k}{\varepsilon} \\[2mm] E_{ij} = \dfrac{1}{2}\left(\dfrac{\partial u_i}{\partial x_j} + \dfrac{\partial u_j}{\partial x_i}\right) \\[2mm] \nu = \dfrac{\mu}{\rho} \end{cases} \tag{8-33}$$

式（8-31）中，μ_{T} 与 C_μ 按下式计算：

$$\mu_{\text{T}} = \rho C_\mu \frac{k^2}{\varepsilon} \tag{8-34}$$

$$C_\mu = \frac{1}{A_o + \dfrac{A_s U^* k}{\varepsilon}} \tag{8-35}$$

式中：

$$\begin{cases} A_o = 4.0, \ A_s = \sqrt{6}\cos\phi \\[2mm] \phi = \dfrac{1}{3}\arccos(\sqrt{6}W) \\[2mm] W = \dfrac{E_{ij}E_{jk}E_{ki}}{(E_{ij}E_{ij})^{\frac{1}{2}}} \\[2mm] U^* = \sqrt{E_{ij}E_{ij} + \widetilde{\Omega}_{ij}\widetilde{\Omega}_{ij}} \\[2mm] \widetilde{\Omega}_{ij} = \Omega_{ij} - 2\varepsilon_{ijk}\omega_k \\[2mm] \Omega_{ij} = \overline{\Omega}_{ij} - \varepsilon_{ijk}\omega_k \end{cases} \tag{8-36}$$

这里的 $\overline{\Omega}_{ij}$ 是从角速度为 ω_k 的参考系中观察到的时均转动速率张量。上式中 U^* 项计算式根号中的第二项表示旋转的影响，对无旋转的流场，该项为零。

与标准 $k\text{-}\varepsilon$ 模型比较发现，realizable $k\text{-}\varepsilon$ 模型的主要变化是：

① 湍动黏度计算公式发生了变化，引入了与旋转和曲率有关的内容。

② ε 方程中的倒数第一项不具有任何奇异性，即使 k 值很小或为零，分母也不会为零。这与标准 $k\text{-}\varepsilon$ 模型和 RNG $k\text{-}\varepsilon$ 模型有很大区别。

realizable $k\text{-}\varepsilon$ 模型已被广泛地应用于旋转均匀剪切流、包含有射流和混合流的自由流动、管道内流动、边界层流动，以及带有分离的流动等各种不同类型的流动模拟。

（4）近壁面处理

前文提到的标准 $k\text{-}\varepsilon$ 模型和 RNG $k\text{-}\varepsilon$ 模型等均是针对充分发展的湍流，即高 Re 的湍流建立的。但是对于 Re 较低的近壁面区，湍流发展并不充分，湍流的脉动影响小于分子黏性的影响。因此先前建立的 $k\text{-}\varepsilon$ 模型并不适用，必须采用特殊的处理方式。湍流流动受到壁面的影响很大，靠近壁面的地方平均速度必须满足无滑移壁面的边界条件。在非常靠近壁面的地方，黏性阻尼将减弱切向速度的脉动；而沿着近壁面向外，由于速度梯度很大，湍流将随着湍动能的增加而迅速发展，如图 8-6 所示。近壁面的处理在很大程度上决定了计算的精度，这是因为壁面附近是漩涡和湍流的主要来源。在近壁面需要求解的变量变化梯度很大，动量及其他标量的传输非常旺盛，精确地描述近壁面的流体流动情况是成功预测壁面束缚下湍流流动的关键之一。

大量的试验表明，在靠近墙壁的地方，可以将湍流分成三层，最里面是黏性底层，外面是完全发展的湍流层（对数率层），两者之间是混合层（过渡层）。在完全发展的湍流的核心区域，湍流黏性系数很大，对流动起决定性的作用，湍流模型是适用的。而在近壁面区域，例如黏性底层，由于壁面黏性的影响，湍流黏性系数就大为减小，因而黏性系数对各种标量的传输起决定性的作用，因此湍流模型在这些区域将不再适用。而在两者之间的混合层，分子黏性和湍流黏性的作用相当。解决湍流模型在近壁面不再适用问题的方法，有壁面函数法和墙元模型。前者对黏性底层不进行求解，而是使用半经验公式假定变量的

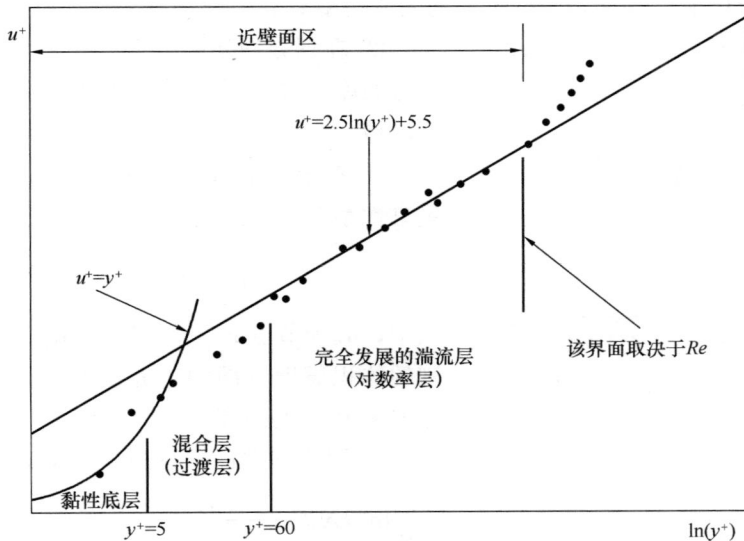

图 8-6　近壁面的流动分布

分布，并且要求第一个节点设置在黏性底层之外；后者则是通过对湍流模型进行修正，使其可以应用于黏性底层的求解，它需要在近壁面设置更加细密的网格，计算代价较前者更大。壁面函数法是工业流动问题中广泛使用的方法，因为在靠近壁面的区域所求解的变量变化很快，并不需要被精确求解，壁面函数法可以大大节省计算资源且精度完全能满足实际工程的需要。

下面简单介绍计算中比较常用的壁面函数法[3]，它的基本内容可以归纳如下：

① 为了描述黏性底层的流动，引入无量纲速度 u^+ 与无量纲距离 y^+，y^+ 可以用来判断流体处在哪个区域。假设在计算问题的壁面附近黏性底层以外的地区，无量纲速度分布服从对数分布率。由流体力学可知，对数分布率为：

$$u^+ = \frac{u}{v^*} \tag{8-37}$$

$$y^+ = \frac{yv^*}{\nu} \tag{8-38}$$

式中，u 为节点的时均速度；y 为节点到壁面的距离；$v^* = \sqrt{\tau_{\mathrm{w}}/\rho}$ 称为切应力速度；τ_{w} 是壁面切应力；ν 是流体的动力黏度。

当 $60 < y^+ < 300$ 时，流体处于对数率层：

$$u^+ = \frac{1}{\kappa}\ln(y^+) + B = \frac{1}{\kappa}\ln(Ey^+) \tag{8-39}$$

式中，κ 为卡门常数，取值为 $0.40 \sim 0.42$；常数 $B = 5.0 \sim 5.5$；由此可计算常数 E 的值。为了反映湍流脉动的影响，需要把 u^+、y^+ 的定义进行扩展：

$$y^+ = \frac{\varrho y(C_\mu^{1/4}k^{1/2})}{\mu} \tag{8-40}$$

$$u^+ = \frac{uC_\mu^{1/4}k^{1/2}}{\tau_{\mathrm{w}}/\rho} \tag{8-41}$$

式中，k 是节点的湍流动能，根据不同的湍流模型 C_μ 的计算方法不同。

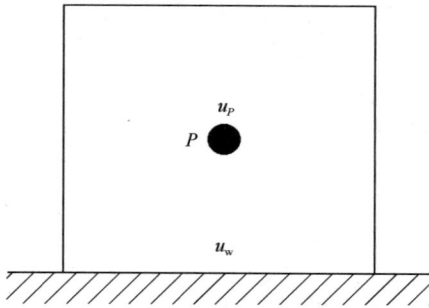

图 8-7　近壁面速度示意图

② 在划分网格时，把第一个内节点布置到对数分布率成立的范围内，即配置到充分发展的湍流区域。

③ 在第一个内节点与壁面之间区域的流速当量黏性系数由下式确定：

$$\tau_{\mathrm{w}} = -\mu_{\mathrm{T}} \frac{u_P - u_{\mathrm{w}}}{y_P} \tag{8-42}$$

式中，u_P 为节点 P 点的时均速度；u_{w} 为节点 P 控制的体积靠近壁面的边界速度（图 8-7）；y_P 为节点 P 到壁面的距离。

将式（8-40）与式（8-41）代入式（8-39）可得与壁面平行的速度满足对数分布律：

$$\frac{u_P (C_\mu^{1/4} k_P^{1/4})}{\tau_{\mathrm{w}}/\rho} = \frac{1}{\kappa} \ln \left[E y_P \frac{(C_\mu^{1/2} k_P)^{1/2}}{\nu} \right] \tag{8-43}$$

式中，k_P 为节点 P 点的湍流动能，由此得到：

$$\mu_{\mathrm{T}} = \left[\frac{y_P (C_\mu^{1/2} k_P)^{1/2}}{\nu} \right] \frac{\mu}{\ln(E y_P^+)/\kappa} = \frac{y_P^+}{u_P^+} \mu \tag{8-44}$$

④ 对第一个内节点 P 上的 k_P 和 ε_P 的确定方法：k_P 值仍可按照 k 方程计算，其边界条件取为 $\left(\frac{\partial k}{\partial y} \right)_{\mathrm{w}} = 0$，在通用的程序求解时，对 ε 求解区域仍可为整个区域。上面介绍的壁面函数法属于单层模型，基本上没有考虑与壁面相邻接的控制容积中湍流物理量的变化；而实际上在这一区域，流动从壁面上的完全黏性发展到了充分湍流，因而分子黏性对这一控制容积中的湍流脉动动能必然会有影响，因此出现了二层模型与三层模型等改进模型，它们考虑了与壁面相邻的控制容积中的脉动动能及切应力的分布。

8.3.3　大涡模拟方法

大涡模拟（LES）[6] 是介于直接数值模拟与 Reynolds 平均法之间的一种折中的湍流数值模拟方法。随着计算机硬件条件的快速提高，对大涡模拟方法的研究与应用呈明显上升趋势。大涡模拟对于 Navier-Stokes 方程的求解采用了不同的方法。首先使用滤波函数，将湍流中的旋涡分为大涡和小涡两种。大涡从主流中获得能量，旋涡运动使旋涡拉伸而不断分解为小涡，小涡的流动处于高频的运动状态，几乎是各向同性的，流动的瞬时速度在时间和空间上都处于高度不规则的剧烈脉动，随机地进行能量耗散，并认为不存在比网格尺度更小的漩涡。大涡模拟用非稳态的 Navier-Stokes 方程直接模拟大涡，而小涡则通过亚格子应力模型求解。

大涡模拟的优势体现在：首先，对于流动起决定性作用的大涡采用了直接的数值模拟方法而不是近似模型方法；其次，由于小涡具有各向同性且极为相似，因此为它们寻找统一的模型将变得更加容易；此外，相比于直接数值模拟，大涡模拟的所需的时间步长限制将放宽，将正比例于大涡旋转周期，空间步长的要求也比直接数值模拟要高出一个数量级，因此计算代价也大大降低，可满足实际流动的计算要求。

156

大涡模拟首先使用滤波函数将运动参变量 ϕ 划分为大尺度和小尺度，$\overline{\phi}$ 为大尺度平均分量，其计算方法为：

$$\overline{\phi}(x) = \int\limits_{D} \phi(x')G(x,x')\mathrm{d}x' \tag{8-45}$$

式中，x' 为实际坐标；x 为滤波后的坐标；G $(x,$ $x')$ 为滤波函数；D 为流动区域。对于实际的计算：

$$\overline{\phi}(x) = \frac{1}{V}\int\limits_{v} \phi(x')\mathrm{d}x' \tag{8-46}$$

$$G(x,x') = \begin{cases} 1/V & x' \in v \\ 0 & \text{其他情况} \end{cases} \tag{8-47}$$

式中，V 为控制体积占几何空间的大小；v 为该方向上滤波网格的尺度。通过滤波就得到了滤波后的 Navier-Stokes 方程和连续性方程：

$$\frac{\partial}{\partial t}(\rho\overline{u}_i) + \frac{\partial}{\partial x_j}(\rho\overline{u}_i\overline{u}_j) = \frac{\partial}{\partial x_i}\left(\mu\frac{\partial \overline{u}_i}{\partial x_j}\right) - \frac{1}{\rho}\frac{\partial \overline{p}}{\partial x_i} - \frac{\partial \tau_{ij}}{\partial x_j} \tag{8-48}$$

$$\frac{\partial \rho}{\partial t} + \frac{\partial \rho\overline{u}_i}{\partial x_i} = 0 \tag{8-49}$$

式（8-48）与式（8-49）就是大涡模拟求解的控制方程组。对于不可压缩气体，密度为常数，上式可以写为：

$$\frac{\partial \overline{u}_i}{\partial x_i} = 0 \tag{8-50}$$

$$\tau_{ij} = \rho\,\overline{u_i u_j} - \rho\overline{u}_i\overline{u}_j \tag{8-51}$$

式中，τ_{ij} 被定义为亚格子尺度应力（subgrid-scale stress，简称 SGS 应力）。亚格子尺度模型简称 SGS 模型，是关于 τ_{ij} 的表达式。大多数亚格子模型都是在涡黏性的基础上，把脉动的影响用一个湍流黏性系数即涡黏来表示。根据 Smagorinsky 的基本 SGS 模型，假定 SGS 应力具有下式的形式：

$$\tau_{ij} - \frac{1}{3}\tau_{kk}\delta_{ij} = -2\mu_t\overline{S}_{ij} \tag{8-52}$$

式中，μ_t 为亚格子湍流黏度（subgrid eddy viscosity）；剪切变形张量 $\overline{S}_{ij}$ 为：

$$\overline{S}_{ij} = \frac{1}{2}\left(\frac{\partial \overline{u}_i}{\partial x_j} + \frac{\partial \overline{u}_j}{\partial x_i}\right) \tag{8-53}$$

亚格子模型实际上借鉴了湍流黏性系数法中的一般模式理论，对 μ_t 进行模型化处理。近年来也由标准的 SGS 模型发展出了动力 SGS、局部动力 SGS 等亚格子模型。下面介绍最基本的亚格子模型：Smagorinsky-Lilly 亚格子模型。

Smagorinsky-Lilly 亚格子模型是由 Smagorinsky 在 1963 年提出、Lilly 在 1966 改进后得到，其表达式为：

$$\mu_t = \rho L_s^2 |\overline{S}| \tag{8-54}$$

$$L_s = \min(\kappa d, C_s V^{1/3}) \tag{8-55}$$

其中：

$$|\overline{S}| = (2\overline{S}_{ij}\overline{S}_{ij})^{\frac{1}{2}}$$ (8-56)

式中，κ 为卡门常数；d 为相对于最近壁面的距离；V 为网格的控制体积；C_s 为无量纲的常数，经过大量计算验证，该值取 0.10 时将适用于大多数的流动计算。

8.3.4 湍流模型的评述与选择

迄今为止尚未有公认的适用于所有类型问题的最优湍流模型。湍流模型的选择取决于诸多因素，例如流动的物理机理、特定类型问题、计算精度需求、现有计算资源和模拟所需时间等诸多方面。单从计算资源的消耗来看，Reynolds 平均法的消耗随着模型湍流黏性系数微分方程数目的增加而增加，而 LES 对计算资源的要求更高，大大超过了其他时均方法的消耗。计算风工程目前使用最多的湍流模型仍然是 k-ε 模型及其改进的各种模型。而随着计算机算力的快速发展，大涡模拟提供了一种替代方案，也是被认为是目前最有前途和发展潜力的方法。LES 之所以具有如此吸引力，在于其规避了湍流模型引入产生的求解误差。然而，值得注意的是，LES 在流体动力学模拟中的应用还处于发展期，主要是因为要分辨所有含能湍流涡需要大规模的计算资源。大多数成功的 LES 都采用高阶空间离散，并要能仔细分辨所有大于惯性亚区的尺度。对分辨率差的 LES，其平均流参量精度退化问题还未获得确认。此外，LES 壁面函数的使用是某种近似，需要进一步验证。当然，各种模型都有不同的优缺点，有自己的适用范围，因此需要谨慎选择。

8.4 基于有限体积法的控制方程离散

求解描述流体流动的偏微分方程组，首先需要对计算区域进行离散，以便将偏微分方程离散化。所谓的区域离散化实际上就是用一组有限个的离散的点来代替原来的连续空间。一般的实施过程是把计算区域划分成许多个互不重叠的子区域，并确定每个区域中的节点，从而生成网格。然后，将控制方程在网格上离散，即将偏微分格式的控制方程转化为各个节点上的代数方程组。由于应变量在节点之间的分布假设及推导离散方程的方法不同，就形成了有限差分法、有限元法和有限体积法等不同类型的离散化方法。在计算流体动力学中最常用的离散化方法是有限体积法（也叫控制体积法）。

有限体积法的基本方法是将所计算的区域划分成一系列控制体积，每个控制体积都有一个节点作代表，将待解微分方程（控制方程）对每一个控制体积积分，从而得出一组离散方程，其中未知数是节点上的通用变量 φ。离散方程的物理意义就是通用变量 φ 在有限的控制体积中的守恒原理。为了求出控制体积的积分，需要假设通用变量 φ 在节点之间的变化规律，即对其函数本身及其一阶导数的构成做出假设，这种构成的方式就是有限体积法中的离散格式。

8.4.1 计算区域的离散

以直角坐标下的二维结构网格（图 8-8）为例，对有限体积法的计算区域的离散进行说明。

从图 8-8 中可看出，区域离散化可得到以下四个几何要素：

（1）节点（node）：需要求解的未知物理量的几何位置；

（2）控制体积（control volume）：应用控制方程或守恒定律的最小几何单位；

（3）界面（face）：它规定了与各节点相对应的控制体积的分界面位置；

（4）网格线（grid line）：连接相邻两节点而形成的曲线簇。

有限体积法是内节点法，节点位于单元的内部，它是所在的子区域的代表，子区域就是控制体积，划分子区域的曲线簇就是控

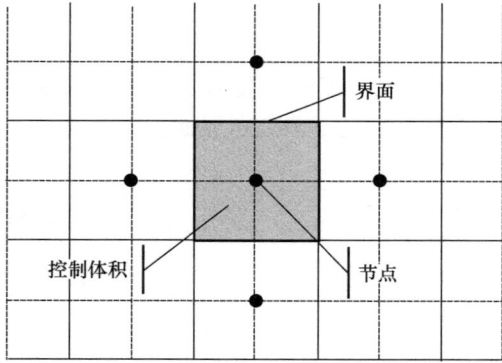

图 8-8　二维结构网格

制体积的界面线。就实施过程而言，它是一种先界面再节点的方法，称为内节点法或单元中心法。有限体积法是基于单元的离散方法，而不是像有限元法那样是基于节点的。有限体积法导出的离散方程可以保证具有守恒性，而且离散方程的物理意义明确，因此它是目前流动与传热问题的数值计算中应用最广的方法之一。

8.4.2　偏微分方程组的离散与求解

建立离散化的网格系统，是为了对描述流体流动的偏微分方程组进行离散，将其转化为代数方程进而进行求解。在有限体积法的网格上实现方程的离散一般有两种方法，一种是 Taylor 级数展开法，一种是控制容积法。Taylor 级数展开法是将偏微分方程中的一阶、二阶导数用差分表达式导出，而各阶导数的差分表达式可由 Taylor 级数展开而得到，因此它是一种纯数学的推导方法。控制容积法是有限体积法中建立离散方程的主要方法，其物理意义就是节点上的通用变量 φ（速度、温度等代求物理量）在控制体积中的守恒原理。下面以一维稳态问题（如图 8-9）的为例对其进行说明。P 为控制单元，E、W 为相邻的两个控制单元，e、w 为相邻的界面。

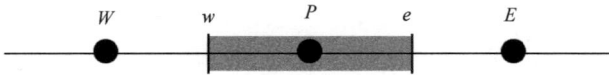

图 8-9　一维结构网格

对于一维问题，控制方程为：

$$\frac{\mathrm{d}(\rho u\varphi)}{\mathrm{d}x} = \frac{\mathrm{d}}{\mathrm{d}x}\left(\Gamma\frac{\mathrm{d}\varphi}{\mathrm{d}x}\right) + S \tag{8-57}$$

式中，Γ 为广义扩散系数；S 为广义源项。

将通用控制在 P 点所在的控制体积上积分：

$$\int_{\Delta V}\frac{\mathrm{d}(\rho u\varphi)}{\mathrm{d}x}\mathrm{d}V = \int_{\Delta V}\frac{\mathrm{d}}{\mathrm{d}x}\left(\Gamma\frac{\mathrm{d}\varphi}{\mathrm{d}x}\right)\mathrm{d}V + \int_{\Delta V}S\mathrm{d}V \tag{8-58}$$

式中，ΔV 为该网格的体积，当控制体积很小时，ΔV 可以表示为 $\Delta x + A$，A 为控制体积界面的面积。由此可得：

$$(\rho u \varphi A)_e - (\rho u \varphi A)_w = \left(\Gamma A \frac{\mathrm{d}\varphi}{\mathrm{d}x}\right)_e - \left(\Gamma A \frac{\mathrm{d}\varphi}{\mathrm{d}x}\right)_w + S\Delta V \qquad (8\text{-}59)$$

式（8-59）已将变量转化为了控制体积界面上的值，为了建立离散方程，需要使用插值的方法由节点的变量来表示界面上的变量。下面以最简单的中心差分格式为例，变量的线性插值结果为：

$$\begin{cases} \Gamma_e = \dfrac{\Gamma_P + \Gamma_E}{2} \\[2mm] \Gamma_w = \dfrac{\Gamma_W + \Gamma_P}{2} \\[2mm] (\rho u \varphi A)_e = (\rho u)_e A_e \dfrac{\varphi_P + \varphi_E}{2} \\[2mm] (\rho u \varphi A)_w = (\rho u)_w A_w \dfrac{\varphi_W + \varphi_P}{2} \\[2mm] \left(\Gamma A \dfrac{\mathrm{d}\varphi}{\mathrm{d}x}\right)_e = \Gamma_e A_e \left[\dfrac{\varphi_E - \varphi_P}{(\delta x)_e}\right] \\[2mm] \left(\Gamma A \dfrac{\mathrm{d}\varphi}{\mathrm{d}x}\right)_w = \Gamma_w A_w \left[\dfrac{\varphi_P - \varphi_W}{(\delta x)_w}\right] \end{cases} \qquad (8\text{-}60)$$

源项 S 转化为如下表达式：

$$S = S_C + S_P \varphi_P \qquad (8\text{-}61)$$

式中，S_C 是常量，S_P 是随时间和通用变量 φ 变化的项。将插值结果代入式（8-59）整理得到：

$$\left[\frac{\Gamma_e}{(\delta x)_e}A_e + \frac{\Gamma_w}{(\delta x)_w}A_w - S_P \Delta V\right]\varphi_P$$

$$= \left[\frac{\Gamma_w}{(\delta x)_w}A_w + \frac{(\rho u)_w}{2}A_w\right]\varphi_W + \left[\frac{\Gamma_e}{(\delta x)_e}A_e - \frac{(\rho u)_e}{2}A_e\right]\varphi_E + S_C \Delta V \qquad (8\text{-}62)$$

记为：

$$a_P \varphi_P = a_W \varphi_W + a_E \varphi_E + b \qquad (8\text{-}63)$$

式中：

$$\begin{cases} a_W = \dfrac{\Gamma_w}{(\delta x)_w}A_w + \dfrac{(\rho u)_w}{2}A_w \\[2mm] a_E = \dfrac{\Gamma_e}{(\delta x)_e}A_e + \dfrac{(\rho u)_e}{2}A_e \\[2mm] a_P = \dfrac{\Gamma_e}{(\delta x)_e}A_e + \dfrac{\Gamma_w}{(\delta x)_w}A_w - S_P \Delta V = a_E + a_W - \dfrac{(\rho u)_e}{2}A_e - \dfrac{(\rho u)_w}{2}A_w - S_P \Delta V \\[2mm] b = S_C \Delta V \end{cases}$$

$$(8\text{-}64)$$

式（8-64）即为式（8-57）的离散形式。除了中心差分格式，常用的离散格式还有一阶迎风格式、混合格式、指数格式、乘方格式。

8.4.3　代数方程组求解中的困难与解决方法

将偏微分方程组转化成分离的代数方程组以后，需要对它们进行求解，目前不可压缩流体的数值解法主要有图 8-10 所示的几种，其中以压力修正方法最常用。Navier-Stokes 方程是非线性方程，因而问题的数值求解需要采用迭代的方法。不可压缩流场求解中有两个关键问题：一是采用常规的网格及中心差分来离散压力梯度项时，动量方程的离散形式可能无法检测出不合理的压力场；二是压力的一阶倒数以源项的形式出现在动量方程中，采用分离式方法求解各变量的离散方程时，由于压力没有独立的方程，需要设计一种专门的方法，以便在迭代求解的过程中压力的值能不断得到改进。

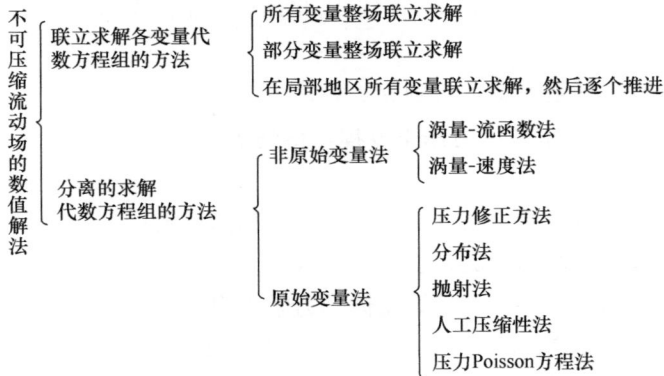

图 8-10　不可压缩流数值解法

为了解决第一个问题，采用交叉网格的方法。就是把速度 u、v 及压力 p 分别存储于三套不同的网格系统（图 8-11），压力 p 存储在主控网格节点上，速度 u、v 储存在错位后的网格上。这样压力的一次导数由相邻点的压力差构成，从而从根本上解决了采用一般的网格系统时所遇到的困难。

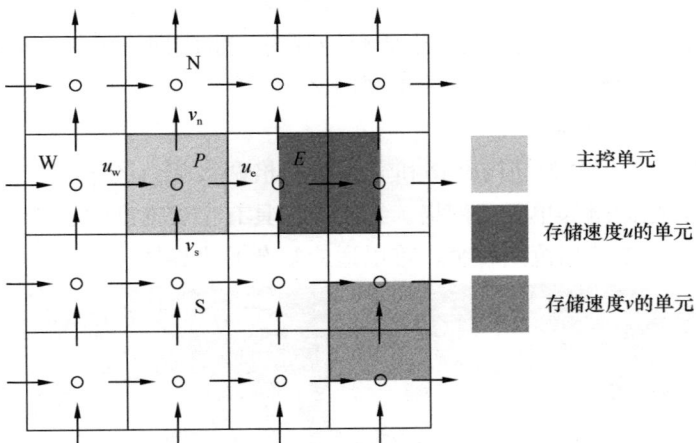

图 8-11　二维结构网格的交错网格系统

为了解决第二个问题，采用压力修正方法。它的基本思想是，在对 Navier-Stokes 的离散形式进行迭代求解的任意层次上，可以给定一个压力场，它可以是假定的或是由上一次计算得出的。一个正确的压力场应该使计算得到的速度场满足连续性方程，因此要改进给定的压力场，即进行修正，原则是：与改进后的压力场相对应的速度场能满足这一迭代层次上的连续性方程。据此来导出压力的修正值与速度的修正值，并以修正以后的压力与速度开始下一层次的迭代计算。

SIMPLE 算法[7]是 Patankar 与 Spalding 在 1972 年提出的求解不可压缩流场的方法，全称是 Semi-Implicit Method for Pressure Linked Equations，意即求解压力耦合方程的半隐方法。SIMPLE 算法的计算步骤如下：

(1) 假定一个速度分布，记为 u^0、v^0，以此计算动量离散方程中的系数和常数；

(2) 假定一个压力场 p^*；

(3) 依次求解两个动量方程，得到 u^*、v^*；

(4) 根据速度 u^*、v^* 求解压力修正方程，得到 p'；

(5) 修正压力与速度；

(6) 利用改进后的速度场重新计算动量离散方程的系数；

(7) 判断是否收敛，若不收敛则返回步骤（2）。

SIMPLE 算法自问世以来，在计算流体动力学中得到了广泛的应用，同时也在不断地改进与发展，产生了如 SIMPLER、SIMPLEC、SIMPLEX 的数据修正方案，有关 SIMPLE 的一系列改进算法在此不再赘述。

8.5　网格划分与边界处理

8.5.1　网格的划分

网格划分对 CFD 数值模拟极为重要，网格的形式和密度等影响着 CFD 数值计算结果的质量。对于复杂的 CFD 问题，网格生成极为耗时，生成网格消耗的时间常常大于实际计算的时间，且容易出错。因此，需要重视网格的划分。

1. 网格与网格单元的类型

网格（grid）可大致分为结构网格和非结构网格两大类（图 8-12）。结构网格是指网格内所有点都具有相同毗邻单元的网格。结构网格具有生成速度快、质量好、数据结构简单等优点，但其缺点是使用范围较窄，难以适应复杂的边界情况。非结构网格是指网格内

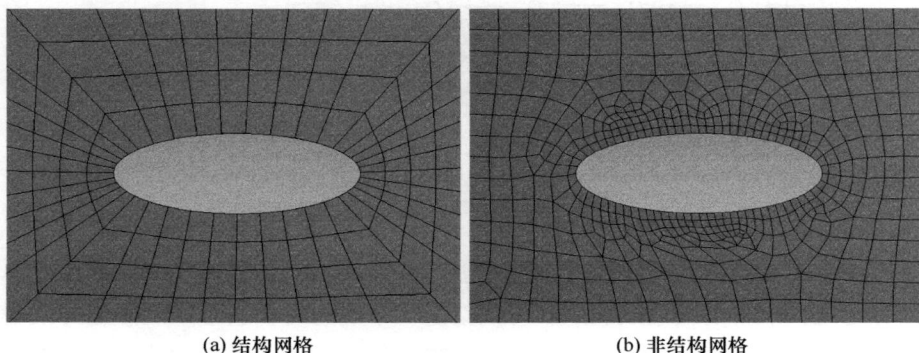

(a) 结构网格　　　　　　　　　　　　(b) 非结构网格

图 8-12　网格类型实例

所有点都具有不同毗邻单元的网格。非结构网格弥补了网格不能解决任意形状的缺点，但生成过程较为复杂，计算时需要较大的内存，一般通过专门的软件来生成。

单元（cell）是构成网格的基本元素，其常见形式如图 8-13 所示。对于结构网格，常用的 2D 网格单元是四边形单元，3D 网格单元是六面体单元。对于非结构网格，网格单元可以是任意形状的，常用的 2D 网格单元还有三角形单元，3D 网格单元还有四面体、五面体和六面体单元。其中五面体单元还可分为棱柱形和金字塔形单元等。对计算网格的形状而言，六面体优于四面体，但是在风工程中，因为几何过于复杂，通常在壁面处使用四面体单元，网格线必须与壁面正交。

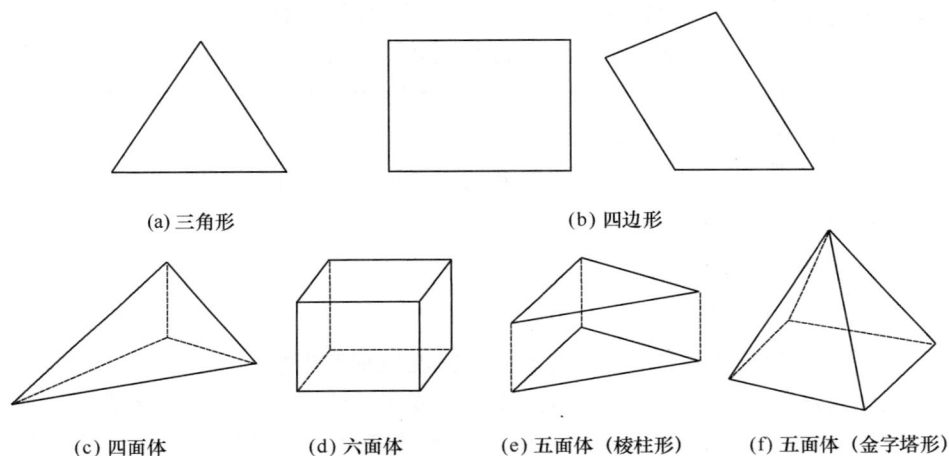

(a) 三角形　　　　　　　　　　　　(b) 四边形

(c) 四面体　　　(d) 六面体　　　(e) 五面体（棱柱形）　　　(f) 五面体（金字塔形）

图 8-13　常用的网格单元

2. 网格的生成过程

无论是结构网格还是非结构网格，网格生成的一般方法如下：

（1）建立几何模型。几何模型是网格和边界的载体。对于二维问题，几何模型是二维面；对于三维问题，几何模型是三维实体。

（2）划分网格。在所生成的几何模型上应用特定的网格类型、网格单元和网格密度对面或体进行划分，获得网格。

（3）指定边界区域。为模型的每个区域指定名称和类型，为后续给定模型的物理性质、边界条件和初始条件做准备。

8.5.2　边界条件

使用 CFD 求解控制方程，需要输入适当的边界条件与初始条件。边界条件是在求解区域的边界上，直接指定代求的变量，或者指定代求的变量的法向梯度，即给出其导数随时间和空间变化的规律。初始条件是指研究的对象在过程开始的时刻，各待求变量的空间分布情况。对于瞬态求解问题，必须设定初始条件；而对于稳态问题，则不用设定。CFD 数值模拟中，基本边界条件包括：流动进口边界条件、流动出口边界条件、壁面边界条件恒压边界条件、与对称边界条件[8]。

1. 流动进口边界条件

流动进口边界，是指在进口边界上指定流动参数的情况。常用的流动进口边界包括速度进口（velocity-inlet）边界、压力进口（pressure-inlet）边界和质量进口（mass-flow-inlet）边界。而对于某些流动参数，如参考压力、湍动能 k 和耗散率 ε 等，需要做特殊考虑。为此，对边界条件作如下说明：

（1）关于参考压力：在 CFD 计算程序中，压力总表示为相对压力，实际求解的压力并不是绝对值，而是相对于进口压力而言的。因此，在某些情况下，可以通过设给定进口的压力为 0，求其他点的绝对压力。还有时为了减小数字截断误差，往往会提升或降低参考压力场的值，这样可使其余各处的计算压力场与整体数值计算的量级相吻合。

（2）在使用各种 k-ε 模型对湍流进行计算时，需要给定进口边界 k 和 ε 的估算值。k 和 ε 的值无法精确计算，只能通过试验得到。但不可能对各种各样的流动都去做试验，因此必须借助文献中已有的近似公式来估算。

对于数值风洞模拟，进口边界处通常采用大气边界层。平均速度通过对数率或指数率的剖面得到，指数率的平均风剖面为：

$$\frac{\bar{u}(Z)}{\bar{u}_b} = \left(\frac{Z}{Z_b}\right)^\alpha \tag{8-65}$$

式中，$\bar{u}_b$ 为 $Z = Z_b$ 处的参考风速；α 为地面粗糙度类别的指数。

入口处湍流强度边界条件可以通过湍流黏性或湍动能与湍流耗散率来描述。对两方程湍流物理模型来说，湍动能和湍流耗散率可以通过等效边界层假设给出[9]，相应的公式如下：

$$\begin{cases} k(Z) = 1.2\left[I(Z)\bar{u}(Z)\right]^2 \\ \varepsilon(Z) = \dfrac{C_\mu^{3/4}k\ (Z)^{3/2}}{KL_u} \end{cases} \tag{8-66}$$

式中，$C_\mu = 0.09$；$K = 0.4$；$I(Z)$ 是入口处的湍流强度剖面；$\bar{u}(Z)$ 为平均流速；L_u 为入口处湍流积分尺度，可以选择为最高建筑物的高度。

2. 流动出口边界条件

流动出口边界条件是指在几何出口上给定流动参数，包括速度、压力等，常用的边界条件有压力出口（pressure-outlet）、出流（outflow）、压力远场（pressure-far-field）。流动出口边界条件是与流动进口边界条件联合使用的。流动出口边界条件一般选在离几何扰动足够远的位置施加。因为在这样的位置，流动是充分发展的，沿流动方向没有变化。可在此位置选择一个垂直于流动力向的面，作为出口面。流动出口边界条件的数学描述比较简单，即在该面上的所有变量（压力除外）如 u、v、w、k、ε 和温度 T 等，梯度都为 0。

3. 壁面边界条件

壁面是流动问题中最常用的边界。对于壁面边界条件，第 8.3 节已介绍了近壁面处理方法。在风洞的数值模拟中，建筑物的壁面和地面可设置为无滑移壁面（wall），在壁面上 $u_i = 0$（$i = 1, 2, 3$）；计算域的顶壁与侧壁面的边界可设置为滑移壁面，即 $\rho \boldsymbol{V} \cdot \boldsymbol{n}$ 在边界上为零。

4. 恒压边界条件

在流动分布的详细信息未知，但边界的压力值已知的情况下，使用恒压边界条件。应用该边界条件的典型问题包括：物体外部绕流、自由表面流、自然通风及燃烧等浮力驱动流和有多个出口的内部流动。应用恒压边界条件时，节点的压力修正值为 0。

5. 对称边界条件

对称边界条件（symmetry）是指所求解的问题在物理上存在对称性。应用对称边界条件，可将求解规模缩减到整个问题的一半。在对称边界上，垂直边界的速度取为零，而其他物理量的值在该边界内外相等。

使用 CFD 计算时要注意边界条件的组合，可能的组合方式有：①只有壁面，②壁面、进口和至少一个出口，③壁面、进口和至少一个恒压边界，④壁面和恒压边界。

8.6 风荷载数值模拟的步骤与实例

8.6.1 风荷载数值模拟的步骤

一个典型的风荷载数值模拟的过程应该包含以下步骤：

（1）根据研究对象的几何尺寸建立物理模型，确定计算流域的范围，保证流域足够大能消除边界对研究对象的影响以及确保流动充分发展。

（2）创建网格，实现对计算区域的离散。根据实际情况选择合理的网格形式。网格划分是很复杂的工作，往往为了获得计算所需要的满意的网格要花费很多的力量，而且很多情况下还需要根据初步计算的结果来调整网格。

（3）输入网格，将前处理建立的网格系统导入到 CFD 软件中；检查网格是否合理，是否可以进行计算。

（4）选择需要解的基本方程，并根据研究的问题和需要的精度，选择合适的解算器，确定所需要的湍流模型。

（5）指定材料的物理性质，在计算风工程中主要是空气相关参数的设定。

（6）根据实际问题的来流条件确定相应的边界条件。

（7）根据求解精度的需要和促进迭代计算收敛的需要，调节各项的控制参数，如指定差分格式、速度压力耦合的算法、收敛标准等。

（8）初始化流场，设定整个流场的初始化情况。

（9）计算和求解，进行迭代计算直至满足收敛标准。

（10）检查结果，保存结果，如果结果不理想，还需要继续调整网格，数值设置和物理模型，一直得到合理的解答。

（11）对计算的结果还需要进行大量的后处理工作，如筛选出有用的数据并加以整理，根据计算得到的初始结果计算所需要的相关物理量，绘制流场的分布图等工作。

8.6.2 某对称双塔楼高层建筑的风荷载数值模拟

本节通过文献［10］中的实例介绍风荷载数值模拟的步骤。

1. 某对称双塔楼高层建筑介绍

该建筑总高度为 113.4m，其中 20m 以下为裙房，其余均为标准层。该建筑体型较为复杂，且为双体结构，气动效应复杂，属于非典型高层建筑，规范尚未规定其相关风荷载参数。该建筑平面图、风向角及测点布置如图 8-14 所示。

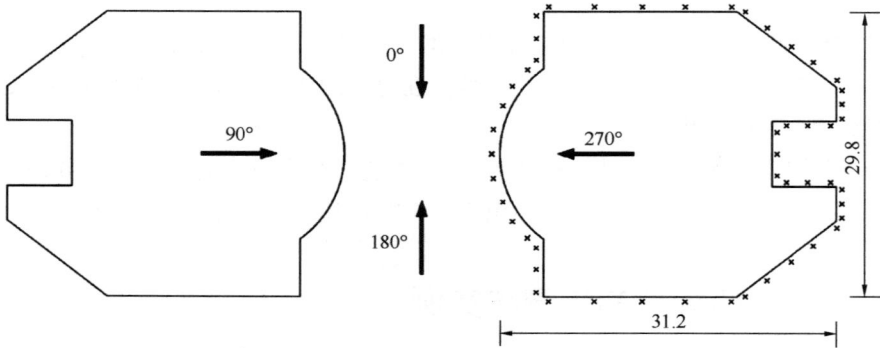

图 8-14 某双塔建筑平面图、风向角及测点布置

2. 数值模拟计算过程

（1）几何模型的建立

在数值模拟中按照建筑图纸对该双塔结构建立了实际尺度的计算模型，略去了对模拟计算影响不大的群楼和楼顶的局部结构。整个计算流域范围确定为宽 300m，高 500m，长 1600m 的空间区域，认为该区域已模拟了整个边界层风场。

（2）湍流模型的选取

计算采用较经典的 realizable k-ε 湍流模型；采用非平衡的壁面函数法（non-equilibrium wall functions）处理近壁面的湍流状态，该方法引入了两层模型（黏性底层和完全发展的湍流层）的概念，需要在近壁面单元中求解湍流动能，并且部分地考虑了压力梯度和偏离平衡假设带来的影响，因此对处理分析环绕、分离、再附、撞击等复杂流动具有较高的精度。

（3）网格的划分

由于该双塔结构体型比较复杂，因此在对计算区域划分网格时采用了非结构的四面体网格，并在靠近建筑物表面附近采用了加密的网格形式。网格尺寸由内向外逐渐增大，在靠近建筑物的表面区域，使用了作为过渡的棱柱体网格。本模型划分网格总计产生 200 余万个网格。本模型网格划分的整体三维与局部视图以及靠近建筑物表面区域的网格划分如图 8-15 和图 8-16 所示。

（4）边界条件的设定

进流面选用了速度入口（velocity-inlet）。本建筑物处于 B 类地貌，按照规范边界层流场规定，分别取 $Z_0=10m$ 和 $V_0=25.3m/s$，地面粗糙度系数 α 取 0.16，取梯度风高度 $H=350m$。入口处风速和湍流强度的分布如图 8-17、图 8-18 所示。可以看到，入口速度和湍流分布基本满足要求。出流面采用了压力出口边界（pressure-outflow），建筑物表面和地面采用无滑移的壁面条件（wall）。

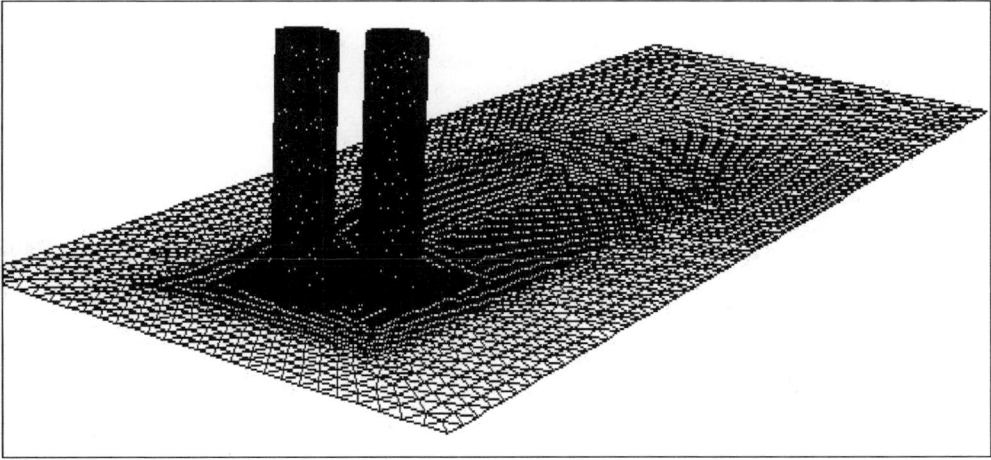

图 8-15　网格划分的整体视图

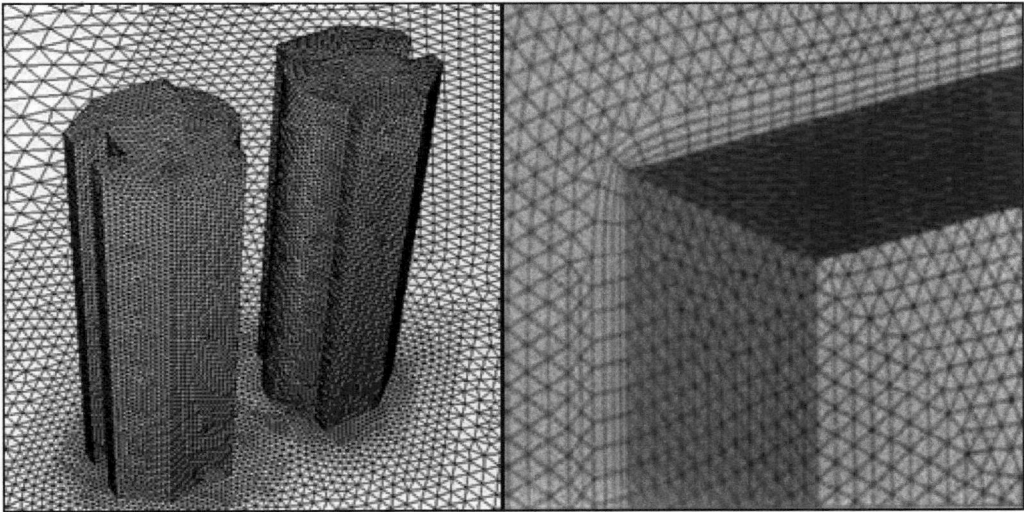

图 8-16　网格划分的局部视图及边界层网格

（5）计算和求解

计算采用 3D 单精度，分离式求解器，空气模型选用了不可压缩的常密度空气模型，对流项的离散采用了精度较高的二阶迎风格式，速度压力耦合采用了 SIMPLEC 算法，计算风向角为 0°、45°、90°、180°、225°和 270°。由于数值模拟计算的方法并不像风洞试验那样受到测点数目的限制，只在对称的双塔楼的其中一栋布置测点，因此得到了对应六个风向角的数据。计算中使用了自适应网格技术（Adapted Grid），每步迭代均对压力梯度大的区域进行网格加密，以便更加准确地预测复杂的流动。计算平台为 FLUENT 软件。通过多次迭代，最终得到收敛的结果。

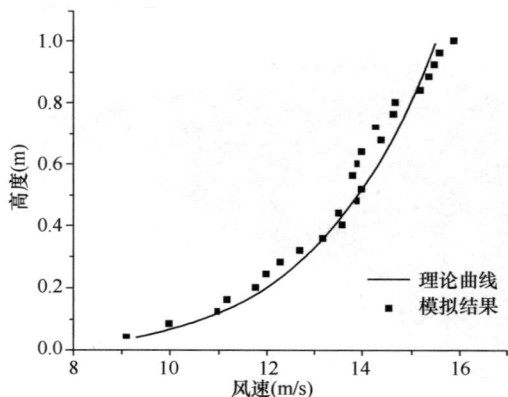

图 8-17　风速随高度变化曲线

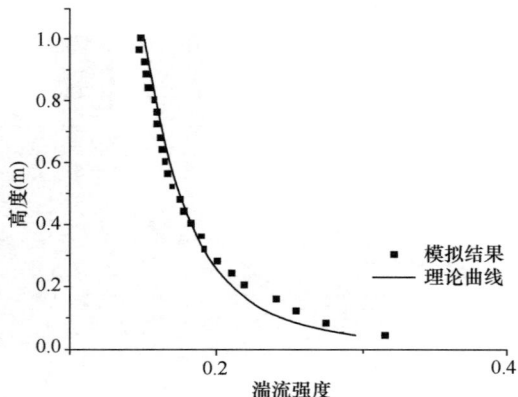

图 8-18　湍流强度随高度变化曲线

3. 计算结果和分析

（1）原始风压等值线图

依据数值模拟计算得到的原始风压数据分析（图 8-19），可以发现该建筑物的表面风压分布规律如下：

① 在任一风向角下，建筑物的迎风面均出现正压，背风面和侧面一般为负压，最大的负风压出现在建筑物的弧形面和棱角处。

② 在高度方向，正风压系数沿高度变化呈现中间大、两端小的变化趋势。

③ 建筑顶部的风压在各种风向角下几乎都为负值，且绝对值都比较小，在整个顶部的变化也不大。

（2）风压系数的比较

图 8-20 给出不同风向风压系数的 CFD 计算结果与风洞试验结果比较。有以下结论：

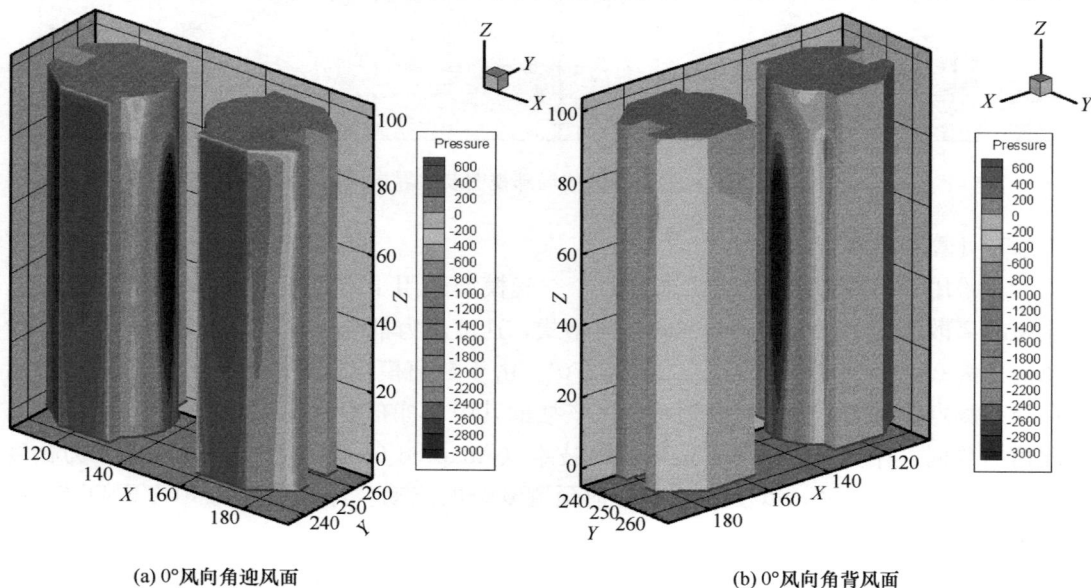

(a) 0°风向角迎风面

(b) 0°风向角背风面

图 8-19　原始风压等值线图

168

① 对于各风向角和绝大部分测点，平均风压的模拟结果与试验数据的误差在 10％以内，可见数值模拟结果较为可靠。误差较大的位置主要集中在建筑物背面和棱角处的少数测点上，这些测点均为负压较大的区域。误差较大的原因为：由于棱角处的小旋涡脱落，k-ε 模型模拟精度相对较差；此外，风洞试验缩尺模型和数值仿真原型之间的特征湍流也可能存在差异。

② 从各个风向角的模拟情况来看，风向角 90°情况下模拟结果与试验数据的差距最大，风向角越靠近 90°，模拟的准确性越差。该误差是由双塔结构的特殊性引起的，在这种风向角下，布置测点的塔楼完全处在另一塔楼的尾流区中，遮挡效应最明显。因而用 realizable k-ε 模型进行数值模拟计算时，会出现一定的误差。

试验测得的风压均为建筑物表面的压力，尽管该试验使用了非平衡的壁面函数，但壁面函数法仍是一组半经验公式，因此会产生误差。此外，网格的质量也会影响数值模拟的精度。

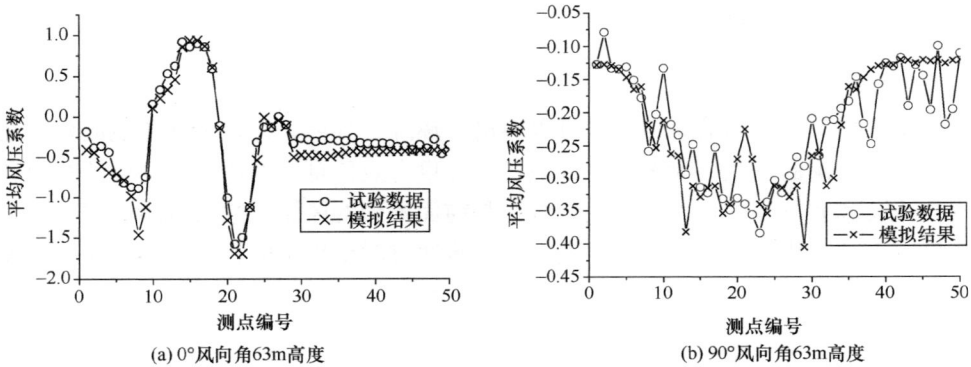

(a) 0°风向角63m高度　　　　　(b) 90°风向角63m高度

图 8-20　风压系数

（3）建筑周围流场分布及分析

风洞试验受到试验条件和手段的限制，很难测得建筑物周围整个流场的情况；CFD 方法则不受此限制，可以给出非常完整的流场信息资料，如风速分布和流线图等，为设计提供参考。下面给出了本例计算得出的建筑物周围的速度矢量图和速度等值线图，如图 8-21 和图 8-22 所示。

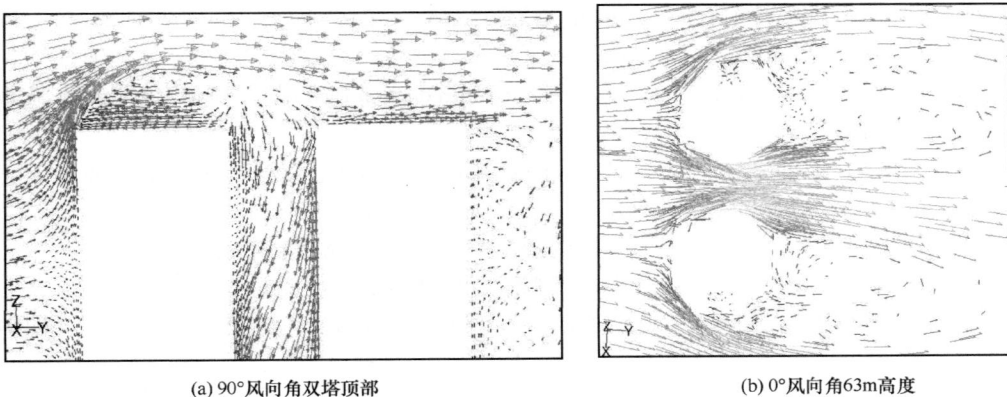

(a) 90°风向角双塔顶部　　　　　(b) 0°风向角63m高度

图 8-21　速度矢量图

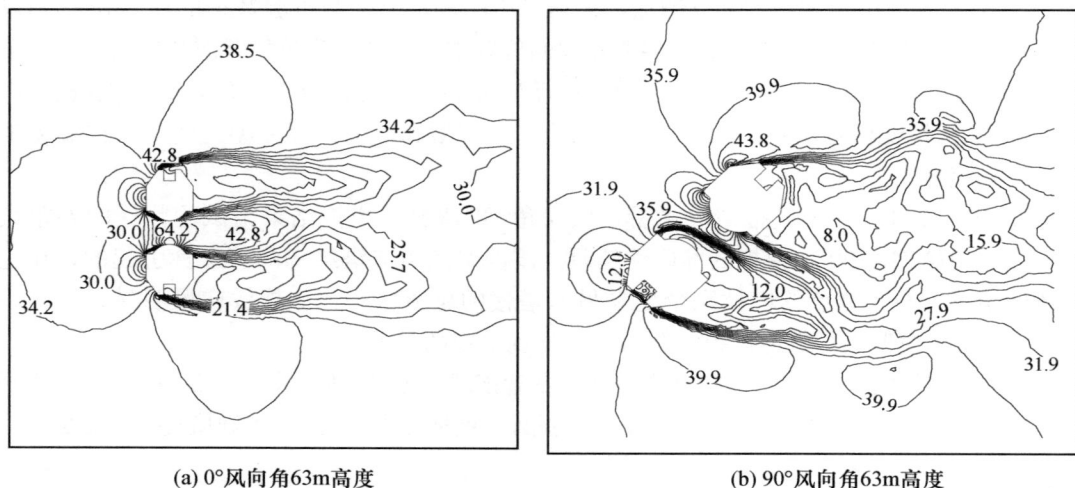

(a) 0°风向角63m高度　　　　　　　　　(b) 90°风向角63m高度

图 8-22　速度等值线图

　　从各个风向角下流场的模拟结果可以看出，环绕、分离、再附等钝体绕流现象在模拟图中均能得到准确的反映，为揭示风效应机理提供有效信息。例如，在塔楼的背面和棱角处出现气流分离和剧烈的旋涡，这些位置正是前面提到的风压系数与试验数据差距较大的高负压区域。在双塔楼的中间，通道变窄，气流通过时出现了明显的狭缝效应，风速显著增大。

参考文献

[1] Hinze J O. Turbulence [M]. 2nd ed. New York：McGraw-Hill，1975.

[2] Chen C J，Jaw Y. Fundamentals of turbulence modeling [M]. Washington，DC：Taylor & Francis，1998.

[3] Launder B E，Spalding D B. The numerical computation of turbulent flows[J]. Computer Methods in Applied Mechanics and Engineering，1974，3(2)：269-289.

[4] Yakhot V，Orszag S A. Renormalization group analysis of turbulence. I. Basic theory[J]. Journal of Scientific Computing，1986，1(1)：3-51.

[5] Shih T H，Liou W W，Shabbir A，et al. A new kappa-epsilon eddy viscosity model for high Reynolds-number turbulent flows[J]. Computers & Fluids，1995，24(3)：227-238.

[6] Abbott M B. Computational Fluid Dynamics：An Introduction for Engineers[M]. Longman Scientific & Technical，Wiley，1989.

[7] Patankar S V，Spalding D B. A calculation procedure for heat，mass and momentum transfer in three-dimensional parabolic flows[J]. Journal of Heat Mass Transfer，1972，15(10)：1787-1806.

[8] 王福军. 计算流体动力学分析：CFD 软件原理与应用[M]. 北京：清华大学出版社，2004.

[9] 黄本才. 结构抗风分析原理及应用[M]. 2 版. 上海：同济大学出版社，2008.

[10] 彪仿俊，孙炳楠，沈国辉. 双塔楼建筑风场及平均风荷载的数值模拟[J]. 科技通报，2006，22(1)：7.

第9章　输电线路的风效应

9.1　输电线路风致危害

随着社会现代化建设的加速推进，对电力需求的日益增长掀起了电网建设的新浪潮。在"西电东输""北电南输"等国家战略的持续推进下，我国输电线路建设规模已处于全球领先地位。据统计，截至2022年，我国已建成"17交20直"37个特高压工程，线路长度5万km、输电能力达3亿kW[1]。输电线路具有塔高、线长、多塔、多线、多跨等特点，其建造及运行安全受恶劣自然环境影响非常大。从历次事故调查结果发现，夏季台风暴雨和冬季恶劣冰风这两类风致耦合作用均会导致输电线路发生破坏。此外，由于输送距离的不断拉长，电压等级持续升高，且沿线地形地貌条件不断变化，高山峻岭成为输电线路设计过程中经常需要面对的棘手问题。受上述两类风致耦合作用和山地丘陵等复杂地貌因素的影响，输电线路可能发生断线、倒塔、风偏、舞动、冰闪等事故。

9.1.1　风偏

风偏闪络是较为常见的事故类型之一。风偏指的是输电导线、跳线或绝缘子串在风荷载作用下偏离原有位置的现象，它会导致导线与直线塔构件之间、跳线与耐张塔构件之间、导线与导线或导线与地线之间、导线与周边树木等物体之间的距离减小，若上述距离过小导致电气间隙不能满足线路的绝缘要求时，相应的线路构件会发生击穿放电，该现象称为风偏闪络，图9-1给出了部分风偏闪络事故的现场照片。与雷击、鸟害、污闪等其他原因引起的闪络事故相比，风偏闪络事故往往由于风荷载作用的持续性而重合闸率较低，这会对输电线路的正常运行造成较大的威胁。若考虑到强风与降雨同时出现，水线的存在可能使放电间隙的阈值相应地降低[2]，这会使风偏事故更易发生。

9.1.2　舞动

输电导线舞动带来的危害也不容忽视。覆冰导线的舞动是一种低频率（0.1～3Hz）、大振幅（导线直径的5～300倍）的自激振动[3]，也称为导线弛振（Galloping）。舞动对输电线路危害极大，容易造成混线短路、闪络跳闸、悬垂绝缘子线夹滑移、线路金具磨损、间隔棒断裂和引流线与跳线串分离等一系列问题。尤其是在稳定持续的冬季季风下，舞动持续时间可长达数日或数十日，轻则导致横担扭曲、导线及引流线断裂、输电杆塔构件失稳，重则引发构件疲劳失效和倒塔等恶性事故。舞动灾害现场照片如图9-2所示。

(a) 导线放电痕迹

(b) 导线与铁塔间放电

(c) 跳线与横担间放电

(d) 导线与周边树木放电

图 9-1　不同种类的风偏闪络事故

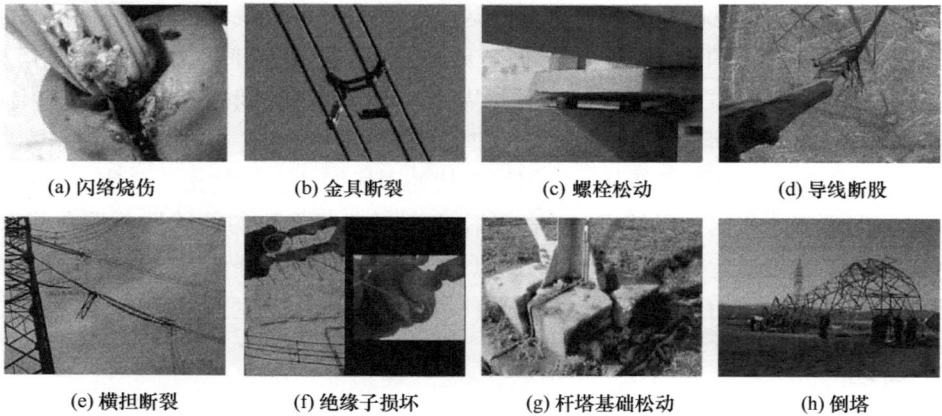

(a) 闪络烧伤　　　(b) 金具断裂　　　(c) 螺栓松动　　　(d) 导线断股

(e) 横担断裂　　　(f) 绝缘子损坏　　　(g) 杆塔基础松动　　　(h) 倒塔

图 9-2　导线舞动导致的灾害图片

9.2　输电线路覆冰类型

　　导线截面在覆冰后从圆形变为非圆形，非圆截面覆冰导线在水平来流的作用下可能产生竖直向上的气动升力[4]，进而引发风偏、舞动等事故。目前，国内外已有众多关于输电导线覆冰机理研究。Mckay 和 Thompson[5]、McComber 和 Govoni[6]基于实测资料得到了覆冰量和冰厚随着雨雾凇持续时间的增长而增加的覆冰增长模式。Porcú 等[7]通过分析粒子撞击率建立了二维和三维导线随机覆冰模型。Makkonen[8]根据导线半径、气温、风速、降水率、风攻角及覆冰时间等条件建立覆冰模型，研究表明最大覆冰荷载发生在气温 0℃ 左右。Farzaneh 等[9]对现场资料的分析表明，湿条件下的导线结冰率远远大于干条件下，风平行于轴向时的结冰率大于垂直情况。

国际大电网会议（CIGRE）将导线覆冰类型归为以下 5 类[10]：

（1）雨凇，密度 0.7～0.9g/cm³，发生于冻雨期，冰质透明且坚实，附着力极强，有时会形成冰柱，积累稳定时温度约－1～－5℃；

（2）湿雪，密度 0.1～0.85g/cm³，根据风速和导线抗扭刚度的不同，其形状改变较大，温度适合时（＋0.5～＋2℃）具有较强附着性，否则容易脱落；

（3）干雪，密度 0.05～0.1g/cm³，轻质，容易通过抖动从导线脱落；

（4）霜凇（柔性雾凇），密度 0.3～0.7g/cm³，各向同性，容易在来流方向形成楔形；

（5）雾凇，密度 0.15～0.3g/cm³，呈"菜花"晶状结构，附着力较弱。

以上 5 类覆冰中，霜凇和雨凇两类覆冰附着力大，并且具有足够的强度和弹性模量；湿雪在风力驱动下容易在导线表面形成坚硬、高附着力的较陡前沿，因而易于引发舞动。

导线覆冰情况极其复杂，它与海拔高度、电线走向、风向、风速、气温、湿度、水汽直径等多种因素有关，导线覆冰厚度的取值直接影响输电线路工程的经济性。目前，由于气象台积累的观冰资料甚少，而且数据不齐全，因此一般参考有限的观测资料采取保守计算，并依照当地线路运行经验确定导线覆冰厚度。气象观测规范常用长径（直径）、短径（厚度）和等效直径等来度量导线的覆冰情况，如图 9-3 所示。其中，长径 a 指电线覆冰截面的最大长度，测量时电线包括在内；短径 c 指电线覆冰截面上与长径正交的轴线长度；等效直径 D 指长径（直径）和短径（厚度）的几何平均值，$D=\sqrt{ac}$，这个量可以大致反映出沿电线圆周围均匀覆冰的大小。文献［11］

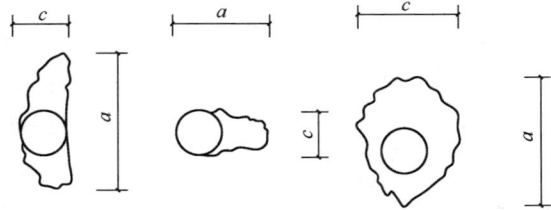

图 9-3　覆冰的长径 a、短径 c 测量示意图

中的统计资料表明，雾凇和雨凇覆冰直径 a 与厚度 c 的平均比值约为 1.5。

国内外学者根据不同地区的观冰和气象资料建立了各种覆冰冰厚的估算模型[12-13]。尽管这些估算模型为不同条件下覆冰导线的静力分析和覆冰脱落等动力分析提供了很好的参考，但对覆冰导线的气动力特性研究来说，由于覆冰形状的随机性和多样性，目前国内外对覆冰导线的气动力研究只能选择具有代表性的典型覆冰形状（如新月形、扇形和 D 形等）和厚度，导线的不同覆冰形状如图 9-4 所示。根据湖北中山口大跨越实际观测，导线覆冰形状有如下规律[3]：气温较低（－8～－11℃）、雨量较小时，易形成新月形覆冰；气温较高、雨量较大、风速较低时，一般形成扇形；气温较低、雨量较大、风速较大时，一般形成 D 形；气温较高、雨量较大、风速一般时，形成垂挂的冰凌。日本学者 Masataka 对 124 次舞动观测中的覆冰形状进行了归类，发现在实际舞动的观测中新月形覆冰占有很大的比重[10]。

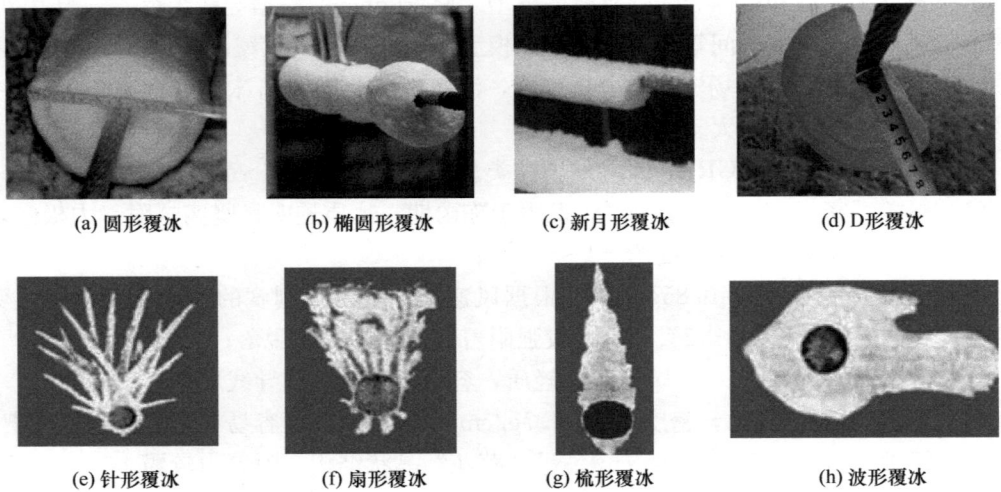

(a) 圆形覆冰　　　　(b) 椭圆形覆冰　　　　(c) 新月形覆冰　　　　(d) D形覆冰

(e) 针形覆冰　　　　(f) 扇形覆冰　　　　(g) 梳形覆冰　　　　(h) 波形覆冰

图 9-4　导线的不同覆冰形状

9.3　输电线路风偏计算方法

我国现有的行业标准和计算手册多采用刚性直棒法（也称静力单摆模型）和弦多边形法计算悬垂绝缘子串风偏角，并以此来指导塔头电气间隙的设计[14]。

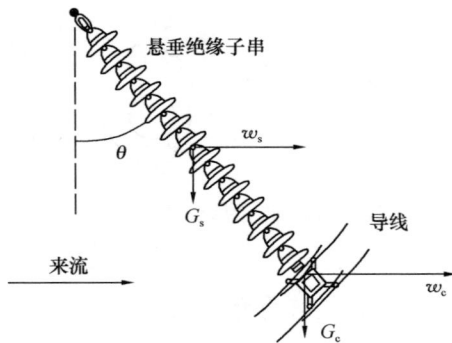

图 9-5　刚性直棒法模型示意图

刚性直棒法将输电线路的导线-绝缘子串系统简化为质点-刚性直棒系统。该方法假设导线受到的重力荷载和水平风荷载集中在绝缘子串末端，如图 9-5 所示。悬垂绝缘子串的风偏角通过静力平衡方程计算得出：

$$\tan\theta = \frac{w_c + w_s/2}{G_c + G_s/2} = \frac{w}{G} \tag{9-1}$$

式中，θ 表示所分析的悬垂绝缘子串的风偏角；w_c 和 w_s 分别表示导线和绝缘子串的风荷载，而 G_c 和 G_s 分别表示导线和绝缘子串的重力荷载。

各国规范中风偏响应计算方法结果的差异主要源于对风荷载的计算方法不一致。行业标准《架空输电线路荷载规范》DL/T 5551—2018[15]沿用了阵风响应因子（Gust Response Factor，GRF）来描述风荷载的动力特性，具体采用导地线阵风系数和档距折减系数来分别考虑其动力放大效应和空间相关性：

$$w_c = \beta_c \cdot \alpha_L \cdot w_0 \cdot \mu_z \cdot \mu_{sc} \cdot d \cdot L_p \cdot B_1 \cdot \sin^2\theta \tag{9-2}$$

$$\beta_c = \gamma_c(1 + 2g \cdot I_z) \tag{9-3}$$

$$\alpha_L = \frac{1 + 2g \cdot \varepsilon_c \cdot I_z \cdot \delta_L}{1 + 5I_z} \tag{9-4}$$

$$\delta_{\mathrm{L}} = \frac{\sqrt{12L_x L_{\mathrm{p}}^3 + 54L_x^4 - 36L_x^3 L_{\mathrm{p}} - 72L_x^4 \mathrm{e}^{\frac{L_{\mathrm{p}}}{L_x}} + 18L_x^4 \mathrm{e}^{-\frac{2L_{\mathrm{p}}}{L_x}}}}{3L_{\mathrm{p}}^2} \tag{9-5}$$

$$w_0 = V_0^2/1600, \quad I_z = I_{10}\left(\frac{z}{z_{10}}\right)^{-\alpha} \tag{9-6}$$

式中，w_{c} 为垂直于导线及地线方向的风荷载标准值（kN）；β_{c} 和 α_{L} 分别表示导地线阵风系数和档距折减系数，它们的乘积即为阵风响应因子 GRF；w_0 为基准风压（kN/m²）；μ_z 为风压高度变化系数，基准高度为 10m 的风压高度变化系数应按规范取值；μ_{sc} 为导线或地线的体型系数，线径大于或等于 17mm 时取 1.0，线径小于 17mm 时取 1.1；d 为导线或地线的外径或覆冰时的计算外径，分裂导线取所有子导线外径的总和（m）；L_{p} 代表水平档距（m），通常取两相邻档距的平均值；B_1 表示考虑导地线覆冰的风荷载增大系数：对于按有冰设计的各类情况，5mm 冰区时取 1.1，10mm 冰区时取 1.2，对无冰情况取 1.0，计算张力时取 1.0；θ 为风向与导线或地线方向之间的夹角；γ_{c} 为导地线风荷载折减系数；g 为峰值因子，取值为 2.5；I_z 为导线平均高 z 处的湍流强度；I_{10} 为 10m 高度名义湍流强度，对应 A、B、C 和 D 类地面粗糙度可分别取 0.12、0.14、0.23 和 0.39；z 为导线、地线平均高度（m）；α 为地面粗糙度指数，对应 A、B、C 和 D 类地面粗糙度可分别取 0.12、0.15、0.22 和 0.30；ε_{c} 为导地线风荷载脉动折减系数，计算导地线张力时应取 0，计算导地线风荷载（用于杆塔结构设计）时应按表 9-1 取值；δ_{L} 为档距相关性积分因子，也就是背景因子，用于描述空间中脉动风荷载的非完全相关性，计算跳线时可取 1.0；L_x 为水平向相关函数的积分长度，通常取 50m；V_0 为基准风速（m/s）。

导地线风荷载脉动折减系数 ε_{c}   表 9-1

线路类型	大跨越	1000kV 交流、±800kV 及以上直流输电线路	500～750kV 交流、±500～±660kV 直流输电线路	110～330kV 交流输电线路
对应的下导线平均高度	>40m	30m	20m	15m
ε_{c}	0.95	0.85	0.80	0.50*

注：* 沿海受台风影响地区可取 0.7。

由于山区地貌的地形影响，导线挂点之间常存在高差，导致导线最低点偏离档距中点，导线的重力荷载无法均匀地作用于两侧悬垂绝缘子串上。考虑高差后，导线的重力荷载可由以下公式计算得到：

$$G_{\mathrm{c}} = p_{\mathrm{v}} L_{\mathrm{v}} \tag{9-7}$$

$$L_{\mathrm{v}} = L_{\mathrm{h}} + \frac{T}{p_{\mathrm{v}}}\left(\frac{\Delta H_l}{L_l} + \frac{\Delta H_{\mathrm{r}}}{L_{\mathrm{r}}}\right) \tag{9-8}$$

式中，L_{v} 代表垂直档距；下标 l 和 r 分别表示相邻档距的相应参数；p_{v} 表示单位长度导线的重力荷载；T 代表有风时的导线张力。

计算平均风偏响应时，则可以使用以下公式：

$$\overline{\tan\theta} = \frac{\overline{w}}{\overline{G}} \qquad (9\text{-}9)$$

式中，$\overline{w}$ 为平均风荷载；$\overline{\tan\theta}$ 表示风偏响应 $\tan\theta$ 的平均分量。值得注意的是，风偏响应 $\tan\theta$ 与平均风荷载之间呈线性关系，而风偏角 θ 与平均风荷载之间为非线性关系。基于风偏角进行分析将会给后续等效静力风荷载和阵风响应因子的推导工作带来困难。因此，本章以风偏响应 $\tan\theta$ 为分析目标，而所有的¯符号均表示与平均风偏响应相关的相应参数。例如，平均风偏下风偏角的余弦 $\cos[\arctan(\overline{\tan\theta})]$ 将被简化表示为 $\overline{\cos\theta}$。

绝缘子串的风荷载计算方法参考《架空输电线路电气设计规程》DL/T 5552—2020[16]，该规程并未考虑风荷载的动力效应，低估了导线的风偏角，将偏于不安全。考虑到刚性直棒法存在的上述不足，现阶段的输电导线风偏响应研究广泛采用了时域法[17]和频域法[18]。借助于有限元计算软件和多点脉动风速的模拟技术，时域法通过对输电导线结构的运动微分方程直接进行数值积分求解，从而得到结构响应的时间历程。时域法表达直观、计算准确且能考虑结构的非线性因素，随着计算机硬件水平的发展，该方法在风偏响应分析中已成为计算结果准确度的校验标准。频域法是在结构特征线性化的前提下，通过传递函数建立激励与响应在频域内的关系，从而对结构风致响应进行描述，具有计算简单快捷的特点。

9.4 覆冰导线舞动机理

为了有效预防舞动现象对输电线路正常运行造成的严重影响，国内外学者围绕舞动问题进行了广泛而深入的研究，这些研究不断深化了对舞动现象激发机理的认识。目前，四种典型的舞动机理理论被广泛认可，分别为：Den Hartog 竖向舞动机理、Nigol 扭转舞动机理、惯性耦合舞动机理、动力稳定性舞动机理。这些理论为理解和解决输电线路舞动问题提供了重要的依据。以下对上述舞动机理进行简要介绍。

9.4.1 Den Hartog 竖向舞动机理

1932 年，Den Hartog 提出了著名的 Den Hartog 舞动机理[19]。Den Hartog 竖向舞动机理认为发生舞动的原因是导线覆冰后其截面所受到的气动力具有不稳定性，并非一定发生导线的扭转。覆冰非圆截面导线在风的作用下会产生升力和阻力，只有当升力曲线斜率的负值大于阻力时，导线截面动力才会发生不稳定现象，舞动才能发展。Den Hartog 理论的数学表达如下：

$$\partial C_L / \partial \alpha + C_D < 0 \qquad (9\text{-}10)$$

式中，C_L、C_D 分别是导线气动提升力和阻力系数；α 为偏心覆冰导线迎风向角。

Den Hartog 竖向舞动机理仅讨论了覆冰导线在风激励下的空气动力特性，没有考虑导线的扭转运动，且不能解释升力曲线斜率为正的舞动现象。

9.4.2 Nigol 扭转舞动机理

1981 年，Nigol 和 Buchan[20] 在论文中介绍了开展的导线节段静力与动力试验。动力试验结果表明，在不满足 Den Hartog 舞动机理的气动力条件下，仍会发生了大幅度的横风向振动，因此提出了著名的 Nigol 扭转舞动机理。Nigol 扭转舞动机理认为当覆冰导线气动扭转阻尼为负且幅值超过导线固有阻尼时将引起扭转自激运动。导线发生 Nigol 舞动的必要条件可用下式表示：

$$k_3 + M_2 < 0 \tag{9-11}$$

其中，k_3 为扭转向结构阻尼，M_2 为扭转向气动阻尼。

9.4.3 惯性耦合舞动机理

在惯性耦合舞动模式中，导线横向（竖向）振动与扭转振动可能都是稳定的。然而，偏心的惯性耦合作用引起攻角变化，从而使相应的升力对横向振动形成正反馈，加剧了横向振动，并逐渐积累能量，最后形成大幅度舞动[3]。

关于舞动激发问题中惯性耦合作用的讨论，可以追溯到 1975 年 Chadha 和 Jaster[21] 的文章。他们在三自由度节段模型试验中发现惯性耦合可能对舞动的稳定性、舞动幅值产生显著影响，随后，Nigol 和 Clarke[22] 提出的失谐摆在输电线防舞中得到有效的应用，而失谐摆对导线结构引入了显著的惯性耦合作用，这一现象引起了学界进一步研究惯性耦合作用的兴趣。Nigol 和 Buchan 等[20] 在节段舞动试验中发现惯性耦合对舞动的促进作用。20 世纪 90 年代，Yu 等[23-24] 通过近似解析法对竖扭二自由度系统中惯性耦合作用的规律进行研究，发现惯性耦合可能使结构具有更高或更低的舞动风险，而舞动风险的相对高低与质量比（偏心率）、竖扭频率比相关。至此，惯性耦合舞动机理被我国学者认为是舞动激发机理的一种[3]。

9.4.4 动力稳定性舞动机理

Den Hartog 竖向舞动机理、Nigol 扭转舞动机理、惯性耦合舞动机理对不同舞动现象给出了不同的机理解释。但实际上可将舞动看作是一种动力不稳定现象，于是各种类型的舞动现象都可用动力稳定性理论进行分析[3]。根据动力稳定性理论，可建立垂直、扭转、水平 3 个运动方向的动力学模型，并得到系统特征方程：

$$|\lambda^2 \boldsymbol{M} + \lambda \boldsymbol{C} + \boldsymbol{K}| = 0 \tag{9-12}$$

式中，$\boldsymbol{M}$、$\boldsymbol{C}$、$\boldsymbol{K}$ 分别为系统质量矩阵、阻尼矩阵、刚度矩阵；λ 为系统特征值。对于舞动动力系统，可以通过特征值实部判断系统是否稳定，即若存在特征值实部大于零，则判断会发生舞动。

9.5 输电线路防舞措施

我国电网经过数十年的建设，已在规模和发电量方面跃居世界首位。随着电网的不断发展壮大，其维护与保护工作显得尤为重要。覆冰导线舞动对电网的安全与稳定构成了严重威胁，因此，研究和应用防舞装置已成为当前电网维护的关键任务。针对这一问题，学术界与工业界已研发出多种防舞装置。根据作用原理，这些装置可大致分为四类：气动型防舞装置、惯性型防舞装置、阻尼型防舞装置以及约束型防舞装置，如图 9-6 所示。

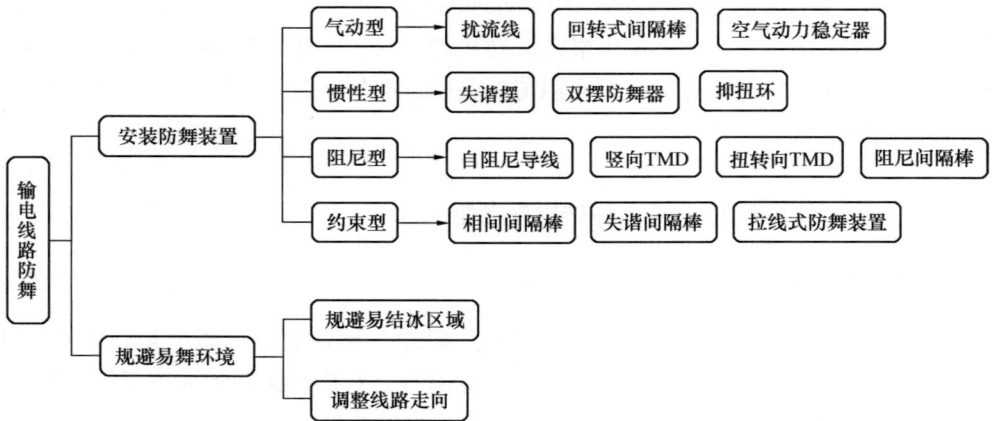

图 9-6　输电线路常见舞动防治方法分类

9.5.1　气动型防舞装置

气动型防舞装置通过改变导线的截面形状来改变导线的气动力特性，从而达到抑制导线舞动的效果。常见的气动型防舞装置有回转式间隔棒、扰流线、空气动力稳定器等。

扰流线防舞器就是将特制的扰流线缠绕在导线表面，使导线各个截面的形状产生一定的差异，不同截面产生不一样的气动力，通过不同截面的气动力相互干扰达到抑舞效果。如图 9-7 所示，楼文娟等[25]通过 CFD 数值模拟和风洞试验等研究手段对缠绕扰流线的覆冰导线气动力特性开展了相关研究，结果表明扰流防舞器具有良好的防舞效果，且扰流线的直径为导线直径的 0.75 倍时防舞效果最优。但若线路处于重覆冰区域，覆冰厚度会明显大于扰流线，此时扰流线基本失效。此外，目前扰流防舞器通常由聚氯乙烯制成，由于其与导线的线膨胀系数不同，夏季可能发生松弛并造成位置滑移；作为高分子材料，聚氯乙烯还存在老化和劣化的问题。

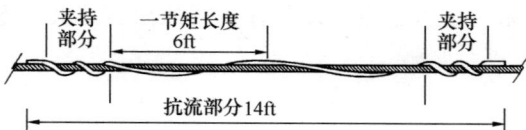

(a) 绕流线-导线组合结构的截面示意图

(b) 扰流线风洞试验[25]

图 9-7　扰流线防舞器

回转式间隔棒（图 9-8）由于其良好的防舞性能，已在许多实际线路上得到应用。回转式间隔棒最先由日本旭电机公司开发设计，该装置通过取消导线整体间隔棒的部分或全部线夹来释放间隔棒对子导线的扭转向约束,子导线可以在覆冰的偏心作用下发生转动,使导线的覆冰形状更为均匀,更加接近于圆形覆冰,从而减小发生舞动的可能性[26]。

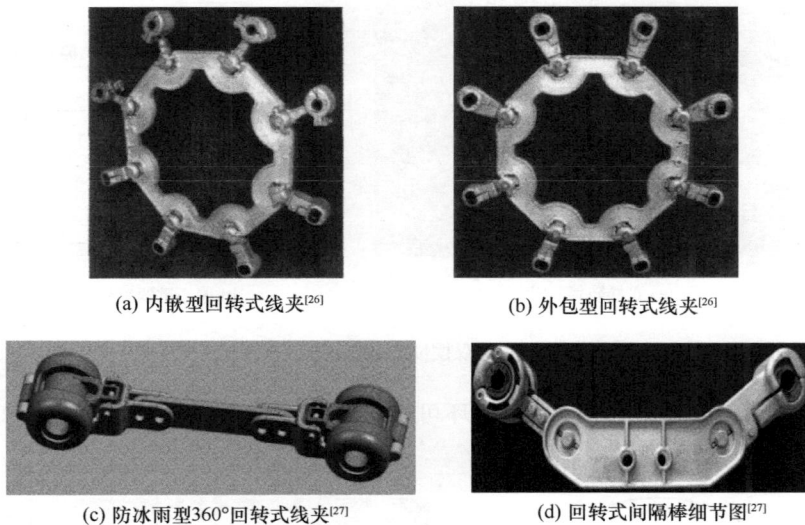

(a) 内嵌型回转式线夹[26]

(b) 外包型回转式线夹[26]

(c) 防冰雨型360°回转式线夹[27]

(d) 回转式间隔棒细节图[27]

图 9-8 回转式间隔棒

9.5.2 惯性型防舞装置

失谐摆最早是由加拿大学者 Nigol 提出,并与 Harvard 等人共同研究和发展起来的。其防舞机理主要是通过调整导线的扭转频率来使之与竖向频率分离,从而防止导线发生竖扭耦合舞动。失谐摆在单导线的防舞实践中取得了很好的效果,但其力学模型过于简单,许多舞动的影响因素无法包含,有一定的局限性;此外,由于多分裂导线的抗扭刚度、扭转变形并非线性分布,对于多分裂导线失谐摆的设计研究并不成熟。图 9-9 为失谐摆实物图片。

针对失谐摆的局限性以及缺点,20 世纪 90年代,电力建设研究所与湖北省高压局合作研

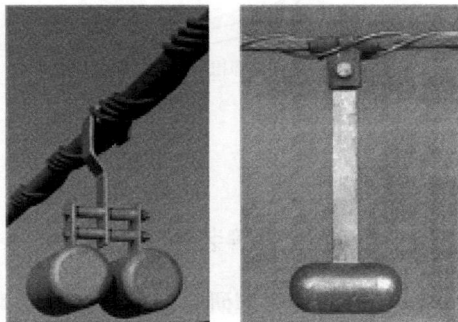

图 9-9 失谐摆实物图[28]

发了双摆防舞器,其主要是通过对导线附加惯性质量来提高导线的气动稳定性,从而达到抑舞效果,类似的惯性型防舞器还有偏心重锤、压重等。杨晓辉等[29]利用 ABAQUS 软件对双摆防舞器的防舞效果进行了有限元模拟研究,并在其现有结构的基础上进行了改进设计,结果表明改进之后的双摆防舞器可以达到更好的防舞效果。卢明良等[30]阐述了偏心重锤的防舞机理,并针对偏心重锤的安装位置进行了改进。图 9-10 给出了双摆防舞器与偏心重锤示意图。

抑扭环主要通过改变导线的扭转向频率使得竖扭频率分离,从而使导线无法发生竖扭耦合舞动[31]。余江[32]根据抑扭环的防舞原理设计并制作了抑扭环,通过风洞试验验证了

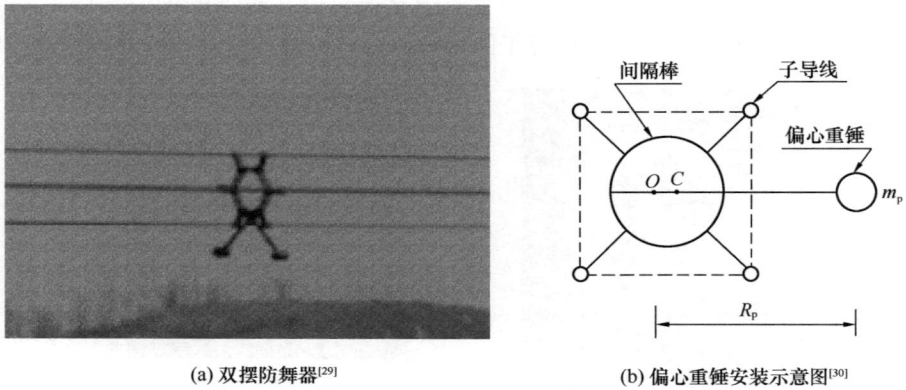

(a) 双摆防舞器[29]

(b) 偏心重锤安装示意图[30]

图 9-10　双摆防舞器与偏心重锤

抑扭环的良好防舞作用，结果表明抑扭环可以有效提高导线的起舞风速。图 9-11 给出了抑扭环装置简图及试验照片。

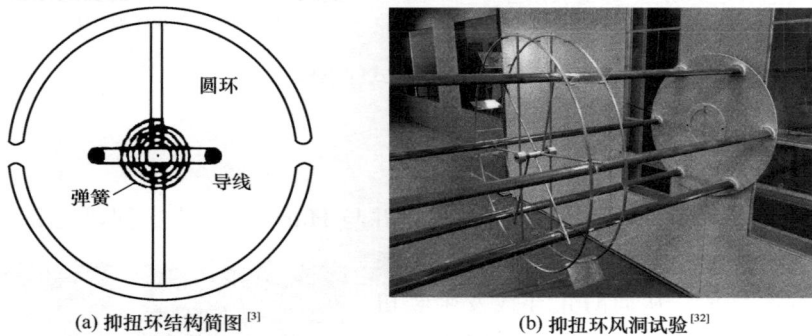

(a) 抑扭环结构简图 [3]

(b) 抑扭环风洞试验[32]

图 9-11　抑扭环防舞装置

9.5.3　阻尼型防舞装置

现有的舞动机理研究表明，气动负阻尼是导致输电线路舞动的根本原因。当气动负阻尼的绝对值超过线路结构阻尼时，导线会产生气动失稳现象，因此大幅提高线路的结构阻尼比可以从根本上解决导线的舞动问题。提升线路阻尼有两种思路：一、提升导线自身材料阻尼；二、通过导线运动附加阻尼。

自阻尼导线，顾名思义就是专门制作一种结构阻尼系数较大的导线，依靠导线自身的阻尼来达到减振效果。国内外已经利用多种特殊材料制作了自阻尼导线，但由于制作材料造价较高，现阶段无法在输电线路上大规模普及使用。

通过导线运动附加阻尼，按照阻尼施加方式可以分为三种：利用自由端质量块的运动附加阻尼（如调谐质量阻尼器 TMD）、利用固定面附加阻尼（阻尼器一端与导线连接，另一端与地面或塔架进行连接）、利用相邻结构附加阻尼（阻尼器连接两根分裂子导线或阻尼器连接两相导线）。其中后两种也属于约束型防舞装置，因其同时引入了额外约束。

随着研究的深入，相继有学者提出一些附加阻尼的多功能防舞装置，如图 9-12 所示。赵彬等[33]研究了阻尼间隔棒和双摆防舞器的关键设计要素，并阐述了通过优化防舞器设计与布置参数来实现舞动防治的可行性建议。朱宽军等[34]提出带阻尼的线夹回转式间隔棒双摆防舞器，实现了增强分裂导线稳定性与降低导线覆冰不均匀性的双重功效，这种结合使其防舞作用更为突出。Si 等[35]提出一种结合了失谐摆、回转式间隔棒、内部阻尼机制的装置，并进行了实际线路的测试。

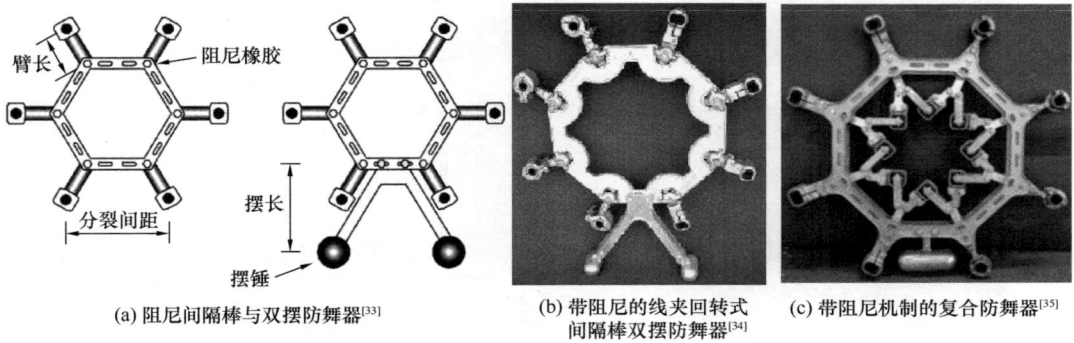

(a) 阻尼间隔棒与双摆防舞器[33]　　(b) 带阻尼的线夹回转式　　(c) 带阻尼机制的复合防舞器[35]
间隔棒双摆防舞器[34]

图 9-12　阻尼型新型防舞器

9.5.4　约束型防舞装置

以上防舞研究主要是针对单相导线的。对于多相输电线路，目前主要利用相间间隔棒来进行舞动抑制，如图 9-13 所示。相间间隔棒主要利用各相导线的非同步运动来达到相互抑制舞动的效果。Fu 等[36]针对相间间隔棒防舞技术，进行了实际线路的动力试验，试验结果表明相间间隔棒可以有效平衡三相线路的相对运动。

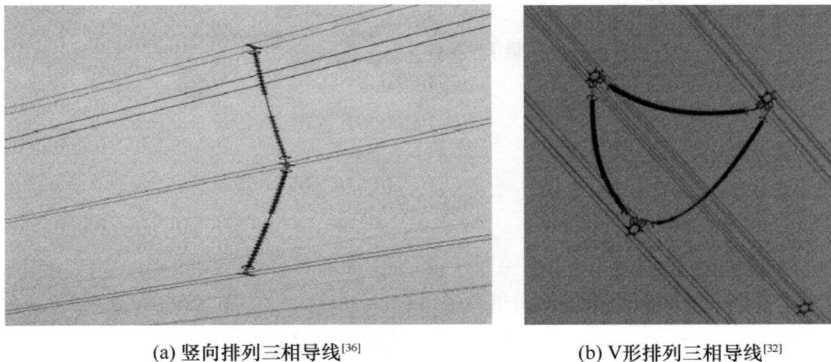

(a) 竖向排列三相导线[36]　　　　　　　(b) V形排列三相导线[32]

图 9-13　相间间隔棒防舞装置示意图

拉线式防舞装置是一类用于输电线路防舞的新型装置，其原理是利用固定面附加运动约束实现导线防舞，如图 9-14 所示。相地间隔棒的防舞效果固然不错，但其缺点是需布置在导线跨中或距离输电塔较远的位置，在地面额外占用了一定空间。

失谐间隔棒是指将分裂导线原有的整体间隔棒拆分为多个双分裂间隔棒，并基于频率失谐效果合理布置双分裂间隔棒，如图 9-15 所示。目前对于失谐间隔棒的研究较少，其防舞机理、防舞效果依然不明确，也缺乏试验方面的研究。

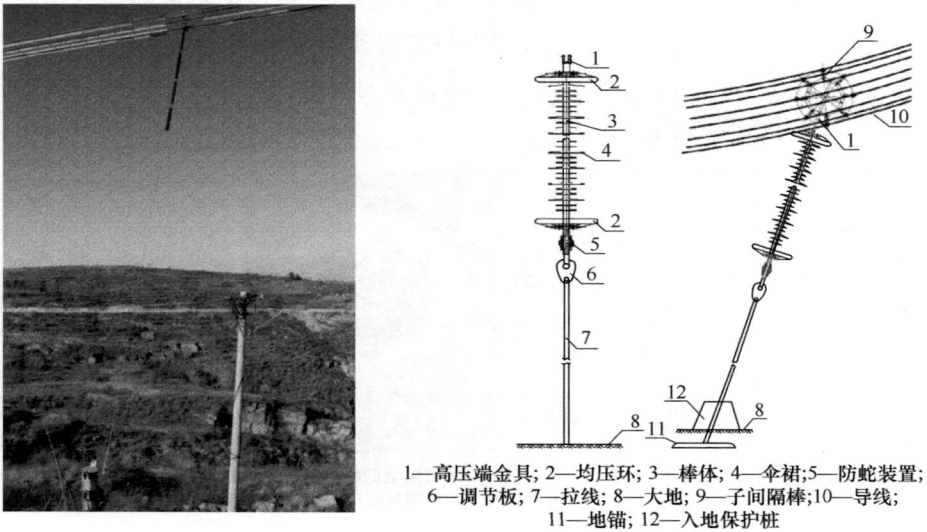

1—高压端金具；2—均压环；3—棒体；4—伞裙；5—防蛇装置；
6—调节板；7—拉线；8—大地；9—子间隔棒；10—导线；
11—地锚；12—入地保护桩

图 9-14　拉线式防舞装置示意图[37]

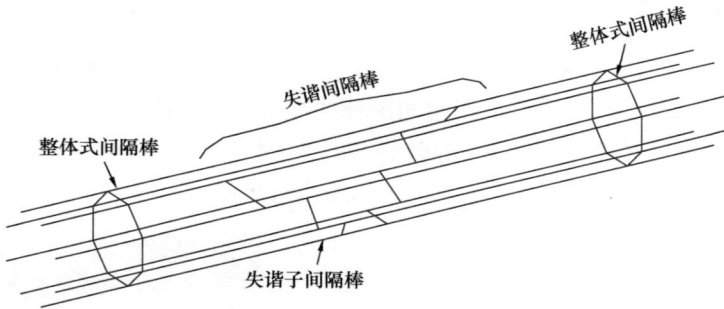

图 9-15　失谐间隔棒示意图[32]

参考文献

[1] 刘泊静．全球能源互联网进入加快实施新阶段[N]．中国电力报，2023-04-04(1)．

[2] 张禹芳．我国 500kV 输电线路风偏闪络分析[J]．电网技术，2005，29(7)：65-67．

[3] 郭应龙，李国兴，尤传永．输电线路舞动[M]．北京：中国电力出版社，2003．

[4] 李天昊．输电导线气动力特性及风偏计算研究[D]．杭州：浙江大学，2016．

[5] McKay G A，Thompson H A．Estimating the hazard of ice accretion in Canada from climatological data[J]．Journal of Applied Meteorology and Climatology，1969，8(6)：927-935．

[6] McComber P，Govoni J W．An analysis of selected ice accretion measurements on a wire at Mount Washington[C]．Proceedings of the Forty-second Annual Eastern Snow Conference．Montreal，1985．

[7] Porcú F，Smargiassi E，Prodi F．2-D and 3-Dmodelling of low density ice accretion on rotating wires with variable surface irregularities[J]．Atmospheric research，1995，36(3-4)：233-242．

［8］ Makkonen L. Modeling power line icing in freezing precipitation［C］// 7th International Workshop on Atmospheric Icing of Structures. Montreal，1996.

［9］ Farzaneh M，Savadjiev K. Statistical analysis of field data for precipitationp icing accretion on overhead power lines［J］. IEEE Transactions on power delivery，2005，20(2)：1080-1087.

［10］ CIGRE，State of the art of conductor galloping，CIGRE Technical Brochure，No，322，TF B2.11.O6. 2007

［11］ 胡红春. 三峡至万县 I 回 500kV 输电线路鄂西段设计冰厚取值［J］. 电力建设，2000，1(10)：22-24.

［12］ 廖玉芳，段丽洁. 湖南电线覆冰厚度估算模型研究［J］. 大气科学学报，2010，33(4)：395-400.

［13］ 黄浩辉，宋丽莉，秦鹏，等. 粤北地区导线覆冰气象特征与标准厚度推算［J］. 热带气象学报，2010，26(1)：7-12.

［14］ 邵天晓. 架空送电线路的电线力学计算［M］. 第 2 版. 北京：中国电力出版社，2003.

［15］ 国家能源局. 架空输电线路荷载规范：DL/T 5551—2018［S］. 北京：中国计划出版社，2018.

［16］ 国家能源局. 架空输电线路电气设计规程：DL/T 5582—2020 ［S］. 北京：中国计划出版社，2020.

［17］ 楼文娟，吴登国，苏杰，等. 超高压输电线路风偏闪络及导线风荷载取值讨论［J］. 高电压技术，2019，045(004)：1249-1255.

［18］ 罗罡. 输电导线风偏精细化分析和等效静力风荷载研究［D］. 杭州：浙江大学，2017.

［19］ Den Hartog J P. Transmission line vibration due to sleet［J］. AIEE Transactions，1932，51(4)：1074-1086.

［20］ Nigol O，Buchan P G. Conductor galloping，part II：torsional mechanism［J］. IEEE Transactions on Power Apparatus and Systems，1981，100(2)：699-720.

［21］ Chadha J，W J. Influence of turbulence on the galloping instability of iced conductors［J］. IEEE Transactions on Power Apparatus and Systems，1975，94(5)：1489-1499.

［22］ Nigol O，and Clarke G J. Conductor galloping and control based on torsional mechanism［J］. IEEE Transactions on Power Apparatus and Systems，1974 (6)：1729-1729.

［23］ Yu P，Shah A H，Popplewell N. Inertially coupled galloping of iced conductors［J］. Journal of Applied Mechanics-transactions of the ASME，1992，59(1)：140-145.

［24］ Yu P，Popplewell N，Shah A H. Instability trends of inertially coupled galloping：Part I：Initiation ［J］. Journal of Sound and Vibration，1995，183(4)：663-678.

［25］ 楼文娟，孙珍茂，许福友，等. 输电导线扰流防舞器气动力特性风洞试验研究［J］. 浙江大学学报：工学版，2011，45(1)：93-98.

［26］ 朱宽军，刘彬，刘超群，付东杰. 特高压输电线路防舞动研究［J］. 中国电机工程学报，2008，28(34)：12-20.

［27］ 王晓涵，王如伟，王茂成，等. 220kV 同塔双回双分裂导线防覆冰舞动的研究与设计［J］. 高压电器，2011，47(11)：20-26.

［28］ Havard D G，Pohlman J C. Five years' field trials of detuning pendulums for galloping control［J］. IEEE Transactions on Power Apparatus and Systems，1984，103(2)：318-327.

［29］ 杨晓辉，陆小刚，严波，等. 六分裂导线试验线路双摆防舞器防舞效果数值模拟研究［J］. 计算力学学报，2013，30(S1)：105-109.

［30］ 卢明良，尤传永，李保山. 整体式偏心重锤防舞器的防舞机理与设计方法［J］. 电力建设，1992(3)：1-4.

［31］ 松林义数・松原，郎・永富和彦. 捻回抑制型ギヤロジピソゲダソバの開発［J］. 住友電気，第 113 号，昭和 53：8.

［32］ 余江. 超特高压输电线路覆冰舞动机理及其防治技术研究［D］. 杭州：浙江大学，2018.

［33］ 赵彬，程永锋，王景朝，等. 阻尼间隔棒及双摆防舞器对特高压架空输电导线覆冰舞动特性的影响［J］. 高电压技术，2016，42(12)：3837-3843.

［34］ 朱宽军，刘超群，任西春，等. 特高压输电线路防舞动研究［J］. 高电压技术，2007，(11)：61-65＋99.

［35］ Si J，Rui X，Liu B，et al. Study on a new combined anti-galloping device for UHV overhead transmission lines［J］. IEEE Transactions on Power Delivery，2019，34(6)：2070-2078.

［36］ Fu G J，Wang L，Guan Z，et al. Simulations of the controlling effect of interphase spacers on conductor galloping［J］. IEEE Transactions on Dielectrics and Electrical Insulation，2012，19(4)：1325-1334.

［37］ 邵颖彪，卢明，魏建林，等. 特高压输电线路新型防舞装置及其有效性分析［J］. 电瓷避雷器. 2018(1)：177-182.